理解科学的本质，培养科学的精神

哈佛的科学课

HARVARD SCIENCE CLASS

朱立春◎编著

天津出版传媒集团

天津科学技术出版社

图书在版编目（CIP）数据

哈佛的科学课 / 朱立春编著 . -- 天津 : 天津科学
技术出版社 , 2018.4（2022.5 重印）

ISBN 978-7-5576-4841-1

Ⅰ . ①哈… Ⅱ . ①朱… Ⅲ . ①自然科学－普及读物
Ⅳ . ① N49

中国版本图书馆 CIP 数据核字（2018）第 040072 号

哈佛的科学课

HAFO DE KEXUEKE

责任编辑：张　萍
责任印制：兰　毅

出　　版： 天津出版传媒集团
　　　　　 天津科学技术出版社
地　　址：天津市西康路 35 号
邮　　编：300051
电　　话：（022）23332490
网　　址：www.tjkjcbs.com.cn
发　　行：新华书店经销
印　　刷：北京德富泰印务有限公司

开本 720×1 020　1/16　印张 20　字数 350 000
2022 年 5 月第 1 版第 2 次印刷
定价：68.00 元

前言
Preface

　　创建历史比美国还要早一百多年的哈佛大学，堪称高等学府王冠上的明珠，是各国学子神往的学术圣殿。哈佛的成功，关键在于先进的办学理念，以及崇尚科学、追求真理的可贵精神。重视科学，历来是哈佛大学的传统，科研优先则是哈佛大学的一项基本发展战略。在最新的世界高校科研能力排行榜中，哈佛大学以满分的傲人成绩高居榜首。哈佛培养出的40位诺贝尔奖获得者中，科学方面的获得者就占30多位，比例高达80%。

　　百年哈佛的成功经验和智慧告诉我们，科学及科学思维方式在现代社会中的作用将越来越不可替代。尊重科学、掌握基本的科学知识，不断探索科学世界的奥秘，是人类进步的主因，也是个人迈向成功人生的阶梯。秉承这一理念，哈佛大学对学生的科学普及教育是最新颖独特的。对于初涉人世的青少年来说，哈佛的科学课不会给人仰之弥高、无法得其门而入的感觉，它举重若轻，深入浅出，妙趣横生，是引导全世界青少年向科学进军的便利桥梁。

　　本书汲取了哈佛大学300多年来科学教育思想的精髓，以科普大讲堂的方式，讲述百年哈佛认为青少年应该理解和掌握的科学常识，将科学世界的纷繁严密、万千神奇浓缩于18堂课中，将科学知识、重要原理用青少年喜闻乐见的方式娓娓阐述，达到寓教于乐、润物无声的效果。在内容选择、讲述方式、语言风格等方面，则尽量保持其原汁原味，从中可以领略哈佛名师广博的学识、深厚的科学素养和独特的个人魅力。

　　全书分"科学是如何诞生的""什么是物质""人类所能感受到的作用力""计算机科学的未来""置身于宇宙中""地球上的能量""地球上的生命""我们是

谁""我们的未来"等,从物质循环到能量守恒,从亚原子微粒到宇宙天体,从万有引力到时空隧道,从生态系统到生命的进化,从地球的历史到宇宙的未来,涉及物理学、化学、生物学、生命医学、天文学、地球地理、数学等各学科门类。书中介绍了一些基本的科学知识,解释了科学中一些非常重要的概念及其相互关联的方式。这些科学概念会帮助你理解科学的本质。随着书中娓娓的讲述,你会欣欣然踏上一段穿越时空的奇妙科学之旅。

你可在太空中来场大冒险,了解空间的广度、时间的深度,以及宇宙大爆炸时产生的星尘为何直到今日还遗留在地球甚至我们的体内;你会明白真空为何不存在,能量和物质间的关系,以及著名的爱因斯坦方程式……回到地球上,你能了解我们的星球是怎样运转的,现在的地貌是如何形成的,生态是如何达到平衡的;也可以去探索一下生物体的细胞内部,看看蛋白质分子是怎样工作的,见识一下神奇的携带着生命基因密码的 DNA 分子;最后再来读读地球的生命史,畅想一下我们的未来,探讨一下困扰我们的环境问题……

本书从现实生活入手,将各学科的相关知识信手拈来,融会贯通,帮你架构起科学知识理论的基本框架。阅读本书,会发现原来学科学也可以这么轻松有趣,而且与我们的生活是那样密不可分。阅读本书,能学会以一种全新的视角去看待从学校或电视、网络上所学的知识,甚至改变一个人看待生活和世界的方式。

热爱科学的你,快快打开这本书,跟哈佛名师们一起快乐学科学吧。

目录

contents

绪论 1

第1课 科学是如何诞生的?

最早的科学家 8

好奇心拯救了人类 11

我们为什么要学习科学? 12

科学的研究与学习 14

科学时代的到来 17

第2课 2加2等于HIP-HOP

科学的想法有大有小 20

一个令人敬畏的观点 24

为什么是HIP-HOP? 27

第3课 什么是物质?

从92到数百万 30

原子 33

原子是一种系统 35

原子的组成部分 36

作为一个整体的原子 38

第4课 什么是能量?

能量的探索 42

能量的形式 44

运动的能量 47

化学能 50

为什么物质是可触摸的? 53

电磁 78

电动机 80

电解 82

电子学和半导体 84

电子设备微型化 86

第5课 人类所感受到的作用力

普遍存在的万有引力 56

比万有引力更强的作用力 58

电磁等量吗? 60

电磁作用力相当于物质之间的黏合剂...64

原子内部的作用力 65

物质、能量与作用力 66

力场 68

第7课 光和光谱

光的产生 90

反射和镜子 92

反射和折射 94

散射、衍射和干涉 96

激光 98

不可见辐射 100

无线电波 102

雷达 104

第6课 电和磁

磁铁和磁场 72

电流 74

发电 76

第8课 计算机科学的未来

开放式架构 108

多媒体 110

信息高速公路 113

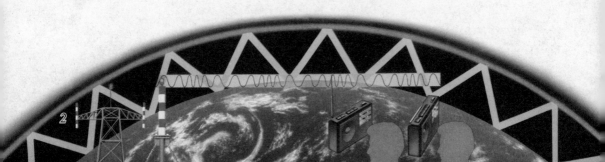

万维网 ……………………… 116

虚拟现实 …………………… 119

纳米技术 …………………… 121

人工智能 …………………… 124

第9课 置身于宇宙中

令人惊叹的宇宙 ……………… 128

数字差异 …………………… 130

1光年有多长？ ……………… 132

恒星的诞生 ………………… 133

能量物质 …………………… 135

其他物质从何而来？ ………… 137

太阳系的诞生 ……………… 139

几何相似模型 ……………… 140

总结 ……………………… 143

第10课 美好的家园

太阳系中的地球 …………… 146

地球是一个整体 …………… 147

地球上的固体物质 ………… 149

地球上的液体物质 ………… 153

水循环 …………………… 155

地球上的气体物质 ………… 157

碳循环 …………………… 158

物质的封闭系统 …………… 161

第11课 地球上的能量

"金发姑娘"行星 …………… 164

开放的系统 ………………… 166

植物的物质运输 ……………………… 196

叶与根的结构及作用 …………… 199

动物体内的食物加工 …………… 202

身体的废物处理 …………………… 204

动物的循环系统 …………………… 206

动物的呼吸系统 …………………… 208

身体的化学控制 …………………… 210

动物的神经系统 …………………… 214

人脑 …………………………………… 216

传导 …………………………………… 167

电磁辐射 …………………………… 168

太阳能 ……………………………… 170

温室效应 …………………………… 172

地球内部的能量 …………………… 174

地球的能量预算 …………………… 176

第12课 地球上的生命

生命的网状系统 …………………… 180

生物网络的运行 …………………… 182

大气的演变 ………………………… 184

生态系统 …………………………… 186

生态系统如何发生变化? ………… 189

第13课 生命过程

生命化学 …………………………… 194

第14课 我们是谁?

生命究竟是什么? ………………… 220

生命的系统观点 …………………… 222

细胞 ………………………………… 223

大分子 ……………………………… 225

生命的基础——蛋白质 …………… 227

神奇的DNA ………………………… 231

地球生物的另一套遗传密码 ……… 234

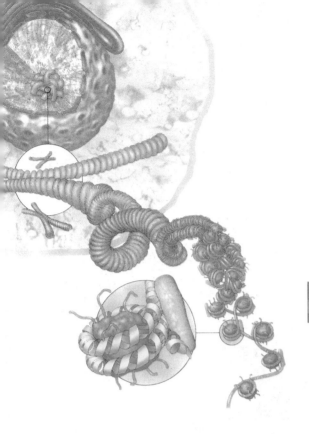

活着的生物所告诉我们的..............265

分子所告诉我们的 267

生命树 268

进化是怎样发生的? 270

被继承的变化.......................273

选择随机的变化 275

第17课 地球生命史

地球的生命进化史 280

放射性测定年代 282

深邃的时间..........................285

大规模的物种灭绝 286

12月26日午夜.......................288

铱.................................289

找到"冒烟的手枪" 290

第15课 人类遗传学

基因中的疾病........................240

癌症遗传学 243

遗传学药物 246

新疾病的进化 249

临床及法医遗传学 252

免疫系统 255

第16课 关于进化

我所知道的进化 260

结识夏威夷的食肉毛虫................261

远古生物所告诉我们的................263

第18课 我们的未来

科学与迷信..........................294

太阳的运行 295

拯救地球 296

地球的臭氧层........................297

今天的碳循环 299

地球气候的变化趋势 301

地球生物网的危局 303

不是结尾的结尾 307

哈佛大学——世界第一流学府

哈佛大学（Harvard University）创建于 1636 年，坐落于美国马萨诸塞州剑桥市。1636 年 10 月 28 日马萨诸塞海湾殖民地议会通过决议，决定筹建一所像英国剑桥大学那样的高等学府。学校最初命名为"新学院"或"新市民学院"。1637 年冬天，英国剑桥大学的一名毕业生移民到了新大陆。他叫约翰·哈佛，来自伦敦，时年 29 岁，刚结婚不久，他住在查理斯镇，与这所新成立的学院隔着查理斯河。约翰·哈佛当时的梦想是成为查理斯镇教堂的助理牧师。不幸的是，1638 年 9 月 14 日，约翰·哈佛就因患肺病而逝世。临死前，他立嘱将自己一部分财产和 400 本图书捐赠给了河对面那所新成立的学院。这是该学院成立以来所接受的最大一笔捐款，校方用这笔钱开发了不少的"硬件"和"软件"。也就是从那时候开始，美国非常重视对文化教育的投资和捐献，这种习惯和氛围一直被一代又一代的美国人和外来移民者所接受和继承。为纪念给予学院慷慨支持的约翰·哈佛牧师，马萨诸塞海湾殖民地议会一致决议，学院于 1639 年 3 月更名为哈佛学院；1780 年，哈佛学院正式改称哈佛大学。

哈佛大学的办校方针是求是崇真。哈佛大学的校训是："与柏拉图为友，与亚里士多德为友，更要与真理为友。"这句话自哈佛建校以来，一直是哈佛学生所信奉的做学问和做人的准则。

哈佛大学的校徽是"Veritas"，它是拉丁文"真理"的意思。1643 年 12 月 27 日，哈佛学院第二任院长邓斯特主持了一次会议，会议记录是这样的：校徽以三本书为背景（两上一下），在上面的两本书上分别印刻有"VE"和"RI"两组字母，而在下面的一本书上则印刻有"TAS"这组字母。三本书的背景则是一个盾牌图案。毫

哈佛大学校园内的约翰·哈佛铜像

哈佛大学外景

不夸张地说，这个校徽的设计是很有创意的。然而，这个图案在 200 年之后才被启用。其原因是，邓斯特院长在主持了那次会议后，就随便将会议记录丢置在一堆文件中，一直无人问津。直至 200 年后，时任哈佛院长的昆西在主持 200 年校庆过程中，无意中发现了这份重要的历史文件。他把这份失而复得的校徽图案作为本次校庆的一个重要项目来推介给师生，大家在欢呼之余，无不感慨万分。

到 20 世纪，哈佛的地位及声誉随着所获捐助及教授人数的上升而逐渐提升，申请入学的学生人数也因课程数目的增大及校园的扩建而增加。截至 2014 年，哈佛大学下设 13 个学院，分别为哈佛大学文理学院、哈佛商学院、哈佛大学设计学院、哈佛大学神学院、牙科医学、哈佛法学院、哈佛医学院、教育学院、哈佛大学公共卫生学院、哈佛大学肯尼迪政治学院、工程与应用科学院、哈佛大学研究生院、哈佛学院，另设有拉德克利夫高等研究学院，总共在 46 个本科专业、134 个研究生专业招生。

20 世纪初，中国政府开始向哈佛大学选派留学生。首批留学哈佛的中国学生于 1909 年毕业，他们当中有罗邦辉、金岱、李嘉同、马岱君和刘瑞恒等人。中国近代也有许多科学家、学者、作家曾就读于哈佛大学，如赵元任、吴宓、林语堂、梁实秋、梁思成、竺可桢、陈寅恪、陈振汉等。1936 年，时值哈佛大学 300 年校庆之际，中国哈佛大学校友会给母校捐赠了一座大石碑，这是中国留学生在哈佛校园留下的一片集体足迹。到 1945 年，哈佛大学的外国留学生中，以中国学生人数为最多。

使许多美国大学羡慕不已的是，哈佛大学还有 7 座规模较大的专业博物馆，它们分别为植物学博物馆、矿物学和地质学博物馆、比较动物学博物馆、考古学和人种学博物馆、沃伦解剖学博物馆、福格艺术博物馆和布希—瑞森格博物馆。这些博物馆在全世界学术界都享有美名。

哈佛大学对于教师和学生的质量要求亦是高水准的，教师要严选，学生要精挑。优秀的学生和优秀的教师相得益彰，相辅相成，共同成就了哈佛的成功。担任哈佛大学校长长达 20 年之久的美国著名教育家科南特曾经说过："大学的荣誉，不在于她的校舍和人数，而在于她一代一代人的质量。"正是因为在择师和育人上坚持高标准、高质量的要求，哈佛大学才得以成为群英荟萃、人才辈出的第一流著名学府，对美国社会的经济、政治、文化、科学和高等教育都产生了重大影响，在世界各国求知者心中具有极大的吸引力，在众多大学排行榜上一直名列前茅，被公认为当今世界最顶尖的高等教育机构之一。

哈佛大学被誉为高等学府王冠上的宝石，300 多年间，哈佛大学培养出数以百计的世界级财富精英，为商界、政界、学术界及科学界贡献了无数成功人士和时代巨子。在美国历史上，哈佛大学毕业的学生中共有 8 位成为美国总统。他们分别是：约翰·昆西·亚当斯、约翰·亚当斯、拉瑟福德·海斯、西奥多·罗斯福、富兰克林·罗斯福、约翰·肯尼迪、乔治·沃克·布什、贝拉克·侯赛因·奥巴马。此外，还培养出一大批知名的学术创始人、世界级的学术带头人、文学家、思想家，如诺伯特·德纳、拉尔夫·爱默生、亨利·梭罗、亨利·詹姆斯、查尔斯·皮尔士、罗伯特·弗罗斯特、威廉·詹姆斯、杰罗姆·布鲁纳、乔治·梅奥等。另外，美国前国务卿亨利·基辛格、微软公司创始人比尔·盖茨也出自哈佛大学。

影响哈佛学子一生的箴言

① 阅读：无论走到哪儿，随身携带一本书。

② 思考：睡前五分钟向自己提出问题。

③ 选择：比汗水更重要的是选择的智慧。

④ 财商：智商可以让你聪明，情商可以帮助你寻找财富，赚取人生第一桶金，只有财商才能为你保存这第一桶金，并且让它增值。

⑤ 借力：永远都不要独自用餐。

⑥ 锻炼：选择一项自己最喜欢的运动。

⑦ 创新：创造他人需要却表达不出来的需求。

⑧ 感恩：在任何地方，对任何人任何事说声"谢谢"。

拉尔夫·爱默生
（1803—1882）
美国思想家、诗人

海伦·凯勒
（1880—1968）
美国作家、教育家

埃里奇·西格尔
（1937—2010）
美国著名作家、编剧、教育家

富兰克林·罗斯福
（1882—1945）
美国第32任总统

约翰·肯尼迪
（1917—1963）
美国第35任总统

乔治·沃克·布什
（1946—）
美国第43任总统

贝拉克·侯赛因·奥巴马
（1961—）
美国第44任总统

亨利·基辛格
（1923—）
美国前国务卿

比尔·盖茨
（1955—）
"微软"创始人之一

马克·扎克伯格
（1984—）
美国社交网站Facebook
创办人

珀西·布里奇曼
（1882—1961）
1946年诺贝尔物理学
奖获得者

约瑟夫·默里
（1919—2012）
1990年诺贝尔生理学
或医学奖获得者

托马斯·萨金特
（1942—）
2011年诺贝尔经济学
奖获得者

竺可桢
（1890—1974）
中国著名地理学家、气
象学家

陈寅恪
（1890—1969）
中国著名历史学家、语言
学家

林语堂
（1895—1976）
中国著名作家、学者、翻
译家

梁思成
（1901—1972）
中国著名建筑史学家、
建筑教育家

梁实秋
（1903—1987）
中国著名文学家、翻译家

哈佛大学图书馆训言

a.此刻打盹,你将做梦;而此刻学习,你将圆梦。

b.我荒废的今日,正是昨日殒身之人祈求的明日。

c.觉得为时已晚的时候,恰恰是最早的时候。

d.勿将今日之事拖到明日。

e.学习时的苦痛是暂时的,未学到的痛苦是终生的。

f.学习这件事,不是缺乏时间,而是缺乏努力。

g.幸福或许不排名次,但成功必排名次。

h.学习并不是人生的全部。但若连人生的一部分——学习,也无法征服,还能做什么呢?

i.请享受无法回避的痛苦。

j.只有比别人更早、更多地努力,才能尝到成功的滋味。

k.谁也不能随随便便成功,它来自彻底的自我管理和毅力。

l.时间在流逝。

m.今天流的口水,将成为明天的眼泪。

n.狗一样地学,绅士一样地玩。

o.今天不走,明天要跑。

p.投资未来的人是忠于现实的人。

q.受教育程度代表收入。

r.一天过完,不会再来。

s.即使现在,对手也在不停地翻动书页。

t.没有艰辛,便无所获。

1
第一课

科学是如何诞生的?

最早的科学家

你们可能都经历过成长过程中的这一阶段，喜欢不停地问"为什么"，把周围的人都快逼疯了。为什么水是湿的？为什么在很冷的时候水会变成固体？为什么把糖放入水中会消失？为什么糖怎么都不能塞满嘴巴？当然，还有为什么天空是蓝色的？

观察小猫或小狗时，你们会发现它们同样具备好奇心。小动物通常会通过"嗅"来感知世界。小猫咪可能会对自己的尾巴很好奇，从而转着圈子捉尾巴。因此，更多的时候，好奇心就等同于玩耍。

好奇心使得人类作为一个物种成功地生存了下来。由于我们能了解自己所处的世界，也能相互传授自己所学到的知识，所以我们就有能力在地球的任何一个角落生存。我们已经学会了如何在沙漠、雨林、山顶以及雪地中生活，也学会了如何狩猎、保暖以及种植植物。

科学家的历史可以追溯到很久以前，直指我们的鼻祖。虽然这些早期的科学家没有身着白大褂，但我们仍称之为"科学家"。因为他们仔细地观察和研究了周围的生存环境，并通过无数次的尝试或实验，得到了获取食物、搭建栖身之地以及互相疗伤的最佳方法。同现在的科学家一样，祖先们相互交流自己所学的知识，利用集体智慧解释了过去，甚至预测了未来。

在 2000 多年以前，中美洲的玛雅人运用太阳、月亮和金星的详细观察资料制定了一套非常精确的历法。他们能预测出发生日食、月食的时间，也能够很轻易

由于好奇心的驱使，人类作为一个物种成功地生存了下来。

古代玛雅人建造的阶梯金字塔，它融历法知识和建筑技能于一体。

地计算出四季的起始时间，甚至在没有任何金属工具或车轮帮助的情况下，建造出了迄今依然屹立不倒的不可思议的神奇建筑。

最著名的玛雅建筑之一是一座被称为艾尔卡斯蒂略（El Castillo）的金字塔。玛雅人把历法知识与建筑技能融合在一起建成了这座金字塔，其一大特色在于：在春天和秋天到来之际，阳光恰好会到达西边台阶边缘的顶部，再随着台阶边缘逐渐下移，直到底部的雕刻蛇头。这样制造出来的特殊效果就好像是一条长长的毒蛇正顺着台阶向下爬。（如图所示，现在仍有络绎不绝的游人来此观赏金字塔左侧正在下楼梯的"影子蛇"。）

和玛雅人一样，世界各族人民都利用科学技术在各自的生存环境中获得了成功。然而，真正的现代科学直至500年前才在欧洲出现。那个时候，欧洲人开始比以往任何时候都更多地应用工具、数学、逻辑与交流来提出和解决有关世界的问题。

我们已经解决了如何在沙漠、雨林、山顶以及雪地中生存的问题。

9

和其他科学家一样，欧洲科学家们也一直致力于太阳、月亮、星星和恒星的研究。1609年，第一架天文望远镜诞生于荷兰。意大利科学家伽利略在获知这一消息后，于同一年制造了性能比第一架强七倍的天文望远镜。1610年，伽利略用自己制造的天文望远镜仔细地观察夜空，从而成为第一个发现木星周围有小圆点移动的人。

通过仔细观测这些圆点及其运行方式，伽利略证实了遥远的木星周围围绕着四颗不同的卫星，并且每颗卫星都有各自的运行轨道。

这是人类第一次发现我们头顶的月亮并不是唯一的卫星，同时地球也不是万物绕之旋转的中心。但在那之前，几乎所有人都坚信太阳和所有行星都围绕地球旋转，地球不是一颗普通的行星，而是万物的中心，更是唯一拥有卫星的行星。不过，现在我们知道至少还有另一颗行星拥有卫星，那些卫星围绕的不是地球，而是木星。

很快，全欧洲的人们都开始利用天文望远镜去研究所有能看见的事物。观察到围绕木星运行的四颗卫星，使人们认识到地球和其他行星一样都围绕太阳运转。这个新发现，相对于太阳和所有行星都围绕地球旋转的旧理论，是一个巨大的改变！

天文望远镜给我们上了非常重要的一课，弄清了我们在宇宙中的位置。但其更重大的意义在于，科学已经从纯粹结合观察、工具、逻辑、数学与交流的研究方式上发展起来。随着它的发展，科学已不仅仅是一种满足好奇心的方法，甚至还可以用来拯救生命。

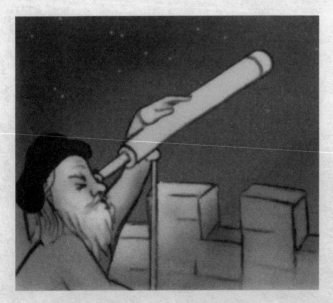

天文望远镜改变了我们看待自己的方式。

好奇心拯救了人类

科学技术不断地改变着我们的生活。自从 20 世纪 50 年代起人们吃的食物、烹饪方式、预防与治疗疾病的方法以及娱乐方式都发生了不可想象的变化。

再看看我们的联系通信方式。20 世纪 50 年代，人们。如果想打电话，人们就不得不站在电话机旁边。而且因为有很多人共享一条电话线，电话并不是随时都可以使用的。

共用电话线可不好玩。由于没有足够的电话线，人们不得不和其他两户互不相识的家庭共享一条线路。如果拿起电话听见讲话声，就得等到其他用户挂断之后才能打电话。

但那时候我们从未梦想过有一天我们能随身携带电话。也许 20 世纪 50 年代的人没有一个会想到未来的电话会具有可移动、能拍照，甚至能给全世界的人发送带有文字的图片的功能。这是那个年代任何人都不敢想象的。

"伦敦之眼"观景摩天轮

2004年12月26日，一个10岁的英国女孩蒂莉·史密斯与家人在泰国的迈考海滩玩耍。她注意到海水突然变得"很好玩"。想到两周前在学校上的科学课，小女孩立刻让家人赶紧离开海滩，因为海啸就要来了。

于是，史密斯一家人立即逃离海滩并通知了其他游客。他们跑上了旅馆3楼，惊恐地看见三个巨大的海啸波浪冲进了旅馆。海岸上和旅馆的游泳池中到处都是涌动的海水、棕榈树、床铺以及其他残骸。

英国报纸报道说蒂莉的科学知识以及快速的反应不仅救了她自己和家人，也救了其他100多条生命。

我们为什么要学习科学？

科学使得抗生素、手机和电脑的诞生成为可能。虽然我们不需要懂得其原理就能使用这些现代科学奇迹，但是我们的社会决定了所有的学生都要学习科学知识。全世界各个国家都会测验其学生掌握科学知识的程度，然后通过比较成绩来了解他们对知识的掌握程度。

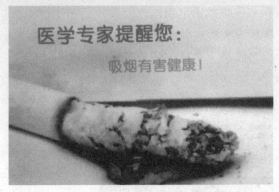

医学专家提醒您：

吸烟有害健康！

懂得科学能帮助我们做出最佳抉择。

以上这些并没有真正回答"我们为什么要学习科学"这个问题。商业领导人认为许多工作都需要坚实的科学知识背景，他们常抱怨很难雇佣到具备很强技术能力的员工。因此，若从你们自身的利益出发，这就意味着科学知识能够让你们找到有趣且报酬丰厚的满意工作。

科学教育家认为，人们学习科学知识的目的在于为自己、为家庭和社区、为国家以及为我们的地球家园做出最好的决策。因此，我们把科学知识的学习称为"全民科学素质教育"。

你们可以利用科学知识为自己做出最佳抉择。应该吃什么样的食物？应该如何保持健康？患上几种疾病时应该怎么做？吸烟或吸毒会给身体带来什么样的危害？从朋友、电视或因特网上听闻一些事情时，应该如何去判断真假？你们会使用占星术去决定谁会成为你们的

手机等电子产品的诞生和不断更新，都得益于科学的发展。

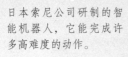
日本索尼公司研制的智能机器人，它能完成许多高难度的动作。

好友，以及会和谁发生罗曼史吗？

　　科学不仅可以帮助你们回答以上这些问题，同时也能协助你们为社区、国家和地球做出最佳决策。比如说，大家应该关心自己需要用多少能量、多少水，社区是否应该提供公共交通服务，如果是，那最好的服务方式是什么？大家应该如何处理家庭及城镇的废弃物？人类是不是正在改变全球气候？如果答案是肯定的，那么我们应该做些什么？怎么做？

　　希望你们都能够认同学习科学知识对你们、你们的国家甚至全世界都大有好处。作为科学教育家，我们认为学习科学知识不仅重要而且有趣。在某种程度上，科学家更像是童心未泯的孩子，不断地问着为什么。因此，你们在科学的海洋里遨游，会不时地获得许多乐趣，就像追逐尾巴绕圈子的小猫一样。

科学的研究与学习

我不清楚你们在学习科学知识的过程中获得了什么，但我希望你们能自己动手、动脑，探索科学世界。研究科学、学习科学知识，需要我们仔细地观察世界，并通过不断尝试新的想法来研究万事万物的内在原理。

虽然通过做试验来学习科学知识是一种常用的方法，但本书对实验几乎没有涉及。这本书给大家提供了一些基本的科学知识，解释了科学中一些非常重要的概念及其相互关联的方式。这些科学概念会帮助你们理解科学的本质。阅读本书时，你们可能会以一种全新的视角去看待从学校或电视上所学的知识。你们甚至会发现，阅读这本书可能会改变自己看待生活和世界的方式。

下面我们以重要的科学概念"光合作用"为例来解释本书的理念。光合作用是植物赖以生存的方式。因为植物不像动物那样进食，而是利用太阳光的能量生成糖分，然后再利用糖分生成其他化学物质，从而产生自身所需的能量。

植物通过光合作用把空气中的二氧化碳和水结合生成糖。如图所示，植物通过摄取太阳光进行光合作用。光合作用的另一个重要意义在于释放氧气。

由于科学知识的传播依赖于准确的交流，因此，科学家非常注意自己使用的语言。例如，在描述植物如何获得能量时，科学家不想总是重复"大家知道，植物所做的就是利用太阳光能、二氧化碳和水生成糖"。所以，科学家把这一过程称为"光合作用"（photosynthesis）。

虽然这是一个复合词，但也比一句话简短得多。另外，这个名字也很适合其描述的过程。"光"（photo）意味着太阳光，"合"（synthesize）意味着生成，也就是利用材料做成某种东西的意思。

光合作用这个概念非常重要，以至于教科书中都包含这个概念的相关解释，学校也都力图保证其学生理解。他们通常用如下问题进行测试：

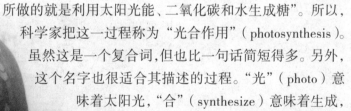

植物利用太阳光能生成糖的过程被称之为
　　a）排汗作用
　　b）呼吸作用
　　c）光合作用
　　d）恶化作用
　　e）光解作用

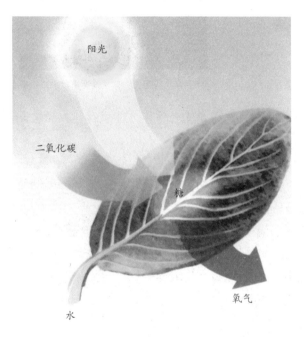

阳光

二氧化碳

糖

氧气

水

大家都应该知道并理解"光合作用"这个词。但是，如果你们把它作为一个只需简单记忆的词语，就不能真正地理解其含义。因为你们所做的就只是记住了一个词和一些与之相关的短语（例如生成糖、太阳光能）。你们很快就会忘记，因为要记住一个不是真正理解的词语很难，尤其是在需要不断记忆新词的情况下。

相反，学习科学知识就是要理解。记忆是必须的,但理解才是最重要的一环。

那么，真正理解光合作用意味着什么？首先，"光合作用"不仅仅是科学课本中所提及的一个词语，它每时每刻都在我们身边进行着。看看照在绿色植物、树木、灌木丛和草地上的阳光。当你注视它们的时候，它们正在一刻不停地进行着光合作用。

其次，光合作用是植物把太阳能转化为化学能的一种方式。任何动物都不能做到这一点，包括人类在内。动物依赖植物把太阳能以一种它们可使用的形式储存起来。对于地球上的生

❶ 光合作用每时每刻都在我们身边进行着。

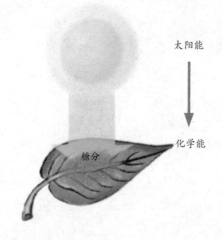

太阳能

化学能

糖分

②太阳能转化为化学能。

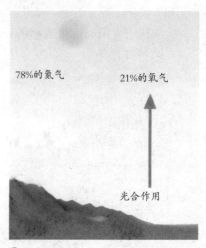

78%的氮气

21%的氧气

光合作用

③光合作用生成我们呼吸所需的氧气。

命体而言，光合作用是最重要的生命活动。植物需要光合作用才能生存，人类也同样如此。

最后，植物的光合作用最终会释放氧气。在地球的原始阶段，大气中并没有氧气，而现在氧气含量却达到了 21%，这都是光合作用的功劳。光合作用不仅解释了动物获取食物的渠道，也解释了其获得呼吸所需氧气的方式。

所以，下次经过阳光照耀下的草坪、灌木丛或树林时，请记得停下来感受一下。即使我们看不见，那些绿色生物仍在不停地把氧气释放到周围的空气中去。我们吸入氧气，呼出二氧化碳；同时，植物吸收二氧化碳，生成养分，用以支撑整个生命体系的运行。因此，在地球生物网络中，植物和我们的关系非常密切，并且所有的植物与动物之间都是相互合作的关系。

现在，大部分人类都住在城市或郊区，在那里，我们只能感受到人造世界而非自然世界。我们吃着超市或餐馆中的食物，在高楼大厦或汽车中消磨大量时间，却可能从来都没有想过自己到底是谁，扮演着什么样的角色。不过，通过研究光合作用，我们懂得：人类和所有动物一样，都依赖于植物和太阳能而生存，并且人类只是地球生物的一部分。

氧气　氧气

二氧化碳

二氧化碳

科学时代的到来

大多数文化的学习都要求年轻人追寻文化渊源。例如,父母和社团的领导都会要求他们了解相应的历史、习俗以及社团规定。你们在宗教团体或社会团体中可能都有过类似经历。

我们所要说的就是:给科学一个机会。

我们生活在以科学为基础的社会中。事实上,我们所触摸到的每一件物体,做的每一件事情都在某种程度上为科学所影响。然而,你们很可能没有经历过科技渊源的教育。不会有人对你们说过:"关于我们从哪儿来、我们是谁以及我们要到哪儿去的问题,是时候让你们了解科学所提供的答案了。"

当然,事实证明,科学对于"我们从哪儿来、我们是谁以及我们要到哪儿去"有着令人惊奇、激励人心的描述。希望你们能在本书中找到答案。

有些人已经知道自己对科学感兴趣,这非常好,希望本书能够激发你们更为浓厚的兴趣。而另一些人则会认为自己对科学并不十分感兴趣,这没有关系,这可能是因为你们在学习科学的过程中有过不好的经历或者根本没有一点儿经历。尝试着耐心阅读此书,正如著名的摇滚乐组合"披头士"在歌曲中唱的:给科学一个机会。

停下来,想一想

你们可能阅读过很多小说,而这种非小说类书籍却看得不多。当然,这两者的阅读过程实际上是一样的。不过,千万不要被这一点迷惑。想要从非小说类书籍中获得最大程度的乐趣和最丰富的知识需要几种不同的阅读技巧。

阅读精彩的小说时,你们会希望看得越快越好。你们急切地想知道:下面将会发生什么? 这个英雄能逃脱险境吗? 但这时你们忘了自己,进入了作者所创作的虚幻世界中。

读这本书,不需要你们忘记自我,只要你们留意自己正在思考的东西以及已经领悟的知识。希望你们在阅读的过程中能回答以下问题:这些科学理论对你们是否有意义? 这些是全新的理论吗? 和你们所认为的是否相冲突? 这些理论有没有引导你们从全新的角度去思考问题?

这样,你们可能会发现自己读得越来越慢,而不是越来越快。你们也可能在阅读到新理论之后,回到前一页或前几页,看看新理论和前面所讲述的理论是怎样联系起来的。这本书不会让你们逃离现实世界,相反它会让你们更加深刻地认识现实,向你们展示如何用多种视角去观察世界。

2
第二课

2加2等于
HIP-HOP

科学的想法有大有小

我们在前一课讨论了光合作用。它是一个很重要的科学概念，让我们了解了植物为何不用进食就能生存。更进一步来说，动物自身并不能制造食物，而是以植物或者植食动物为食。因此，光合作用实际上解释了地球上所有生物的生存方式，具有非常重大的现实意义。

关于科学家，大家必须要了解的一点就是他们对细节非常重视。像光合作用这样的科学念想并不是突然跳入某个人脑中的，而是多位科学家花费大量时间观察研究，用各种植物做实验的结果。随着时间的推移，点滴的经验和知识逐渐积累起来，从而得到了植物利用阳光结合水与二氧化碳生成糖分的结论。

人们以前一直认为动物以植物为食，植物则以泥土为食。然而，就在伽利略发现木星周围存在卫星前后，冯·赫尔蒙特做了一个实验来研究树增加的质量从何而来。赫尔蒙特在装有 90 千克泥土的大木桶里栽种了一颗重 2.25 千克的柳树

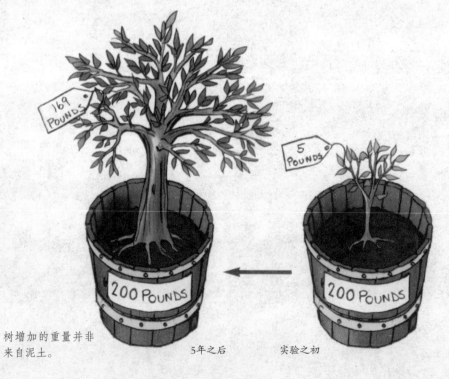

树增加的重量并非来自泥土。

5年之后　　　　　实验之初

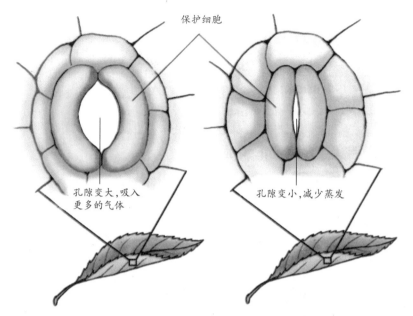

二氧化碳含量低

炎热干燥的日子

保护细胞

孔隙变大,吸入
更多的气体

孔隙变小,减少蒸发

如果空气中二氧化碳含量偏低,植物上的气孔就会变大,从而吸入更多的气体。而当天气干燥炎热时,为了防止太多的水分蒸发流失,气孔就会缩小。同时,植物叶面上的特殊保护细胞可以控制孔隙大小的伸缩。

树苗。他仔细地给树苗浇水,避免其他任何杂质混入到泥土中。5年以后,小树苗长到了76千克,而泥土的重量只比实验开始时减轻了56.7克。

那树苗增加的73.75千克是从何而来的呢?通过这个实验,赫尔蒙特证明了其增加的重量(包括树干、树叶、树皮和树根)并非来自泥土,而是来自水。事实上,他的结论并不完全正确。记住光合作用教给我们的:植物利用水和二氧化碳生成糖,再利用糖生成其他成分。这就表明树(或植物)的大部分增重并不来自水,而是来自二氧化碳。

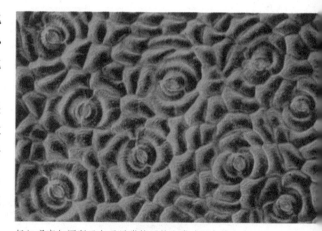

仔细观察如图所示电子显微镜下仙人掌叶面上的九个孔隙。

植物一般通过其叶面上的微小孔隙来吸收空气中的二氧化碳,因此,这个能够吸收二氧化碳释放氧气的结构正是植物进行光合作用的一个重要证据。叶面上的微小孔隙对于植物而言虽很重要,但若与“光合作用”这样的伟大科学概念相比,它只不过是一个非常普通的科学现象。

由此,大家可以看出,科学中包含有很多不同的概念和信息。其中,有些属于非常重要的概念，而另一些意义则不是那么重大。下面是我们所发现的一些科学现象与定理，我把它们按照从重要到不是很重要的顺序排列如下：

事实上，地球上所有的生物都依赖于植物利用太阳能把二氧化碳和水转化为糖的活动。

地球上的原始大气中没有多少氧气，现在大气中所包含的氧气完全是光合作用的结果。

植物叶面上的微小孔隙是为了让气体能够自由出入。

叶子上的细小孔隙可以变大也可以缩小。

能够使孔隙扩大或缩小的植物细胞被称为保护细胞。

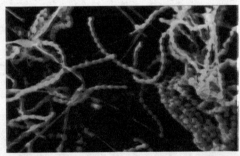

图中的绿色模型就是抗生素青霉素，它挽救了很多人的性命。

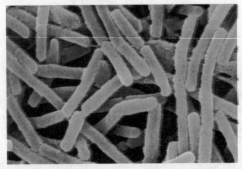

这是电子显微镜下引发炭疽热的细菌的图片。

很明显，以上那些字体较大的科学结论确实非常重要，因为我们最关心的就是可吃的食物和可供呼吸的氧气。但就另一方面而言，其他字体较小的科学结论同样也很重要。因为一般情况下，科学家都是通过研究发现一些小现象以及这些现象之间的联系来解决大问题的。当然，如果科学家们想要利用自己所掌握的知识改变事物，例如治疗疾病，那么他们还需要了解更多的科学细节。

同样，对疾病的研究也能证明科学想法有大有小。医生和科学家花了几百年的时间研究疾病，却没有意识到大多数疾病其实是由一些极其微小、肉眼看不见的有机体引起的。19世纪后期，法国科学家路易斯·巴斯德和德国科学家罗伯特·科赫研究了两种疾病：炭疽热和肺结核。他们证实：炭疽热由一种特殊的细菌引起，而肺结核（或简称 TB）则由另一种不同的细菌引起。很快，这两位科学家以及其他研究者就发现许多其他疾病也是由细菌引起的，甚至有些疾病是由更小的微生物——病毒引起的。

通过对疾病的仔细研究与观察，科学家普遍认为大多数疾病都是由只能用高倍显微镜才能看见的微小有机体引发的。这一结论就是疾病的微生物理论，其已作为重要的科学理论获得了大家的认可。这一理论的发展建立在大量多种不同疾病的研究细节基础之上。相

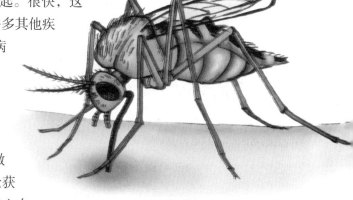

埃及伊蚊（一种昆虫）会传播黄热病。

反，对于某种特定的疾病而言，科学家主要的研究对象包括哪种微生物引发了这种疾病，微生物是怎样让我们生病的，以及微生物是怎样传播的。例如，通过研究，他们发现黄热病是由病毒引起的，并由一种特殊的蚊子携带进行传播。然而，与"病毒诱发疾病"这一重大的科学发现相比，对黄热病的认识只是属于比较小的科学发现罢了。

疾病的病毒理论解释了疾病的诱因问题，而那些意义不是非常重大的科学观念与细节则解决了我们在日常生活中应如何应用这些科学知识的问题。以黄热病为例，我们可以通过捕杀传播黄热病病毒的蚊子来达到预防疾病的目的。

因此，为了更好地研究科学、学习科学知识，我们既需要非常重要的科学理论（例如光合作用和疾病病毒论），同时也需要细小琐碎的科学发现。所以，为了更好地传授和学习科学知识，就要达到不同种科学理论的完美平衡。如果有太多琐碎的科学细节与现象，我们就很难弄清楚它们之间的联系，也会很难记忆。但另一方面，如果科

学细节与现象太少，我们就不能真正地理解那些重大的科学结论，这是因为科学现象与细节可以帮助我们理解重大科学理论的由来及其在现实生活中的应用。

本书就是要挑选出最重要的科学理论和适量的科学细节，再把它们结合起来。下面即将讨论的科学理论意义非常重大，因此，我们就把它称为令人敬畏的观点。

一个令人敬畏的观点

本书解释事物通常会从系统谈起。我们可能会谈到树木、地球、国家的交通、疾病、森林、蚂蚁、水域或者太阳，而不管谈到什么本书都会很喜欢使用"系统"这个词。本书在第一课中没有提到它，这都有点儿不可思议。

这里所指的"系统"究竟是什么意思？当两个或两个以上的事物结合起来并相互影响时，就形成了系统。我们利用"部分"来描述相互结合、相互影响的事物，而利用"整体"来描述由部分相互联系结合起来的新事物。当部分相互结合形成一个整体时，就产生了系统。

这对于你们来说是不是一个令人震撼的观点？也许现在你们还不是太理解这个观点的含义，那么就来听听详细的解释吧。

以简单的系统水为例，水的分子式是 H_2O，也就是说一个水分子由两个氢原子和一个氧原子构成。给水通电，就会分解成氢气和氧气两种气体，且得到的氢气体积是氧气体积的两倍。倘若再把氢气和氧气结合到一起，我们就又得到了液体水。

下面我们将对部分与整体做一个比较。大家都知道，氢气是极易爆炸的气体，氧气是助燃性气体。当氢气和氧气发生化学反应时，就生成了能扑灭火的液体——水。从系统的角度来看，水是一个与其组成部分具有截然不同属性的整体。

系统的重要特征有：
* 一个系统的各个组成部分自身也都可能是一个系统；
* 一个系统的属性与其组成部分相比，会有很大不同。

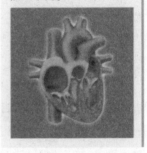

国家的交通系统由很多部分组成。

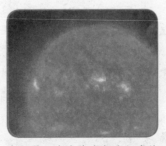

太阳是一个由多个部分组成的系统。

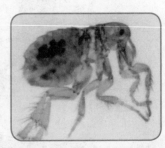

跳蚤是一个由多个部分构成的系统。

再以食盐为例，食盐由钠和氯组成。钠是具有光泽的金属，接触水时会释放出火焰，而氯则是黄绿色有毒气体。钠和氯结合反应就得到了白色固体，是烹饪时必不可少的一种作料。因此，食盐也是一个与其组成部分具有完全不同属性的整体。

到目前为止，我们知道了诸如水、食盐这样的系统都由部分组成。同时，我们也意识到系统的属性完全不同于其组成部分。

我们人类自身就是各种各样系统的总和，因此，从系统的角度思考问题其实是很有帮助的。实际上，人体由 200 多种不同的细胞构成，这些细胞又组成了包括皮肤、肌肉、骨头、血管及内脏在内的各种结构。这些结构彼此协调工作，共同形成了相互关联的神奇系统——人类。因此，可以说我们每个人都是一个小型系统。

系统的一个重要特征就在于，构成系统的各个部分本身也都是由更小的部分组成的小系统。这是怎么回事？下面就来解释一下。首先，记住你们自己就是一个系统。组成这个系统的其中一部分被称为循环系统，也就是描述血液在体内流动方式的部分。循环系统是人体这个大系统的一部分，而其本身也是一个由多个部分组成的整体。

循环系统的组成部分包括心脏、静脉、动脉和血细胞。同时，心脏作为循环系统的一部分，也是一个由部分构成的系统。心脏包含两个心房、两个心室以及心脏瓣膜。心脏瓣膜的打开与闭合保证了血液在恰当的时间流入正确的位置。而每个心房或心室也都由包括肌肉细胞和神经细胞在内的不同细胞组成。

想到人体内所有这些相互协调的系统，我们可能会犯晕。但这还没完，我们人体并不是世界上最大的系统。换句话来说，人体也是许多规模更大的系统的组成部分。我们每个人是

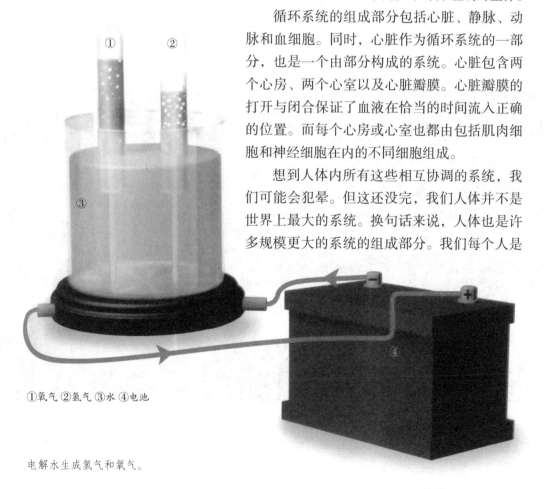

①氧气 ②氢气 ③水 ④电池

电解水生成氢气和氧气。

氢气　　　　　　　氧气　　　　　　　水

作为一个整体，水的属性与其组成部分截然不同。

家庭的一部分、生态系统的一部分，同样也是整个人类的一部分，而整个人类则是地球上所有生物的一部分。

不过，我们为什么要研究这些相互协调的系统呢？这是因为通常我们会从系统的角度去研究事物。通过研究这个物体由哪些部分组成，这些部分怎样相互联系，以及这个系统如何成为另一个较大系统的组成部分，我们就可以了解得更加透彻深入。

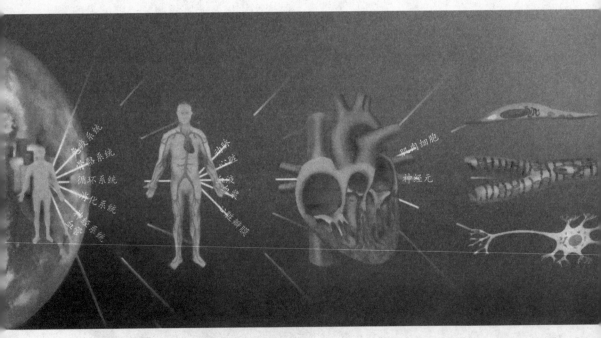

　　在本书中，我们将会一直使用这种"系统思维"方法来研究多种不同的事物。这种方法不仅能帮助我们理解世界万物的组成方式以及人体的运作原理，还能为我们解释人类影响地球的方式。

为什么是 HIP-HOP？

我把本课的标题写成"2 加 2 等于 HIP-HOP"（HIP-HOP 是由美国黑人兴起，包括说唱和电子乐器演奏的音乐，同时又指一种包括艺术、舞蹈等的文化），它是什么意思？和系统又有什么关系？

大家还记得水具有不同于氢气和氧气的属性吗？水的组成部分是气体，且都可燃或可助燃，而水在正常气压和温度下却是可用于灭火的液体。同样，食盐也是一个属性与其组成部分完全不同的系统。

每个人都是一个由动脉、血细胞、胃和指甲等构成的系统。我们可以说，胃是你身体的一部分，而你却不仅仅是胃。作为一个具有一定机能且相互联系的整体，人体具有其各个组成部分所不具备的特性，并且其功能已大大超过了组成部分之和。

有句谚语"整体大于部分之和"，即表述了这样一个重要的系统特征。其实，这句谚语具有更深层次的含义，即：整个系统具有其所有组成部分都不具备的功能或属性。

我们可以试着从以下角度去理解标题的含义。大家都知道 2 加 2 等于 4，但学习了"整体大于部分之和"以后，你们就会认为 2 加 2 也许等于 6。但是，液态水与氢气之间的区别却不同于 4 与 6。前者是质而不是量的区别，即差别不在于量的多少，而在于种类。

液态水不同于氢气，就如同 Hip-Hop 不同于椅子；食盐不同于金属钠，就如同 Hip-Hop 不同于家庭作业；人体不同于胃，就如同 Hip-Hop 不同于橘子。

因此，简而言之，整体在"质"上不同于其组成部分。质的区别要比纯粹量的区别重要得多！

停下来，想一想

通过学习科学知识认识世界的一个重要环节就是学习新词语。例如，"光合作用"就是科学家发明的词汇。在学习科学的过程中，我们经常会遇到这个词。光合作用除了其科学含义以外，没有其他任何意思。不会有人这样说："我有一个光合作用，红头发的人比黑头发的人更容易生气。"

相反，有些科学用语则在科学范围之外被频繁使用。通常，这些词的科学含义与普通含义大不相同。在本课中曾提到了疾病的病毒理论。"理论"这个词并不是由科学家发明的，而是一个普通的词。因此，可能会有人这样说："我有一个理论是：红头发的人比黑头发的人更容易生气。"

在日常生活中，"理论"的使用与科学家的使用并不相同。一般而言，理论是一种讨论事物因果联系的观点。它可能是非常疯狂的想法，例如，我觉得打雷是由一种我们看不见的月球生物引起的；但也可能是非常合理的想法，例如，我认为在大家庭中长大的人通常都会有两个以上的孩子。

但在科学研究中则完全不同。科学理论把众多科学事实与观察发现联系在一起，体现出它们在重大科学观点中所发挥的作用。例如，疾病的病毒理论绝不是关于月球生物的疯狂想法，相反它揭示了成千上万种疾病的起因，例如普通感冒、流感、肺结核、麻疹、疟疾、破伤风以及蛀牙，等等。

我们一般会认为事实比理论更具有说服力，但在科学领域中则恰恰相反。因为科学理论是由许多事实依据支撑起来的，所以理论往往比任何一个科学事实都强有力得多。

读这本书时，最好要仔细留意所碰到的每一个新词，尝试去理解其含义以及在句子中的使用方法。同时，仔细阅读上下文或观察插图，以帮助你们更好地理解新词的意思。

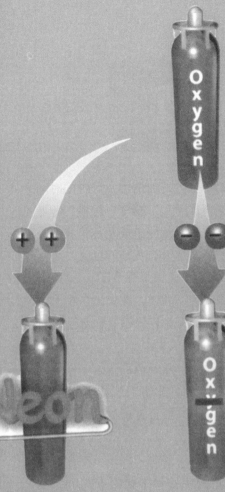

3

什么是物质?

从92到数百万

我们在地球上可以看到或触摸到数百万种不同的物体。下面请用几分钟的时间列举出所有你们能想到的物体，大家可以从自己此刻所能看见、感觉、触摸、听见或嗅到的物体写起。如果纸上还有空间，就继续写出这些物体的组成及其组成部分的组成。倘若再写上在过去24小时内曾感觉过的物体，或者和别人所写的做一个比较，你们就会发现这个列表还可以更长！

看看你们在表单上列出的物体，它们是由什么构成的。其实，在人类历史上曾有人研究过这数百万种不同物体的存在方式。其中，有一种解释就是它们都由少数几种基本材料构成的。

通过观察，你们会发现城市中存在大量不同形状、大小和颜色的建筑。但相同的是它们都是由为数不多的几种建筑材料建成，例如木材、玻璃、金属、混凝土、涂料和塑料。依此类推，也许地球上这数百万种物体也同样是由少数几种基本材料构成的。

古希腊人认为，世间万物都由泥土、空气、火和水这四种基本元素按照各种不同的方式组合而成。据此观点而言，我们人类毫无例外也都应由这四种基本元素构成。进出我们身体的空气、我们体内的热量（火）、

数百万种不同的物体同样都可由几种基本材料组成。

我们的肉体（泥土）以及我们的体液（血液、汗液、眼泪），无一例外都证明了这一点。然而，当一位名叫亚里士多德的古希腊人试图把60杯水、20罐土、可供10个人呼吸的空气和2堆篝火混合在一起从而创造出一个人时，他失败了。

希腊人认为，只有这四种基本元素是纯净的，其他任何物体都由两种或两种以上的基本元素以适当的方式混合而成。因此，希腊人对基本元素的定义可分为以下两部分：

世间万物都由基本元素构成。因此，把任何物体分解之后，我们会发现它由一种或多种基本元素组成。

这四种基本元素不能被进一步分解。

尽管我们并不认同以上观点，但现代科学仍沿用了古希腊人的定义方法。至今，我们已经发现地球上存在着92种基本自然元素，而非古希腊人所说的4种。就是这92种基本元素以不同的方式结合形成了所有数百万种不同的物体。

从古希腊人所定义的四种基本元素之一水，就可以为我们解释为什么基本元素种类会从4增加到92。倘若水是基本元素，就不能被进一步分解。然而，科学家却发现我们可以轻易地将水分解成两个部分。

给水通电时，会不断地有气泡形成、溢出。如果正确地设计实验装置，我们就能收集到由水分解所得的两种不同气体。若把这两种气体重新结合，就又生成了水。

水可以被分解成氢气和氧气，因此，水不属于元素。

空气是包含氮气、氧气、水蒸气和二氧化碳等的混合物。

这两种气体就是氢元素和氧元素。之所以称之为元素，是因为它们不能像水一样，轻易地分解成更简单的部分。

假设你们所在的公司承担着建设行星的重任，比如说建设地球。刚开始，这看似是一项不可能完成的工作，因为这需要上百万种不同的物体。但现在你们就会觉得，这项工作并不是不可能完成的。理论上，要完成这项任务只需要

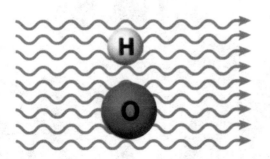

氢元素和氧元素则不能被轻易地分解成更简单的组成部分。

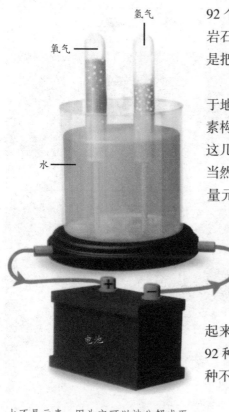

氢气

氧气

水

电池

水不是元素，因为它可以被分解成更简单的部分。

92 个装有不同基本元素的容器即可。当需要诸如岩石、树叶或牙齿之类的物体时，你们所要做的就是把那些元素以适当的方式结合起来。

这样一来，这个浩大的工程就会简单得多。由于地球表面及内部的大多数物体都只由少数几种元素构成，所以你们就只需氢、氧、氮、碳、铁和硅这几种基本元素，来形成水、泥土、空气和生命体。当然，若要完成所有物体的建设还需要其他一些少量元素，例如铝、硫和氯。至于像铂和氦这样的元素，其所需的容器就小得多，因为地球上此类元素的含量都非常低。

这时候我们就可以利用系统的观点来解释以上内容。92 种元素是地球整个系统的组成部分，当两个或更多的元素组合起来，就会形成不同于部分的新物体。计算一下 92 种元素不同的排列组合方式，地球上有数百万种不同物体也就不足为奇了。

让我们来看看自己对物质的理解到什么程度了。现在我们知道，要重建地球仅需研究 92 种基本元素即可，而非上百万种不同物体的组成。大家也许会认为只要知道这些就足够了，但我们还面临着另一个科学难题。

基本元素为什么会彼此不同呢？这个问题的答案可以从对最小元素的研究中获得。古希腊思想家德谟克利特给出了一个我们至今仍在使用的词来形容元素的最小可能颗粒。对于人类而言，我们不仅仅学会了一个新词，同时也进入到了元素研究的一个更深的层次上。

原子

我们援引古希腊人对元素的定义,并做了一些修正。元素的定义仍可分为两部分:

世间万物都由基本元素构成。因此,在任何一种物体分解之后,我们都会发现它由 92 种基本元素中的一种或多种构成。这 92 种基本元素不能再进一步分解。

倘若我们对元素进行分解,结果将会怎样?黄金就是一个非常好的例子。取一片黄金,把它加热至熔化,所得液体的属性仍和黄金一样。你们也可以给黄金通强电,但其黄金的本质也不会发生变化。当然,你们还可以把它锻造得很薄,不过这仍不会改变其黄金的属性。

例如,美国怀俄明州议会大厦的圆屋顶由黄金叶覆盖。整个圆屋顶的面积约 74 平方米,却只用了不到 31 克的黄金。这是完全可以做到的,因为黄金叶可以做得非常薄,大约只有 0.000127 厘米厚,即 2 万片黄金叶重叠起来才有 2.54 厘米。因为这种超薄的黄金叶仍具有黄金的颜色、光泽和柔韧性,所以仍属黄金。

那么在极限情况下,我们可以把黄金切到多薄呢? 事实证明:要保证黄金的本质不变,有一个最低限度。若把黄金叶再切分 1 万份,那每一份就只有 0.000000013 厘米厚,即 0.13 纳米厚。这样,我们就得到了仍保留黄金特性的最薄金属,

只需不到 31 克的黄金,就可以把这个圆屋顶完全覆盖。

33

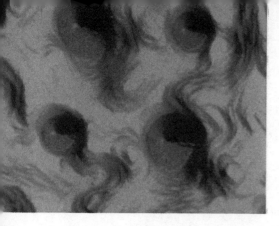

我们把它称为黄金原子。

一个原子的尺寸非常小。直到近几年，我们才能够用高倍显微镜拍出原子的图片。钴是一种金属元素，具有像铁一样的磁性，右图的照片即是紫铜色背景下的钴原子（蓝色）。

大家也可以通过以下实验获得对原子的感性认识。拿一张长 28 厘米、宽 2.5 厘米的白纸，裁成两份，去掉一半，把剩下的一半再裁两份。一直重复这样的做法，直到不能裁剪为止。要得到原子尺寸，大概需要裁剪 20 多次。

现在我们就可以在元素的定义中再加上一条，即元素由原子构成。大家肉眼可见的最小体积元素中包含有大量的原子。对于某一种元素而言，其各个原子的大小相等。

停下来，想一想！我们对元素与原子的描述中仍存在一个问题。

你认为这个问题是什么？把它写下来，并写出你认为正确的答案。（提示：如果你对这个问题不是很肯定，请读一读以"那么在极限情况下，我们可以把黄金切到多薄呢？"开头的三个段落。）

这个问题就是：如果我们对原子进行切割的话，结果将会如何？元素的最小组成部分可能就是原子。那我们还能继续分解原子吗？如果能的话，分解出来的又是什么呢？

当然，我们能分解原子，但这需要极其巨大的能量。对黄金原子进行切割后，原子就不复存在，分裂成碎片。若把这些碎片分离，我们就得到了被称为"亚原子微粒"的不同颗粒。"亚原子"的意思是尺寸比原子小，而"微粒"是又一种颗粒的名称。

分解其他元素的原子也一样。对任一种元素的原子进行分解，所获得的微粒就不再属于原来那种元素，而是同样的亚原子微粒。

现在我们给出改进后的元素定义，分为三部分：

世间万物都由基本元素构成。在任何一种物体分解后，我们会发现它由 92 种基本元素中的一种或多种构成。

任何元素都由其本身对应的原子构成。并且，对于任何一种元素而言，其中每个原子都是相同的。

元素的原子可以再次分解，从而得到亚原子微粒。当然，分解之后，这些微粒就不再代表原来的元素了。

大家应该会注意到以上的元素定义包含了两个变化：其一，引入了原子的概念；其二，元素可以分解到足够小，使其元素的本质发生变化。

原子是一种系统

　　既然我们可以把原子分解成部分，那么原子也是一种系统。每个原子都是由部分构成的一个有组织的整体。

　　下面就与你们一起分享有趣的系统理解法。拿出一个系统，加点儿水，快速侧向摇晃 15 分钟。注意，是自己侧向快速摇摆，而不是晃动系统。然后，把系统先放在一边，躺下休息一会儿，仔细回想自己刚刚所学的内容。

　　如果这个方法不管用（必须得承认，这个方法大多数时候并不管用），可以使用另一个更有效的方法，即提问并回答三个有关系统的问题。

　　不管是什么系统，通过回答以下三个问题总能更好地理解它们：

　　这个系统由哪些部分组成？

　　作为一个整体，这个系统是如何运作的？

　　这个系统本身如何成为另一个更大系统的一部分？

　　在本书中，你们会碰到很多这样的情况，需要通过回答以上三个问题来研究系统。

氧

　　从这三个问题的第一个回答起，我们就可以解决一个非常重要且不容忽视的问题，即：各种元素相互之间是如何区别的？

碳

　　元素既然由原子构成，那么这个问题可能与原子有一定的关系。但到底是什么使得两种原子相互区别的？为什么一种原子是氢，而另一种原子却是氧或黄金呢？

黄金

为什么第一种原子是黄金，第二种原子是碳，第三种原子却是氧呢？

原子的组成部分

问题1：原子由哪些部分构成？

三种亚原子微粒			
微粒名称	大小	带电量	微粒的增加或减少所引起的效果
质子	"大"	+1	质子的增加或减少会引起元素种类的改变
电子	"很小"	-1	增加或减少电子,元素的种类不会变化,但其带电量会改变
中子	"大"	0	中子的增加或减少不会影响元素的种类,但其质量会发生改变。并且,原子会变得更加稳定或更不稳定

前面已经讲过原子可以分解为亚原子微粒。亚原子微粒其实有很多种，但我们只需认识这三种主要类型。元素分解后，我们会得到质子、电子和中子这三种基本的亚原子微粒。

如表格所示，这三种亚原子微粒在大小和带电量上各不相同。与电子相比，质子和中子都属于大微粒，当然它们要比原子小得多，因此算不上真正意义上的大粒子。质子和中子大小相当，差不多是电子大小的2000倍。质子与电子带有极性相反的电荷，分别为+1和-1。而中子的带电量为0。

表格的最后一列给出了一种元素区别于另一种元素的原因，比较了增减不同种亚原子微粒所引起的不同效应。改变质子的数量，就等同于改变元素的种类。但是，改变中子和电子数量时却不会发生这种质的变化。

以氧为例，如果给氧原子增加两个质子，氧原子就变成了氖原子。氖气一般用于广告牌灯光，而如果需要可供呼吸的气体，我们则会选择氧气。所以说，这是质的变化。改变质子的数目会把一种元素的原子变成另一种元素。因此，我们说元素的不同之处就在于质子数目的不同。

若给氧原子增加两个电子会怎样？氧原子仍然是氧原子，但现在却带着两个单位的负电荷。带电会改变氧原子的某些行为特性,但其本质仍保持不变。

给氧原子增加两个中子又会怎样?其本质仍然是氧原子,但质量会有所增加。质量的增加可能会使原子变得更加稳定,但也有可能变得更不稳定。对于氧原子而言,增加两个中子会使其变得不稳定,且具有放射性。

最简单的元素是氢元素,只含一个质子。氦有 2 个质子,碳有 6 个,氮有 7 个,氧有 8 个,氖有 10 个,黄金有 79 个,而最大的自然元素铀有 92 个质子。同时,氢原子有 1 个中子,氧原子有 8 个中子,而铀原子则有 92 个中子。

前面我们已经学习了亚原子微粒的相关知识,现在终于可以给出元素的现代定义。定义仍然分为三部分:

世间万物都由基本元素构成。因此,在任何一种物体分解后,我们会发现它由 92 种基本元素中的一种或多种构成。

任何元素都由其本身对应的原子构成。并且,同一种元素的各个原子都具有相同的质子数。

质子数目的改变就等同于原子种类的改变。

在元素的现代定义中,我们强调了各种元素之所以互不相同是因为质子数量的不等。

质子的数目决定了元素的种类。

作为一个整体的原子

我们在前一节就三个系统问题深入地研究了原子。对原子组成问题的解答，已使得我们在某种程度上比古希腊人更加聪明。

直到19世纪，许多欧洲人都在尝试把一种元素变成另一种元素，他们尤其希望能把铅变成黄金。但是没有人能成功，这是因为他们不懂那些有关元素与亚原子微粒的相关知识。在他们进行尝试的所有方法中，没有一种能够改变原子的内部构造。进行这些实验的甚至包括一些十分著名的科学家，例如艾萨克·牛顿，他提出了牛顿运动定律，并首次解释了万有引力作用于地球与太阳系的方式，而且还连续27年被评选为英国皇家科学大师。了解原子的构成，虽然不能把铅变成黄金，但却让你拥有了牛顿宁愿花费大量金币都要学习的知识。

第二个系统问题是：作为一个整体，原子是如何运作的？要回答这个问题，首先要研究各个组成部分是如何相互联系构成一个整体的。

直到1900年，科学家才知道原子内部有正负两种电荷，并且他们一直以为这些电荷在原子中均匀分布。直到1908年，一位新西兰科学家欧内斯特·卢瑟福想到，通过让带正电的高速粒子轰击薄金箔来验证这一想法。

做这个实验时，卢瑟福带有两个疑问：

（1）带正电的高速粒子击中很薄的金箔后，会有何后果？

（2）关于原子的内部结构，这个实验能帮我们证实些什么？

卢瑟福原以为带电粒子会全部通过薄金箔，因为与原子内部微粒相比，这些粒子的尺寸都很大。

结果，他却惊讶地发现

有些高速粒子从金箔上弹了回来。这一实验结果不仅震惊了卢瑟福本人，也震惊了整个科学界。卢瑟福曾说这一发现令他非常吃惊，就好像是向一张纸发射一枚炮弹，而炮弹却朝自己弹了回来。

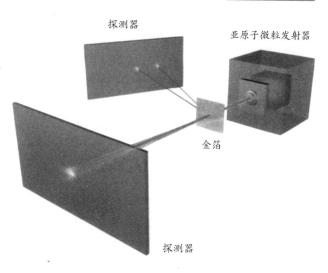

探测器

亚原子微粒发射器

金箔

探测器

卢瑟福通过这个实验发现了原子核，即原子中央很小但却几乎等于整个原子质量的区域，并推出了我们至今仍在使用的原子结构模型。实验中，有粒子弹回来是因为它们撞到了原子核。但由于原子核只占原子内很小的空间，因此大部分粒子都打在了原子核周围，顺利通过了原子，只是路径稍有改变。

下面这个亚原子微粒的表格中增加了表示位置的一栏。质量较大的质子和中子位于原子核内，而质量很轻的电子位于原子核外。

你们可能曾经见过电子围绕中央原子核运动的原子结构图。但是，没有一种图能精确地表示出原子的内部结构，因为它不可能在纸、白板或电脑屏幕上平面地显示出来。假设用美国路易斯安那超大圆顶中央的大理石代表原子的原子核，那电子就相当于建筑物外飞舞的灰尘。

原子中的绝大部分区域都是真空。你们可能会认为这很不可思议。对于我们来说，确实存在且可触摸的物体怎么会由绝大部分区域都是真空的原子构成的呢？这一疑问的解答会留到下一课讲解。

三种亚原子微粒				
微粒名称	位置	大小	带电量	微粒增加或减少后引起的效果
质子	原子核	"大"	+1	质子的增加或减少会引起元素种类的改变
电子	周边	"很小"	−1	增加或减少电子,元素的种类不会变化,但其带电量会改变
中子	原子核	"大"	0	中子的增加或减少不会影响元素的种类,但其质量会发生变化。并且,原子会变得更加稳定或更不稳定

停下来，想一想

有些读者认为读书就是正确地读出文字，这就好比把吃饭理解成纯粹的咀嚼食物，而非品尝或获得营养一样。当然，你必须得咀嚼食物，你也必须要懂得如何组成词语、如何正确地发音。但是读书的目的更在于对知识的理解（犹如品尝食物），以及因汲取了知识（吸收营养）而获得成长。

聪明的读者会使用一些技巧来帮助加深理解，但他们一般都没有意识到自己使用了这些技巧。如果意识到自己所用的技巧并学习使用新的技巧，会让你们更擅长阅读。

有些读者会像科学家一样，自问自答一些问题。当然，你们可能已经这样做了，但却没有意识到这一点。提出并回答问题就是很管用的阅读技巧，可以帮助你们更好地理解本课。

现在以本课中的一句话为例，来解释此技巧。在描述了卢瑟福的实验之后，本课中写道："卢瑟福发现了原子核，即原子中央很小但却几乎等于整个原子质量的区域。"

如果你从未听说过原子核这个词，你可能会问"这是什么意思"。为了回答自己提出的这个问题，你得继续阅读这个段落剩下的部分，找到更多关于原子核与原子内部结构的信息。你可能也会仔细观察有关卢瑟福实验的插图，看其是否标明了原子核的位置。

再举一个例子。当读到卢瑟福被实验结果震惊了，你可能会问自己能否理解卢瑟福震惊的原因。如果不理解，那就意味着你需要再阅读一遍。

什么是能量？

能量的探索

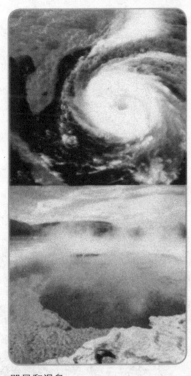

飓风和温泉

我们可以利用92种元素结合生成各种固体、液体和气体，从而形成一个行星。但是，如果我们只有这92种元素及其化合物，那几乎什么都不能发生。这个行星将会变得十分"枯燥"。"枯燥"的行星缺乏地球所具有的一个重要特征，即能让物体自由移动的能量。

若没有能量，我们甚至连"枯燥"的星球也造不出来。因为把元素结合成化合物需要大量能量，把这些化合物放到正确的位置上去也需要大量能量。

那能量是什么呢？在日常生活中，我们常常会使用能量这个词。看见人们跑步或做运动，我们就会说他们精力旺盛。我们的住宅和汽车消耗着巨大的能量。我们能从太阳光中感受到能量，也能从食物中汲取到能量。

同时，能量也是一个科学用语。在科学研究中，我们能测量出一勺冰激凌、滚烫的石油层、一升汽油、一场飓风或一节电池中蕴藏了多少能量。同样，

饥饿的老虎

利用科学,我们也能测算出老虎在奔跑中会消耗多少体能。

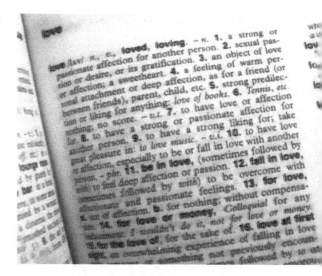

　　科学虽然能非常精确地测量出能量,而给"能量"下一个定义却并不简单。一种官方科学定义认为,能量是移动物体的能力。若以这个定义为依据,你如果提三大包重物上山,那么因为移动了物体,你也就消耗了能量。但是,如果一个非常残忍的人让你提着同样的三大包重物站立不动一个小时,那么按照这个定义,由于你没有移动物体,也就没有消耗一点儿能量。

　　在本书的学习过程中,我们不会通过死记硬背来学习"能量"的科学含义。相反,我们会研究一些涉及能量的科学场景,作为我们学习词语含义的方法。尤其对那些具有深层次含义的词,例如能量或爱,这个方法尤为有效。

　　你们会如何定义"爱"?相信任何一种定义都会包括爱的不同形式。例如,我爱我的家庭,然而我对妻子、父亲、女儿和兄弟的爱却是不同的。同样,我也爱日落、爱流行音乐、爱朋友、爱写书、爱在树林中散步、爱我的扎染实验室外套、爱金钱、爱我的床以及小鸟唱歌的声音。以上所有的这些都定义了"爱"的含义。

　　和"爱"一样,能量也是一个复杂且重要的词语。回溯到20世纪,"披头士"就意识到了这一点,因此他们写了一首非常流行的歌曲《所有你需要的能量》。

能量的形式

与"枯燥"的行星不同，地球上既有物质又有能量。物质即是我们这个世界，而能量则能移动物体、提高温度、融化固体以及使液体沸腾。总之，能量能引起物质的变化。

摩擦你的双手，你从哪儿获得能量来做这个？其实，我们所需的能量就来自储存在食物中的化学能。还记得前两课中提到的光合作用吗？食物中的化学能就来自太阳光能。因此，你能够摩擦双手，就是因为能量由太阳光能转化为化学能，再转化为动能。

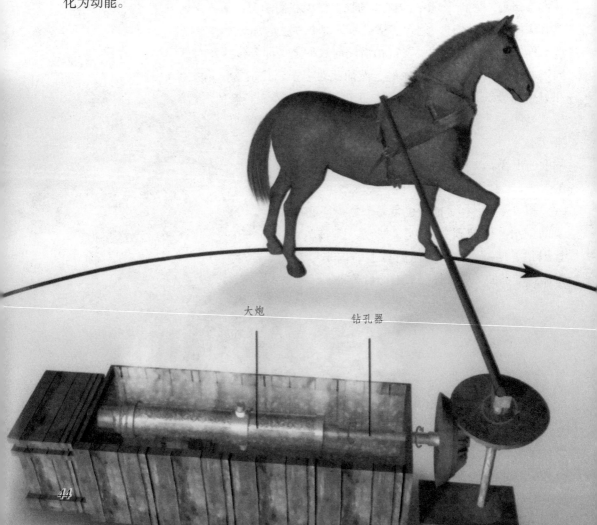

大炮　　　　　钻孔器

科学家们经过多年的研究才发现光、运动、电、热都涉及能量。现在，我们把它们称为能量的不同形式，且可相互转化。

那么在摩擦双手的过程中，能量又发生了什么变化呢？随着双手的摩擦，动能转化成了热能。这一运动转化为热的现象，在科学家研究能量概念中起到了重要作用。

为了研究能量的不同形式，科学家测量出了从一定量的动能中所能获得的热量。著名的科学家本杰明·汤姆森是首次尝试相关实验的人。本杰明于1753年生于马萨诸塞州，他在美国独立战争期间为英国做间谍工作。在其间谍身份被揭穿之后，他不得不离开他的妻子和还在襁褓中的女儿，只身逃往欧洲。

在欧洲，本杰明继续为不同的国家做间谍。同时，在科学研究方面，他也做出了卓越的贡献。他发明了高效率壁炉，及第一件用来测量光能的器具。另外，他还自创出制作咖啡的现代水滴法。并且，本杰明还为穷人建立了一整套家务工作系统，同时也为军队的组建与管理提出了非常有效的建议。

在军队工作期间，本杰明研究了在大炮钻孔的过程中所产生的热量。他做了一个实验，让套着缰绳的马绕圈跑，从而转动金属钻孔器给大炮钻孔。同时，用水把大炮完全覆盖。钻

能量会引起物质的变化。

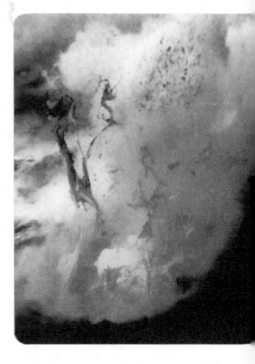

能量的总量总是保持恒定。能量既不会凭空产生，也不会凭空消失。

孔器与大炮摩擦所产生的热量提高了水温。他描述道，在没有明火加热的情况下，可以用这种方式把 12 升的冷水加热至沸腾，旁观者都惊呆了。

许多实验，包括本杰明·汤姆森所做的试验在内，都证实了：能量的形式发生改变时，能量既不会消失也不会再生。这一结论最终演变为著名的"能量守恒定律"。这一定律表明，能量不会凭空产生也不会凭空消失。无论如何，总能量总是保持不变。

乍一看，这一科学定律并不符合我们的日常经验。周一我们给汽车加满油之后，在一周内行驶了 500 千米，到了周日我们就不得不再次加油。当地的能源公司向我们收取用于住宅暖气的汽油或天然气费用时，如果我们拒绝付账，并写信给公司理论，说"能量守恒定律"表明我们并没有消耗能量，那结果会怎样？

其实，能量守恒定律立足于更广的能量视角。当我们使用暖气时，我们只注意到了燃料与房间里的热量。而能量守恒定律则同时关注溢出房间的热量，虽然这些热量逃逸到大气中，向外太空扩散，但它们永远都存在，不会被破坏。并且，燃料（例如天然气、石油或木材）释放出的热量与燃料中的化学能相等。我们应该付电费或天然气费用，并不是因为我们破坏了能量，而是因为我们消耗掉了一定量以方便形式贮存的能量，从而使能量变成了另一种可利用性较低的形式。

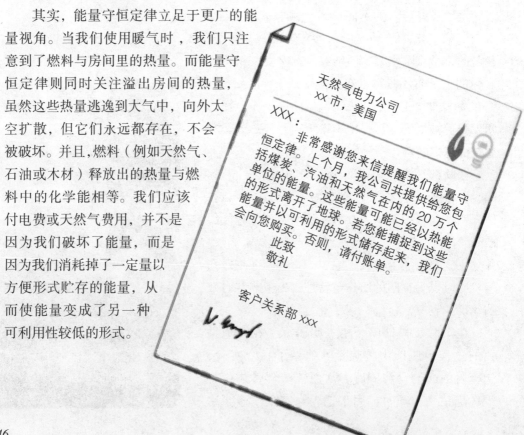

天然气电力公司
xx 市，美国

xxx：

非常感谢您来信提醒我们能量守恒定律。上个月，我公司共提供给您包括煤炭、汽油和天然气在内的 20 万个单位的能量。这些能量可能已经以热能的形式离开了地球。若您能捕捉到这些能量并以可利用的形式储存起来，我们会向您购买。否则，请付账单。

此致
敬礼

客户关系部 xxx

运动的能量

运动是一种最能让我们注意到能量的方式。不仅仅只有可见的运动才是能量存在的依据，不可见的运动也同样具有重要的意义。

不可见的运动？这不是开玩笑吧？当然不是。这里所指的不可见的运动是现实世界原子水平上的运动。我们在前一课已经讨论过世间万物都由原子构成，这些原子组合起来形成分子，例如由两个氢原子与一个氧原子相互结合构成的水分子。但这些原子和分子并不是无所事事地留在原地静止不动的。

物质的原子理论表明，分子和原子总保持着持续的运动状态。例如，水分子内的原子就在各自位置上摇摆振动。并且每个分子也会运动，不停地与其他水分子发生碰撞。

在某些情况下，水分子相互间的联系非常紧密，这些水分子运动频率较低，和相邻水分子的位置基本保持不变。但是，它们仍在各自的位置范围内轻微摆动，而不会从一个区域移动到另一个区域。我们把这种状态下的水称为冰。

物质处于固体状态时，例如冰，各分子相互联系非常紧密，相互吸引，不易分开。这就是为什么即使把一块冰放入较大容器中也仍然会保持其形状的原因。

固体的这种特性其实回答了在原子结构基本呈真空的情况下，物质仍能保证其可触摸性的原因。当我们向固体施加压力时，由于分子间的相互吸引，分子不易被分开。物理学家（即研究物质、能量与作用力的科学家）

认为分子间的相互吸引力非常大，以至于整个物体对我们有往回推的趋势。

下面将用一种非常生动有趣的方式给你们讲解固体、液体和气体之间的区别。想象一下，有人举办了结婚五十周年的盛大舞会。参加舞会的每一位来宾都和其伴侣一起庆祝他们的结婚五十周年纪念日。

跳第一支舞时，DJ让所有的夫妇都紧挨对方站立，并只占据舞池的一角，还在每个人的背后都系上两根红丝带。这些庆祝结婚五十周年的夫妇以一种正式且传统的姿势相互拥抱着对方，并且每个人的嘴里都叼有两根红丝带，这两根红丝带分别属于站在他们旁边的不同夫妇。这样，每个人都与其配偶亲密相拥，而与其相邻的夫妇则没有那么紧密。

音乐响起，DJ播放了一首慢歌。每对夫妇都随歌起舞，但红丝带使得他们都不得不几乎保持在原位，并且周围人的面孔也没有变化。因此，虽然所有人都在移动，但是整个队伍的形状却没有改变。

曲末，DJ宣布大家刚刚跳的是举办者自创的"固体"舞蹈。也就是说，每个人都代表一个原子，每对夫妇通过跳舞相互拥抱来模拟两个原子紧密联结形成分子。这样，每对夫妇就代表了由两个原子构成的分子，而红丝带则代表了固体状态下各个分子之间的连接方式。

但是来宾向DJ抗议说，他们来参加舞会并不是为了仅仅能在原地轻微地摆动身体。然而，DJ听不懂他们的话，因为他们的嘴里都咬着红丝带。因此，DJ让他们拿出嘴里的红丝带，并允许他们自由移动，且周围的人可以变换。不过，他们仍不能更换拍档。

于是，DJ播放了歌曲《老人河》。像前一首舞曲一样，每一对夫妇都仍然保持相互接触的状态，但不同的是他们可以绕着场地旋转，周围的人也可以变换。当一对夫妇撞到另一对夫妇时，他们会抓住红丝带保持平衡，然后再放开。这样，每对夫妇周围的人就可以不停地更换，然而他们整体上仍能保持成一个团队。如果DJ扩大舞池，他们也能立刻充满新的空间。

曲末，DJ宣布说这支舞曲表现的是举办者自创的"液体"舞蹈。正如液体一样，

整个团队可以随意地改变形状。液体和固体的区别在于，液体分子能自由流动，其形状能随着容器形状的改变而改变。与固体分子相比，液体中的分子相互间联系没有那么紧密，并且在空间上也比较自由。

接下来，DJ 让来宾解开红丝带，放到一边。这样，那些夫妇就可以尽可能快地绕着整个舞池旋转，但是仍必须保持紧密联系的状态。DJ 把晚会现场的餐桌和椅子全部移走之后，播放了一首摇滚乐歌曲，各对夫妇发生碰撞时，相互弹开，继续随着音乐摇摆身体。知道他们跳的是哪种舞蹈了吗？对，"气体"舞蹈。正如气体一样，他们可以充满容器内的全部空间，并且作为一个整体，他们还能呈现出任何容器的形状。

上了年纪的夫妇要求休息一会儿，那我们就暂且离开舞会现场吧。趁着他们休息的空当，希望你们能理解 DJ 通过舞蹈的变化模拟了从固体到液体再到气体的不同状态。舞会上，舞蹈形式发生变化是由于 DJ 给出不同的指示。而在现实世界中，物体状态的变化是由于提供了更多的能量，使分子变得越来越活跃，相互之间的联系就越来越不紧密。现实生活中，我们利用"融化""蒸发"等词语形容分子级别的变化所导致的我们肉眼能看见的现象。

在科学课上，我们用"物理变化"来描述融化、凝固、蒸发和凝华等现象。给系统提供能量时，系统温度升高，这时就会发生融化或者蒸发；而系统释放能量时，系统温度降低，这时就会发生凝华或凝固。

下面是一条重要的定理：

热量 = 分子和原子所具有的动能

给任何一种物质提供能量时，物质分子的运动都会加快；而任何一种物质释放能量时，分子的运动都会减慢。因此，如果发现分子运动减慢，我们就知道此物质的热能减少了。相反，如果发现分子的运动开始加快，我们就知道物质的能量增加了。

静一静！看！晚会现场发来一条新闻。

化学能

结婚 50 周年舞会现场发生了骚乱！原来 DJ 让各位来宾交换伴侣，但来宾们表示抗议："我们来这里是为了纪念婚姻，所以夫妇一定要紧密联系。如果让我们打破这个联系，和其他人搭档，我们就不是自己了。"

可是 DJ 一点儿都不仁慈，她命令职业摔跤选手强行把丈夫和妻子分开，然后又强行让他们与陌生人组成不同大小的组，不仅有两个人的组，还有三个人的组、八个人的组，甚至还有二十七个人的组。DJ 宣布说他们跳的是主办者阐释化学变化的舞蹈。其配乐为 20 世纪 50 年代的经典歌曲《分手很难》。

虽然这个消息让人难过，但确实体现了物理变化与化学变化之间的区别。在诸如融化或蒸发的物理变化中，分子并没有发生改变。也就是说，无论是固态、液态

还是气态，水的分子式都是 H_2O。而在化学变化中，分子内的原子会和其他不同原子相结合，即分子本身发生了改变。

光合作用就是化学变化的一个例子。水和二氧化碳反应生成糖分的过程中，每个水分子都被强行拆开。原来与水中氧原子结合的氢原子，挣脱了出来，与二氧化碳中的氧原子结合在一起。因此，反应结束后，水分子和二氧化碳分子都消失了。

一般而言，分子内原子的相互结合要比分子间的结合紧密得多。舞会上，DJ 很轻易地就能让各对夫妇之间的位置发生改变；相比之下，要把一对夫妇分开，DJ 就需要职业摔跤选手的帮忙。

同时，舞会的例子也说明物理变化不会改变分子的种类，即每对夫妇搭档没有发生改变。但是，在化学变化中，分子内的原子会与其他不同原子结合，生成一种具有完全不同性质的全新系统（即新的分子）。

无论是人体内部还是外部，化学变化无时无刻不在发生着。请看下面的例子：

常见的化学变化例子

* 你所看见的任何一种火焰（煤气炉、壁炉）

* 把所吃的食物消化成人体所能利用的分子

* 任何一种使用化学燃料的交通工具（小轿车、公共汽车、飞机）

* 运动身体的任何一块肌肉（如呼吸、散步、讲话）或者感觉周围环境（如看、嗅、尝、听和摸）。

化学反应一般会涉及能量的变化。因此，我们在日常生活中通常会利用一些释放能量的化学变化。例如，燃烧一块木头或者是一升汽油时，木头分子或汽油分子与氧气发生反应生成二氧化碳。这种化学变化释放出的能量，也就是我们感受到的光和热。而交通工具能把这种释放出的能量转化为动能，从而把我们从一个地方载到另一个地方。

但是，化学变化并不会创造能量。否则，它就违反了能量守恒定律！那么，我们又是如何通过燃烧物质，例如一块木头，获取能量的呢？

燃烧木材时，能量保持守恒。

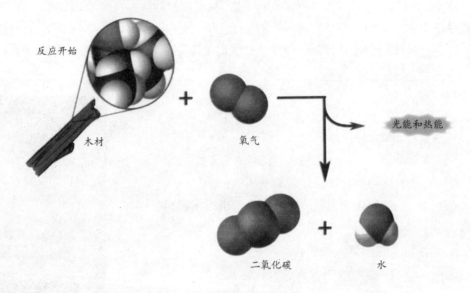

反应之初木材和氧气中的化学能＝反应后的生成物二氧化碳和水的化学能＋释放出的光能和热能。

要回答这个问题，你们首先要知道每个分子中都含有化学能，并且有些分子中的化学能含量会比较多。如果把所有分子内的化学能都加起来，我们就会发现通过燃烧燃料获得能量的途径了，也就不会因为违反"法律"（能量守恒定律）而"坐牢"了。

图例阐释了燃烧木材的过程是如何遵循能量守恒定律的。木材燃烧时，木材分子与氧气分子发生反应生成二氧化碳和水。因为原始分子（木头和氧气）中的化学能比生成物分子（二氧化碳和水）的化学能要多，那么多出来的那部分能量就以热能与光能的形式释放了出来。

因此，整个反应过程中能量是守恒的。反应结束后的总能量（二氧化碳和水的化学能以及光能和热能）与反应前的总能量（木头和氧气的化学能）相等。

为什么物质是可触摸的？

DJ 宣布，接下来是主办者自创的用来体现原子核变化的舞蹈。立刻，包括职业摔跤手在内的所有人都以最快速度跑出了舞会现场。真是遗憾，主办者本来打算利用这支舞向人们解释原子核能量的，那么现在，我们将不得不等到第 6 课再一起讨论。

不过正好，我们可以趁这个机会回答前一课提出的问题：为什么在原子结构大部分为真空的情况下，我们还能触摸到物质（包括我们自己）呢？我们的身体是不是真的有那么多孔？

答案的关键在于，分子都是相互联系的。在固体状态下，分子的联系非常紧密以至于难以分开。我们感受到了这种抵抗力，因此给这种物质起名为"固体"。但在某些固体中，例如黄油，分子间的联系并不那么紧密，这种物质感觉起来就很软、很滑。

在液体状态下，分子间的联系就更加松散。我们可以把手指浸入液体中，水分子在手指周围流动。然而，水分子仍然联系在一起，作为一个整体流动。我们感受到的这种抵抗力比较弱，因此称这种物质为"液体"。

现在停下来想一想，我们真正懂得液体的本质了吗？那么接下来的问题就是：水分子是不是比岩石分子更湿润？这可不是脑筋急转弯。这个问题有一个绝对科学化的答案。试一试更有效的方法，请拿出一张纸，至少写下两个句子以说明你的观点，并且还要至少说出一条理由来解释你的答案。

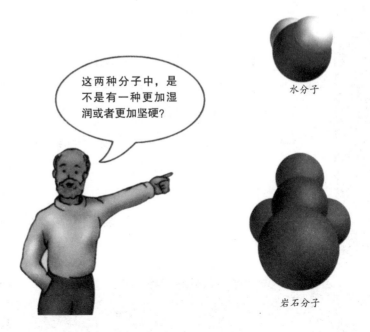

这两种分子中，是不是有一种更加湿润或者更加坚硬？

水分子

岩石分子

停下来，想一想

阅读含有大量信息的材料时，使用阅读技巧可以更有效地理解并领会其中最重要的信息。其中，一种很有效的阅读方法就是大致浏览一课的全部内容，并用自己的语言概括其主要意思。

下面大家就来试试这个方法。浏览第4课，选出你认为最重要的信息，并用自己的语言把它写下来，确保简短、清楚，不要超过一页。

完成之后，大家可以把自己所写的与下面用红色标注的摘要做一个比较。用红色标注的摘要由一位专业摘要作家所写。比较一下你们的摘要有什么异同。

第4课内容的专业摘要

能量能够引起物体的变化，例如移动、温度升高、融化甚至是沸腾。并且，能量存在于不同的形式之中，例如动能、化学能、电能和光能。

原子和分子处于不停的运动之中。我们所感受到的热实际上就是原子与分子的动能。物体越热，其分子和原子的运动也就越剧烈。

能量的形式很容易发生转变，但无论如何，能量的总量总是保持不变。能量既不能凭空产生，也不能凭空消失，这就叫作能量守恒定律。

固体、液体和气体的区别就在于分子的运动形式不同。在固体状态下，我们可以说，分子几乎不能移动，且其周围的分子也不会发生改变。而在液体状态下，分子与周围其他分子虽仍有关联，但却不如固体状态下那么紧密。这也就解释了为什么液体能够自由流动且随意改变形状。最后，在气体状态下，分子的运动加快，并和周围其他分子几乎没有联系。

分子内各原子之间的联系比分子之间的联系更加紧密，因此，原子比分子更难分开。

化学反应，例如燃烧，会释放出能量。这是因为生成物所包含的化学能比反应物少。

人类所感受到的作用力

普遍存在的万有引力

与"能量""理论"这两个词一样，"力量"也是一个人们经常使用的词语，并且其日常含义与科学含义不同。"力量"的科学含义并没有超能力战士的意思，但是，不久你们就会发现研究力学的"科学战士"已探索出了一个奇妙的现实世界。

作用力的研究可以加深我们对物质与能量的理解。在学习了第3课和第4课之后，我们对物质和能量的了解已经有了基础。

科学家研究力学的一种方法就是观察物体的移动方式。只要物体（物质）改变了其运动方式，就肯定会有力对之产生作用。运动方式的变化包括物体停止运动、开始运动、改变方向、加速或减速。

我们知道，苹果之所以会从树上落下，肯定是因为力产生作用的结果。接住苹果的人会感受到下落物体的作用力。而为了接住物体，我们则必须对它施加一个防止继续下落的力。

人类自从在地球上出现的那一刻起，就不断地发现有诸如水果或树叶这样的物体从高处落下。第一位发现木星周围存在卫星的科学家伽利略，也是第一位科学测量出引起物体下落作用力大小的科学家。他测量出了球沿斜坡滚动的速度，以及羽毛或其他物体从塔顶下落时的速度。

同时，伽利略还与其他科学家一起研究了行星和卫星在太阳系中的运行。他们甚至还推导出了复杂的数学公式，用来预测任意时间内任一行星的位置以及行星运行的精确轨道。

牛顿真可谓一位天才。物体下落时，一般人就只注意到了其表面现象，而牛顿却发现了物体与宇宙相互作用的最重要的方式。因此，牛顿发现了万有引力，并认为物体间通过万有引力相互吸引。现在，大家经常使用且耳熟能详的"万有引力"，就是牛顿首先发现并赋予其现代科学含义的。

某天，牛顿和约达站在一颗苹果树下谈论万有引力。传说，在月亮升起的时候，牛顿忽然看见一个苹果从树上落下，因此，牛顿意识到引起苹果从树上落下的力与吸引月亮围绕地球运行的力是一样的。地球和苹果之间相互吸引，是因为它们都具有质量。（这里，我们简单地把质量看作物体的重量。）由于地球的质量比苹果大得多，因此我们看到的是苹果被地球吸引，落向地面。

牛顿认为月球与地球之间也存在着相互吸引。月球始终围绕地球运行，是因为地球对月亮一直都施加着指向自身的作用力。同样，当你晃动系有一根细线的小球时，因为线对小球有拉力作用，小球也会始终保持绕圈运动。对于绕轨道运行的卫星或者行星而言，万有引力是一种内在的吸引力。

为了证明同样的万有引力也作用于地球和天空，牛顿开创了新的数学领域来精确计算物体之间吸引力的大小（这一新的数学领域就是微积分学。在牛顿去世后的三百多

引起树上的苹果下落的力和吸引月球围绕地球运行的力是同一种作用力。

年里，许多工程师和科学家仍在科学研究中使用到这一学科），并解释了这种吸引力引起物体运动的作用方式。牛顿建立的数学模型精确地描述了卫星与行星的运行方式，以及诸如苹果或球这样的物体自由下落的过程。

经过多年的研究，著名的牛顿万有引力定律和牛顿运动定律诞生了。由牛顿数学方程可知，物体之间万有引力的大小取决于物体的质量以及两者之间的距离。物体越重，相互吸引的万有引力就越大；物体间距离越远，万有引力就越小。

牛顿认为这一科学理论也同样适用于地球以及宇宙中的一切物体。以前，人们曾认为天体所遵循的物理定律与地球上的物体不同，现在我们知道科学理论在整个宇宙中都是通用的。

因此，如果我们研究从宇宙无限远处传来的 X 射线，得出其产生方式，那么这种方式也可同样应用于地球上 X 射线的产生。同样，氢气在地球上表现出什么状态，它在太阳或其他星球上同等条件下也会表现出同样的属性，而不论那些星球距离我们有多远。

牛顿是一位非常著名的科学家，他的理论向我们解释了万有引力以及万物运动所遵循的法则。但是，他对这种力如何作用于物体仍感到困惑。如果两个物体相隔很远，那么它们之间就不会有实际的接触。例如，抛掷苹果时，是我的动作使得苹果发生了运动，那么，在地球没有与苹果或月球发生接触的情况下，地球又是如何影响它们运动的呢？

牛顿告诉约达，这种"远处的作用力"让万有引力变得和约达的"超能力"一样神奇。在下一部分，我们将继续研究另一种作用力，这种作用力同样具有穿越空间影响物体运动方式的神奇能力。

比万有引力更强的作用力

这一部分的标题是"比万有引力更强的作用力"。大家都知道，太阳的万有引力能够让整个太阳系的所有行星都保持在各自的轨道内运行，而地球的万有引力能够阻止月球飞向太阳。那还有什么力能比把整个行星系和所有卫星都控制在各自轨道内的万有引力更加强大呢？

其实，大家可以通过以下实验来体验这种"比万有引力还强大"的作用力。首先把一小张纸裁成一堆约1厘米×1厘米的小纸屑平铺在桌面上。然后拿一个气球充好气，再把气球与皮毛或棉花快速摩擦。现在把气球靠近纸片，你们会发现有些纸片突然跳起来与气球粘到了一起。（这个实验在干燥的环境下效果会更好。如果环境潮湿、多雨，这个有关静电的实验可能就不会成功。）

你们也可以把一些曲别针撒落在桌面上，同时把一个磁铁放在曲别针的上方。大家会发现，磁铁即使很小，至少也能提起10个曲别针。

在这两个试验中，地球强大的万有引力施加在物体上，从而使其保持在桌面上。而气球施加的静电力则超过了地球的万有引力，把纸片提了起来。同样，小磁铁施加的磁力也比地球的万有引力更大。

由此可见，静电力和磁力都比万有引力强大得多。它们和万有引力一样，都属于"远处的作用力"。万有引力对物体的作用只表现出"吸引"，而静电力与磁力还会表现出"排斥"（即推开）。物体之间是相互吸引还是相互排斥，取决于这两个物体的磁性。我们称磁铁的一端为北极，另一端为南极。极性相反，则相互吸引；极性相同，则相互排斥。

静电力也具有类似的特性。物体可以带正电（如质子），也可以带负电（如电子）。电性相反，则相互吸引；

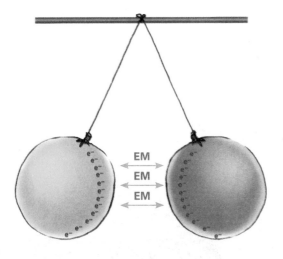

电性相同，则相互排斥。大家可以利用以下实验来体验静电力的互斥作用。把两个充气气球和同一种材料摩擦（最好是皮毛），然后分别用一根线挂起来。拿着线的另一端，轻轻地把两个气球靠拢，你们会惊奇地发现气球相互弹开了。

为什么这两个摩擦过的气球会相互排斥呢？实际上，在气球与皮毛进行摩擦的过程中，皮毛中的部分电子转移到了接触摩擦的气球表面。因此，气球上多余的电子使得气球带了负电。既然两只气球的摩擦方式相同，那么它们就都带负电。因此，把这两个气球放在一起时，就发生了相互排斥的现象。

下面针对经摩擦的气球吸起小纸屑的解释会更复杂一点儿。纸片像大多数物体一样不带电，呈电中性。任一片小纸屑中质子数（带正电）与电子数（带负电）相等，因此，其总电量为零。当带负电的气球向纸片靠近时，气球上多余的负电荷会引起纸片表面电子的转移。由于纸片表面负电荷都移出了与气球相靠近的那个区域，那个区域就会带正电。因此，纸片表面带正电的部分被带负电的气球吸引，小纸片就跳离了桌面。

纸片表面的原子中，电子均匀分布

下面我们会通过一些实验来证明静电力和磁力其实是同一种作用力。科学家们把这种作用力统称为"电磁力"。气球和磁铁的实验证明，电磁力要比万有引力大得多。物理学家认为一般情况下，电磁作用力是万有引力的数百万倍。

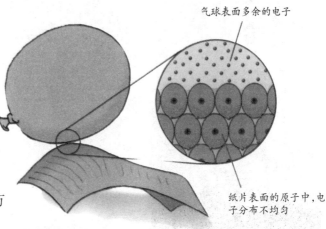

气球表面多余的电子

纸片表面的原子中，电子分布不均匀

电磁等量吗?

平日里，我们需要和电打交道。当家中的电线给电灯、电冰箱、电视机、食物搅拌机、吹风机、加热器以及电脑提供能量的时候，我们体验到了电的存在。使用电线导电，我们利用的是金属电子能够自由移动的特性。正是由于金属具有良好的导电性，我们才用铜和铝制作电线。这些金属导线能够使得电子从发电站流向并通过家庭配线。有序的电子流给我们的用电设备提供了能量。

电存在于世间万物之中。

同样，我们也能从电池中体验到电的存在。电池储存着带电电荷，从而能够给多种设备提供能量。电池中的电子从一端流出，经过我们的工具或玩具（例如手机）之后流回电池的另一端，这就是其工作原理。

某些绒毛与衣物摩擦时产生的火花，以及手与门把手之间突然迸发的火花，也同样能让我们体验到静电。我们也可以在科学试验中，把气球和衣物进行摩擦从而使电子自由移动，继而使这些气球相互排斥，或者利用气球吸起小纸屑。

住宅电线、电池以及静电都揭示了物体本质的某种深层次的东西。它们帮助我们理解这样一个事实：电存在于物体内部。电子并不只是我们在科学书籍中看见的一个词语。世界万物都由原子构成，而这些原子则由带电电荷构成，即带负电的电子和带正电的质子。世间万物都带电，电池和住宅电线只是一些非常特殊的带电体，通过它们，我们知道了"电存在于万物之中"这个事实。

同样，磁性也普遍存在于万物之中。我们大多都会通过家中的玩具或工具感知到磁的存在。事实上，电和磁的关系十分密切。磁的意义可不仅仅存在于粘在冰箱上的可爱小饰品之中哦！

通常，人们在接触电磁石之后，才会意识到电和磁之间的联系。在这里，将向大家介绍几个可以自己尝试的小实验。要完成以下两个实验，你们需要如下材料：

＊4 米长的规格为 20 的绝缘铜导线

＊一根至少长 15 厘米的铁钉

＊一个电压为 1.5 伏的性能良好的 D 型电池

＊5 个圆形磁铁（最好直径为 3 毫米）

实验步骤：剪下 30 厘米长的导线，放在一边。把剩余导线两端的绝缘表层去掉约 2 厘米，然后把导线空出约 30 厘米长，从铁钉的底端开始沿着同一个方向向顶端紧紧缠绕。注意导线之间不要重叠。在导线与电池连接之前，先测试一下缠绕着导线的铁钉能否吸起曲别针。铁钉的两端都要测试。然后把圆形磁铁的一端标为"A"，另一端标为"B"，再测试铁钉的两端与圆形磁铁两极之间的反应是否相同。在下列表格中填入你们的实验结果。

接下来，把导线的一端连到 1.5 伏电池的正极，另一端连到负极。可用胶带或电池夹板固定。然后再测试铁钉的两端能否吸起曲别针，以及与圆形磁铁两极的反应。断开导线（否则，电池的电力会很快耗光），一分钟之后再次重复检测一遍。写下最终结果，比较有电池和没有电池的两种不同情况。

电磁实验			
状态	动作	铁钉的底部	铁钉的尖部
没有连接电池	吸起曲别针		
	和A极的反应		
	和B极的反应		
连接电池	吸起曲别针		
	和A极的反应		
	和B极的反应		

你们会发现，在没有连接电池的情况下，铁钉不会吸起纸夹，因为它没有磁性。但它却能够感觉到磁力。因此，铁钉的任何一端都会被圆形磁铁吸引。同时，你还可以用两个圆形磁铁来证明磁铁的不同磁极作用效果完全不同。其作用效果与哪两端相靠近有关，你们会观察到吸引和排斥两种不同效果。

下面这张表格给出了非磁性材料、磁性材料和磁铁之间的主要区别：

我是磁铁？还是只是磁性材料？或者一点儿磁性都没有？				
材料的种类	感受到磁力	施加磁力	有不同的两极	吸引或排斥作用
非磁性材料	✗	✗	✗	✗
磁性材料	✓	✗	✗	✗
磁铁	✓	✓	✓	✓

大家可能已经发现缠上导线的铁钉与电池相连时会吸引曲别针。并且，铁钉的两端与磁铁靠近时，作用效果不同。进一步来说，导线中没有电流流动时，铁钉两端的作用效果相同；而与电池相连后，则作用效果不同。如果你是一个很细心的观察者，

你就会发现铁钉的一端和圆形磁铁的某一侧相互排斥。

大家也可以通过下面的实验来研究电和磁的关系。小心地把 20 根 30 厘米长的标准导线的绝缘层剥去。拿出其中一根细铜线,用 5 个圆形磁铁组成的磁铁组对它进行测试,看其属于非磁性材料、磁性材料还是磁铁。记下实验结果。然后,再把导线的一端粘在 D 型电池的负极,另一端粘在正极。那么,导线就通电了,你们可以感觉到导线在慢慢地变热。断开导线后再用磁铁组的两极仔细测试导线。你们会发现铜导线能感觉到磁力,并同时表现出了吸引和排斥两种现象。这是因为电流已经把铜导线变成了一个弱磁铁。(你一定要确保从电池处断开了。)

这两个实验表明电与磁有着相互关联、相辅相成的联系。大多数人都从未参观过发电站,也从未亲眼见过电力的产生设备。但如果我们都去过那里,就不用再通过实验来学习电磁之间的关系了。通过发电站之行,我们就会知道:发电站通过金属导线绕磁铁旋转产生电力。当导线在磁极

电和磁属于同一种力,科学家称之为电磁作用力。

周围以正确的方式运动时,导线中就会有电流产生。之后,这股电流会通过其他输电线传输到我们使用的电器设备中来。

下面这个很酷的实验则会证明:只要让磁极穿过导线运动,就会产生电流。图示清楚地阐释了实验过程。洁净的试管中有 5 个圆形磁铁。管子的中央部分用导线缠了起来,并且导线的两端还连接着一个发光二极管。磁铁穿过线圈运动时,引起了导线中电子的流动,因此,产生了电流,点亮了小灯泡。做这个实验时,孩子们会开心地大叫:"妈妈,快看! 没有电池!"

这个实验可以通过两种方法实现。第一种就是把书放在眼前,快速地来回移动,这样书中的图示也会快速地前后移动。这时对自己说:"我好困,我看见了小灯泡一亮一灭。"这个方法有时候可能会有效,但是却并不科学。

以上所有的实验,包括电磁石、与电池相连的铜导线、发电站之旅以及在导管中移动磁铁,都证明了电和磁关系密切。一方面,电流能让铁钉和细导线变成磁体;另一方面,我们还可以通过导线与磁铁的相互运动来产生电流。这些事例都揭示了电和磁深层次的特征,即都属于同一种作用力——电磁力。

磁铁穿过导线简单运动就可以产生电。

电磁作用力相当于物质之间的黏合剂

原子和分子的结构构成都依赖于电磁作用力。大家都知道原子由中央带正电的原子核和周围带负电的电子组成，而正是异种带电粒子之间的电磁引力构成了原子这个整体。

当原子相互结合形成分子时，原子之间必须靠得足够紧密，以产生相互作用。因此，我们可以简单地把这种相互作用描述成两个或两个以上的原子撞入对方。由于原子每时每刻都在不停地运动，所以撞击发生得极为频繁。但我们必须知道，原子之间发生撞击时，相互碰撞的是其外围空间。换句话说，原子的碰撞发生在电子区域，而不是在含有质子和中子的原子核附近。毕竟，原子核只是位于原子内部极其微小的一点，还不到原子体积的 0.001%。

化学是一门研究原子如何结合成分子的学科。分子的形成涉及电子的共享。各原子通过共享自己的电子形成分子。也就是说，是原子间的电磁力让原子组合在一起从而形成分子的。

在阿特博士 50 周年舞会上，我们通过舞蹈模拟了液体分子和固体分子内部的结构。固体和液体内部分子之间的联系是一个分子的带正电部分与另一个分子的带负电部分相互吸引的结果。因此我们说，固体和液体的存在应该归功于这种物质间的黏合剂——电磁作用力。

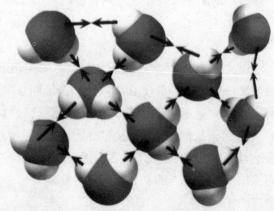

原子内部的作用力

继卢瑟福的带正电亚原子粒子从薄金箔弹回来的实验之后，科学家们认识到带负电的电子位于原子的外部空间，而带正电的质子位于原子的中央，并且正负带电粒子之间的电磁引力十分强大。但所有的这些认识表明科学家们还没有完全理解原子的结构。

停下来，想一想：为什么科学家们对原子内部质子和电子的位置仍有疑问呢？

质子和电子为什么能保持各自独立的状态？电子为什么没有被电磁引力拉到原子核中，而始终处于原子的外部空间呢？

到现在为止，我一直都认为质子和电子之间是真空。但如果真的是真空的话，那电磁吸引力肯定会像我们所认为的那样，把电子吸入原子核中。

事实证明原子的内部空间十分神奇。实际上，原子本身就很神奇，以至于在 20 世纪早期，科学家开辟了被称为"量子力学"的全新科学领域来专门研究原子。由于水平有限，本书将不涉及有关量子力学的内容。

尖端的科学告诉我们：电子能够抗拒原子核强大的吸引力。也就是说，电子能感觉到带正电原子核的吸引，但却不会被吸引过去。量子力学会给我们揭示电子保持在原子外部空间的奥秘。

在致力于解决原子结构问题的同时，科学家们又面临着另一个电磁难题，即正电荷会相互排斥，而原子核就是由带正电的质子构成的。例如黄金原子的微小原子核中就包含了 79 个质子。这些正电微粒相互间联系如此紧密，那其中互斥的电磁作用力肯定相当大，那么又是什么让原子核中的质子结合在一起的呢？

其实，自然界中还存在着另一种作用力，叫作核力。对于原子核中的两个质子而言，这种力是电磁作用力的 20 倍。这就解释了为什么在电磁作用力想把质子分开的情况下，强大的核力还能把带正电的质子结合在一起。我们在下一个课节将一起研究强大的核力是如何给太阳以及其他星球提供能量的。现在，这种力也同样应用于核能发电厂和原子弹。

氢弹及核能发电站都证明了核能的强大威力。

物质、能量与作用力

现在让我们回过头想一想：我们对整个世界已经了解了多少？我们人类是由多种不同分子构成的系统，而我们所看见的任何一件物体，无论大小都由无数的分子组成。我们对单个分子的属性没有概念，但是我们却可以直接感知由分子组成的系统的属性。这些属性包括硬度、颜色、质地、温度、密度和形状。

分子总是处于不停的运动之中，它们有远离对方的趋势，而电磁作用力却把它们以固体或液体的形式组合在一起。

固体状态下，各个分子间的联系相对比较紧密。因此，固体本身能保持住自己的体积和形状。而液体中，各分子间的联系相对较弱。因此，液体可以自由改变其形状，但不可以改变其体积。也就是说，即使容器有足够的空间，液体分子间的距离也不会变大。而气体分子之间几乎没有作用力。因此，气体可以随容器的形状而改变，无论容器的体积有多大，气体都能将其充满。

三种作用力		
作用力	大小	特性
万有引力	很弱 但是，当物体质量很大时，万有引力也可以很强大	只能相互吸引 对太阳系、银河系以及围绕行星运转的卫星的结构有重大意义
电磁作用力	是万有引力的百万倍	可以吸引或排斥 使原子内部微粒聚集在一起从而形成原子的力，同时也是原子之间和分子之间相互联系的作用力
核力	至少是电磁作用力的20倍	只能相互吸引 对于原子核的结构具有重大意义

分子由原子构成。只要两个或两个以上原子相互结合，分子就形成了，而让分子内原子结合在一起的正是电磁作用力。固体或液体中，结合成分子的原子之间的联结力要比分子间的大得多。在上一课中的结婚五十周年舞会上，DJ需要职业摔跤选手才能让丈夫和妻子分开。相反，连接不同夫妇之间的丝带却随时都可以解开。

原子本身由带有不同电荷的亚原子微粒（带正电的质子、带负电的电子和不带电的中子）构成。内部的电磁作用力把质子和电子聚在一起，但尽管电磁引力非常强大，电子和质子仍然保持相互独立状态，即电子始终位于原子的外部空间。其中的原因大家可以在量子力学中找到答案。

带电的质子和不带电的中子位于原子核内部。尽管质子间存在互斥的电磁力，但强大的核力仍能把它们聚集在一起。

在日常生活中，我们经常会碰到与能量相关的物质变化。我们注意到能量常常从一种形式变为另一种形式。常见的能量形式包括热能、光能、动能、电能和化学能。能量守恒定律表明：无论发生什么变化，能量的总量总是保持不变。

我们在感受或研究作用力的时候，都会涉及物质与能量。在日常生活中，我们积累了一些关于电和磁的直接经验。对于我们而言，电和磁的表现形式完全不同。但实际上，它们却是同一种事物——电磁作用力。我们平日里所观察到的电与磁的性质只是电磁世界的冰山一角，但经验告诉我们任何物体都具有电磁特性。至今为止，人们才刚刚学会利用物质电磁特性的一小部分。

立方体冰块有自己的形状，液体水依赖于玻璃杯的形状，而气泡则溢出水面，逃逸到大气中。

力场

还记得吗？前面提到牛顿不知道万有引力是怎样发生作用的，但他却证明了万有引力的存在，并证实了地球上万有引力的作用方式几乎与太阳系中的作用方式完全相同。我们甚至还可以在发射火箭时，利用牛顿万有引力数学方程来引导火箭的运行方向。然而，如此"万能"的牛顿却没能够真正理解"远处作用力"，他还没有懂得在相互没有接触的前提下，一个物体是如何影响另一个物体的。

电磁作用力具有同样令人困惑的特性。磁铁的一大特点在于我们可以切实感觉到两块磁铁之间的吸引或排斥。静电力同样也是一个谜，因为我们会看见小纸屑突然从桌面上跳起来，或者手指与门把手之间迸发的火花。

现在，科学家开始用"场"来解释远处的作用力。观察力场最简单的方式就是利用磁铁。你们可以买一些铁屑来模拟磁场。插图显示的就是铁屑受到磁铁影响后形成的排列方式。每粒铁屑的位置都表示了电磁场的形状。这样，科学家口中的磁铁电磁场就被可视化了。

距离太阳14亿千米的土星，因受到太阳万有引力的作用，始终保持在自己的轨道上运行。土星与太阳之间的距离大约是地球与太阳距离的10倍。

利用铁屑来模拟磁场，我们会发现物体间距离增大时，磁力会变弱。科学家可以利用非常精确的仪器测量出离场源几千里外的万有引力场和电磁场。实际上，场不会消失，只会随着距离的增加而变得越来越弱，直到连最敏感的设备都探测不出来为止。

场的概念改变了我们看待世界的方式，世界上根本就不存在真空。在地球上，肉眼看不见的空间里其实充满了分子、万有引力场以及电磁场。即使是在外太空没有分子的地方，力场仍然存在。

其实，我们每个人以及我们所能感受到的每个物体都是万有引力源和电磁场源。同时，它们也被周围每件物体的万有引力场和电磁场所影响。因此，世界上不存在完全隔绝的物体或绝对的真空。万物之间都是相互联系的。

在本书前几课中，我们学习了有关系统的概念，现在我们学习的是令人惊叹的联系的观点。

其实，联系的观点也就是从系统的角度去看待世界。系统就是联系在一起并且相互影响的物体，毫无联系的独立物体不属于系统的范畴。只要是存在的物体，都和其他的物体有着令人难以置信的联系。

停下来，想一想

科学家经常会通过模型来分析他们正在研究的事物。例如，继向金属箔发射亚原子微粒之后，卢瑟福建立了一个带有正电的微小原子核的原子模型。为了能让你们更加形象化地了解原子结构，本书中利用了路易斯安那圆顶中央的大理石和建筑外围空间中飞舞的灰尘作为原子的结构模型。

很多人在娱乐和工作中都会不经意地使用模型。我们操作电脑或玩其他游戏时，就感觉它们好像真的存在似的。并且，我们还喜欢观赏充满模型的电影。我们喜欢这些电影和游戏，是因为我们常常会误以为它们是现实存在的。

科学家使用模型是因为模型可以让他们的思维更加清晰，同时更清楚地与别人交流想法。模型可以采取多种不同的形式。例如，我们甚至可以利用周年舞会来模拟固态、液态和气态的区别。

除了会像我们一样陷入电影和游戏的情节中去，科学家还会从模型逆向进行分析。他们想研究出模型与现实到底有什么差别，以及这些区别会不会引起他们思维上的错误。他们还想知道应该如何改进模型，使之更加精确地表现现实。

本课介绍了一个模拟发电站的简单模型。通过前后移动磁铁，使它穿过绕有电线的试管，电线中就会有电流产生。因为电磁的同样性质可用于发电站发电，所以这是一个很好的模型。但与现实的区别在于这个模型无需燃料，因此，我们就不能利用这个模型去解释为什么发电站会引起空气污染。

读这本书的过程中，请大家留意其中所使用的模型。你可以问问自己，使用这些模型是否可以更好地进行理解，看看你是否可以自己建立新的模型向其他人解释一些观点。下一课节的内容将会涉及更多的模型，你们可以立刻开始练习了。

电和磁

磁铁和磁场

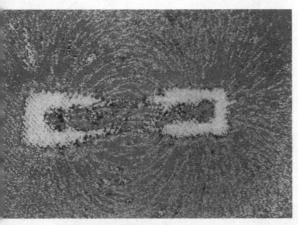

围绕一根条形磁体的磁场（磁力线）可以通过在纸上洒铁屑显示出来。

磁体是一种物质（通常是金属），吸引或排斥其附近相似的金属。这种效应和磁体原子的成分亚原子相关。

当电子（通常是带负电）绕原子核旋转的时候，它们自旋并产生了一个小磁场。这些微小的原子磁体彼此以一定顺序排列，形成磁性区域叫作"畴"。在金属片如铁片或钢片中，有数百万个畴，它们之中有些畴指向一个方向，而另一些则指向了另一个方向，所以没有一个整体磁场。但是当这些金属被放置在一个外部磁场中时，畴便与磁场以及彼此间平行排列起来，它们各自的微小磁场便组合成为单个的大的磁场，于是这块金属变成了一块磁体。

依据电子的数目和它们自旋的方式分为三种磁性：铁磁性、顺磁性和逆磁性。一个铁磁性物质（如铁、钴或镍）中畴的原子中，在外部磁场的作用下，电子的自旋整齐排列。在特定的温度之下，当外部磁场被移去的时候它们依然保持磁性，于是它们变成了永磁体。铁氧体（是钴、锌、镍和铁氧化物的混合物）是烧制的铁磁性物质，可以用来制作极强大的永磁体。

顺磁性物质在顺着外界磁场方向的时候得到了磁性，因为此时它们的成分"原子磁"整齐排列。但是当外部磁场被移去的时候，它们的磁性随之消失。其他一些物质——逆磁性的——与外部磁场方向相反的时候才能得到暂时的磁性。

在条形磁体中，磁场从棒的一端的某点附近发出，在空间中延伸，并弯曲到达条形磁体的另一端某点附近。这些点被称为磁极——北极和南极，并且磁场可以用两极之间的连线来表示。磁极总是呈南北走向成对出现的。磁力线可以认为是单个磁极在磁力的作用下所经过的路线。

磁极的另一个特性是同极——如两个北极——相斥；异极相吸。在这种情况下，它们的磁场相互结合或相互推开。事实上，任何两个磁极彼此间的作用力与它们磁力的乘积和它们之间距离的平方比成正比。由于这个原因，磁场随着离磁体距离的增加迅速衰减。

指南针中的指针是一小块装在轴上的磁体。它的指北端（事实上是北极）总是指向我们称为北方的方向。为了做到这一点，在地球北极的附近必须有一个磁南极。这仿佛地球有一根顺着地轴的巨大的条形磁体，使全球任何地方的指南针指针都处于它的磁场中，并指向南极或北极。磁极与地理磁极并不是精确重合的，并且磁极每年都在缓慢移动。航海者在使用指南针的时候必须注意这一点。

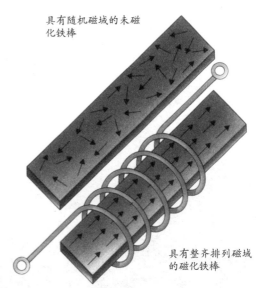

具有随机磁域的未磁化铁棒

具有整齐排列磁域的磁化铁棒

在一条未被磁化的铁棒中，分子磁体是随机排列的。当铁棒被放置在一个通电线圈中的时候，线圈产生的磁场便使分子磁体有序排列起来，于是铁棒被永久磁化了。还可以通过将铁棒放在地球磁场（指定它的北极）中，然后用另一块磁体击打或者用锤子击打的方法使其磁化。

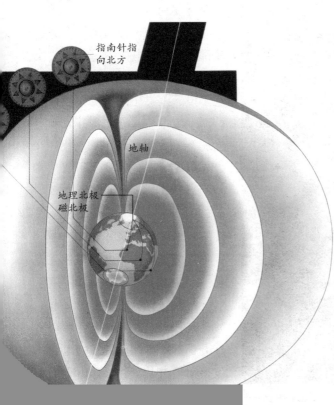

指南针指向北方

地轴

地理北极
磁北极

地球熔融铁质地核中的电流产生了磁场。地球中仿佛有一根沿着地轴的巨大条形磁体。指南针具有一个水平安装的磁化指针，并且在地球磁场中，它的指北端总是指向磁北极。垂直安置的一个指针被称为磁倾指针，在赤道附近，它是水平的，但是向更北（或更南）移动的时候，磁倾指针就逐渐倾斜，直到到达两极的时候，它垂直指向下。

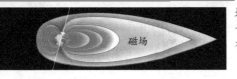

磁场

地球磁场延伸到太空中几千千米之外，形成磁气圈，并且由于太阳风的作用被扭曲变形成泪滴状。许多其他的行星也具有类似的磁场。

电流

电流是电子的流动，其度量单位是安培。一些物质是优良导体，而另一些导电性则较差。非金属物质如玻璃和塑料，带有巨大的电势差穿过物质，使原子中的电子分离，从而带电荷。但是对于金属而言，即使是很小的电势差也可以使电流流动。多数金属都是优良的电导体。

在 20 世纪之前，科学家发现了电子在电中的关键作用，他们指定了电流的方向，并且规定电流从正极流动到负极。事实上，带负电的电子是以其他方式在电路中流动的，即从负极流向正极，但是关于电流方向的约定成俗的规定被保留了下来。失去电子的原子或分子携带正电，被称为离子。离子也可以成为电流的导体。

并不是所有的金属的导电能力都是相等的——导电性取决于其电子的可得性。最好的电导体包括铝、铜、金和银。由于铝和铜比金和银便宜得多，所以铝和铜最常用于制造电线和电缆以传导电流。

物质抗阻电流的能力特性即

电在工业、家庭和休闲生活中应用广泛，从而成为一种最有用的能量形式。电力照明成为最早的应用之一，并且也可能是今天电力的最重要的应用。许多机器，例如在一个露天游乐场，依靠发动机以及大范围电力设备——从高保真音响到超级计算机——都完全依靠电力。

为电阻。电阻可以通过测量在一定电压下流过电流的量来得到。德国物理学家乔治·欧姆（1787—1854）建立了电压、电流和电阻之间的联系。欧姆定律指出，对于某给定材料，电阻等于电压（电势差）除以电流。电阻的单位是欧姆，因此欧姆等于伏特除以安培。

电由于其移动电荷的能力，由此也是一种能量。因此电能也可以被转化为其他形式的能量。例如，当导流通过一段导线的时候，导线会被加热。导线的电阻越高，其会变得越热。当导线足够热的时候便会达到白炽，从而发光。电热器和电灯里面都有导线圈，利用这种方式产生热或光。

声音是可以通过"转化"电产生的另外一种形式的能量。例如在一个扩音器中，来自麦克风或放大器的不断变化的电压使纸做的或塑料做的音锥振动产生声音。在许多其他的设备包括电动机中，电直接被转化为机械能。

电流沿着导线流动的另一个结果是产生磁场。磁场的磁力线形成许多环绕导线的同心圆。如果导线绕成一个线圈，磁物结合，使磁力线类似于条形磁铁的磁力线。得到的磁（电磁）的强度可以通过顺着线圈的轴放置一块磁性物质（如铁块）得到加强。

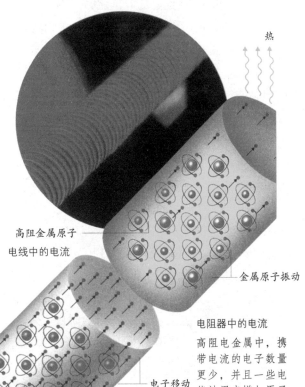

当电流通过具有高电阻的金属（如钨）的时候，金属便被加热。这就是电热器的基本工作原理，当电流通过电热器的金属丝的时候，它便会变得红热。

热

高阻金属原子
电线中的电流

金属原子振动

电阻器中的电流
高阻金属中，携带电流的电子数量更少，并且一些电能被用来增加原子的振动。于是金属变热并发射出红外线或热射线。

电子移动

电线中没有电流流动

绝缘线

自由电子

低阻金属电子

当电流沿着导线流动的时候，电流的载体是电子。在多数金属中，除了有些电子围绕着原子核不断旋转外，还有部分自由电子在原子核周围随机运动。导线两端的电势差（电压）可以使这些自由电子流动并携带电流（中）。

75

发电

电是一种极有用的能量形式，因为它可以被非常方便地分布到所需要的任何地方，并且它还可以很容易地被转化为其他形式的能量——做功。商用发电是一种主要工业，它必须首先利用其他形式的能量转化为机械能，以驱动发电机。

通常，最初的能量是来自化石燃料如煤炭、汽油或天然气中的热量——燃料燃烧产生蒸汽驱动涡轮（涡轮转动发电机）。另外核反应堆产生的热量也可以被用来产生蒸汽驱动蒸汽涡轮工作。流动的水——通常来自大坝后的下泻水流——可以被用来转动水轮机以驱动发电机。在更小的规模下，燃料可以在燃气涡轮机中燃烧以驱动发电机。

不论初始能量是什么，发电站中的电都来自大的交流发电机，它们产生频率（每秒的循环）为 50 赫兹或 60 赫兹、电压为几百伏特的高电流。

大的电流需要厚重的导体，否则它们会变热和熔化。为了避免在主要传输线路中使用沉重的电缆，所供给的电流被转化为高电压低强度的电流（电压在 30 万伏特到 40 万伏特之间）。在局地配电室，电压又被降低到 3.3 万伏特或 1.1 万伏特，最终在送达工厂和家庭使用的时候，电压被降低到 240 伏特或 110 伏特。电站的输出能力用瓦特来衡量（瓦特等于电流强度和电压的乘积）。

电力分配的关键阶段是电压升高和降低的变压过程。一个简单的变压器

不论最初的能量来源于水流，或者风力直接驱动涡轮机，或者核反应堆，或化石燃料燃烧产生的蒸汽驱动涡轮，电站通过涡轮的旋转产生了交流电（AC），交流电以高压电在国家供电网络中传输分配。在变电站中，电流被转化为家庭和工业所用的低电压。

水利

煤炭

石油

风力

包括一个软铁芯和其上环绕的两个重叠的绝缘线圈。交流电首先流过，或者最初线圈首先像一个电磁体以在软铁芯中产生一个快速转换的磁场。这个变换磁场还在第二个线圈中产生了交流电。

如果最初的线圈圈数多于第二个线圈，电压便被降低（一个减压变压器）；如果第二个线圈的圈数多于第一个线圈，电压便被加强（增压变压器）。在任何变压器中，输入电压和输出电压的比值都等于第一个线圈的圈数除以第二个线圈的圈数。高压高电流的变压器会产热，所以它们通常被浸泡在油里，以安全地将热量传导出去。

水力发电是一种无污染的发电形式。这些大型的发电站都是建造在大坝下方，大坝后形成了一个人工建造的巨大的湖泊。水流从大坝的隧道或水道中流下，推动涡轮机旋转发电。

现代社会要减少对电力的依赖是非常困难的。但是由于化石燃料的储量有限，并且考虑到利用核能存在的危险以及核废物的处理难题，科学家和工程师继续研究其他的发电方法，包括利用太阳能、风能和海洋潮汐能发电。

根据当地资源、成本及效率，可以有各种不同的发电方法。直接的资源包括水电，即在大坝后面储存的大量水流下泄推动涡轮机发电。波浪和潮汐发电也已进行商业性开发。另外一个直接的资源是风，在风力农场中，高达 100 米的风车利用风力驱动发电机。和太阳能发电一样，风力也是一种不可靠资源，它的能量只能被储存在巨大的飞轮中。化石燃料如煤炭、石油和天然气是最普遍的间接发电资源。在核电站中，可控核裂变反应产生的热量用以产生发电所必需的蒸汽。

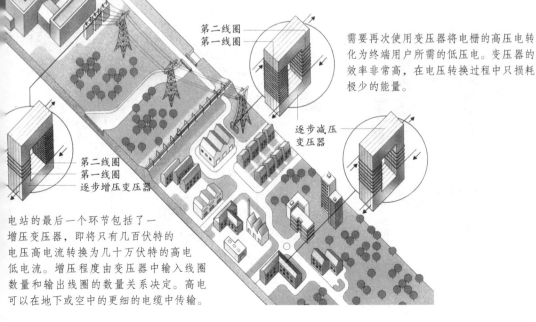

核发电站

第二线圈
第一线圈

需要再次使用变压器将电栅的高压电转化为终端用户所需的低压电。变压器的效率非常高，在电压转换过程中只损耗极少的能量。

逐步减压变压器

第二线圈
第一线圈
逐步增压变压器

电站的最后一个环节包括了一增压变压器，即将只有几百伏特的电压高电流转换为几十万伏特的高电低电流。增压程度由变压器中输入线圈数量和输出线圈的数量关系决定。高电可以在地下或空中的更细的电缆中传输。

电磁

由一块钢制作的磁体被称为永磁体，因为它一旦被磁化就将永远保持磁性。电磁体是一种与通过的电流相关的暂时磁体——切断电流，磁性随之消失。简单的电磁体包括一段被称为芯的铁块，被绝缘导线缠绕。当导线的末端与电源（如电池）相连的时候，铁块便被磁化，并且性质和永磁体一样。对这种电和磁相互作用的研究即为电磁学，是物理学的一个分支。英国科学家迈克尔·法拉第在19世纪30年代就曾在该领域进行过研究——尽管最早的电磁研究被认为是在这之前几年由美国科学家约瑟夫·亨利所进行的。

废料场中，起重机上连接的巨大电磁铁可以吸起废铁片和废钢片。这种应用展示了电磁铁的一大优势：它可以在通电时带有磁性，吸起废料，断电后失去磁性则将废料放下。电磁铁的其他应用包括发电机、电动机、麦克风、扩音器以及文中列举的其他不同的电磁装置。

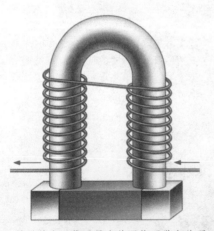

最早的电磁装置是由美国物理学家约瑟夫·亨利在19世纪20年代制造的，类似于这种在马蹄形铁块上缠绕绝缘导线的样子。当导线末端与电池相连时，铁块便带有磁性。

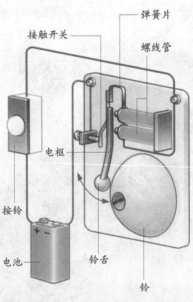

弹簧片
接触开关
螺线管
电枢
按铃
电池
铃舌
铃

电铃的电磁元件是螺线管，螺线管是由一块铁块上缠绕许多圈绝缘导线组成的。当有人压按铃的时候，来自电池的电流便通过螺线管，螺线管便成为磁体，吸引电枢。这一运动在接触开关处切断了电流，螺线管失去磁性，电枢弹回，又重新接通电路。只要压按铃，这个过程就不断持续，电枢仿佛一根振动的小锤不断打铃。

电磁学的科学发展过程有三个关键阶段。第一阶段是丹麦物理学家汉斯·奥斯特观察到在通电导线外围存在一个磁场——他看到指南针的指针在靠近通电导线的时候发生偏转推断出这一结论。第二个关键阶段是在这10年后，法拉第通过实验证明了在电路中改变的磁场可以产生感生电流。第三个，也是最后一个关键阶段是19世纪70年代苏格兰理论物理学家詹姆斯·克拉克·麦克斯韦以一组数学方程解释了电和磁之间的相互作用关系。他展示了改变中的电场可以产生磁场，并且预言了以光速传播的电磁波的存在。事实上，光也是一种电磁波——正如麦克斯韦宣布其结论之后发现的无线电波和其他电磁辐射一样。

简单的电磁体应用有限，可能最广为人知的就是用于在废料场中吸起碎铁片和碎钢片。更广泛的是应用在发电机和电发动机、电铃、螺线管和继电器中的电磁部件。电磁体还是一些麦克风、扩音器、音响和影碟机中的关键元件。一些现代扫描仪和粒子加速器都使用了一些世界上功能最强大的电磁体。

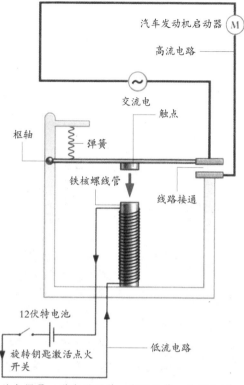

继电器是一种电磁开关。它可以使一个低电流电路中的开关控制另一个电路中的一股高压电。这里展示的这套装置和汽车点火系统类似。转动钥匙操作点火开关使来自汽车电池的电流通过一个铁芯螺线管。螺线管被磁化吸引一个触点，使枢轴臂关闭空隙以接通高电流电路，从而启动汽车。

磁悬浮列车车体中有超导磁体。这些磁体和轨道上的电磁体之间的相互排斥作用可以使火车悬浮；吸引力推动火车前进（图A）。沿着轨道两侧的电磁体可以使火车保持在轨道中间（图B）。

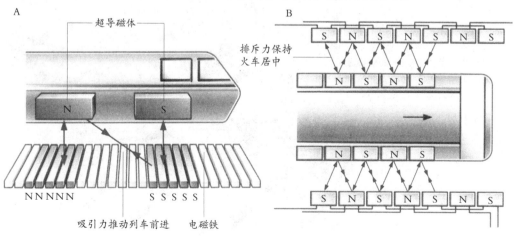

电动机

最简单的使用电能做有用功的电力机械通常是将电能转化为机械能。在电动机中，电场和磁场的交互作用产生旋转运动。一个小型直流电动机有一个安装在轴干上的U形磁铁以产生磁场。在更大些的电动机中，电流通过缠绕在铁芯上的线圈时候产生磁场。

驱动电动机的电流流过一个线圈，线圈事先已经安装好，可以在磁场中旋转。电流通过一个被称作换向器的金属开口环进入线圈。在一个线圈只有一圈导线的极简单的电动机中，换向器有两部分，每部分与从线圈引出或引入的导线相连接。实际应用的电动机具有许多线圈，形成转子，因此它们相应的需要换向器中有更多部分。

当电流通过一根位于磁场中的导线时，导线会移动。当电流流过电动机中的线圈时，线圈会旋转，旋转不到一圈，换向器会逆转线圈中电流的流向，因此，线圈会不断旋转。交流电电流的方向持续并快速变化，因此，一台交流电动机不需要分许多部分的换向器。但是为了启动转子旋转并且确保转子按所要求方向旋转，商用交流电动机还有一个额外的静止线圈。通过用于产生电动机磁场的绕组，静止线圈产生了一个副磁场。这个磁场旋转，拉动转子旋转。

小型交流电动机最常见的形式——感生电动机根本没有换向器。转子线圈被一组末端与一个金属环相连并嵌在一个铁圆柱中的铝条或铜条取代。这种装置也组成

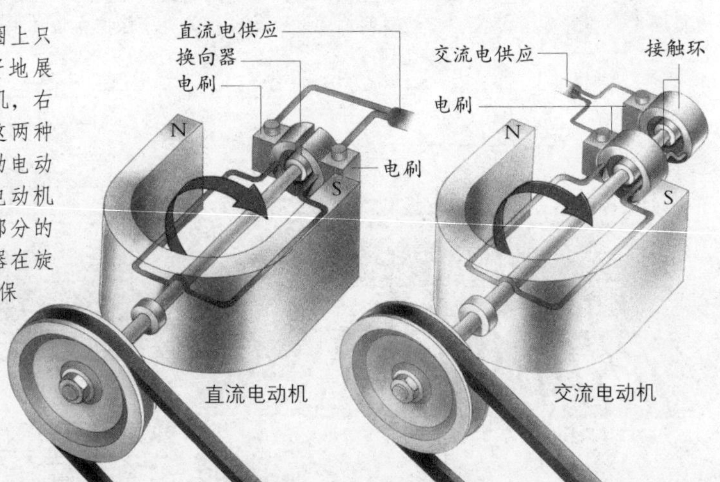

电动机的工作原理可以用线圈上只有一环导线的简单机器很好地展示。左下图是一个直流电动机，右下图是一个交流电动机。在这两种电动机中，都通过电流来转动电动机，并驱动传动轮。在直流电动机中，电流通到连接到具有两部分的换向器上的一对碳刷。换向器在旋转的每半圈都逆转电流方向，保持线圈在磁场中以相同的方向自旋。交流电的方向每秒快速变换50～60次，由于这个原因，交流电动机不需要换向器。

直流电供应 换向器 电刷 N S 电刷 直流电动机

交流电供应 接触环 电刷 N S 交流电动机

法国的高速火车（TGV）是在普通铁轨上运行的高速电力机车。在它的主要线路上，使用 2.5 万伏特的交流电，速度可以达到 260 千米／小时。牵引电机可以驱动列车前进。

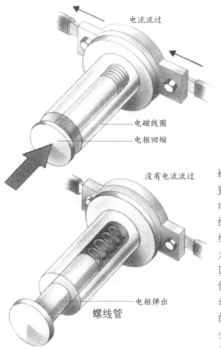

电流流过
电磁线圈
电枢回缩
没有电流流过
电枢弹出
螺线管

螺线管是简单的开关装置，包括一个滑行弹簧电磁体。当电流通过缠绕在铁转子上的圆柱形线圈的时候，铁片在磁力作用下克服弹簧张力回缩。当电流断开的时候，转子弹出。这种运动可以被用来启动不同的装置，通常被用来安全地启动或关闭高压开关触点。

电动车没有污染。电力机车通常由其顶上的高压交流电供电，并且转化为低压电，再被整流以驱动安装在机车上的直流牵引电机。城市交通系统和地铁列车通常由沿着铁轨铺设的直流电电源供电。多数公路汽车使用电池，目前许多研究都在致力于开发供汽车使用的燃料电池。

了一个转子，并且由于其形状而被称作"松鼠笼"。在转子四周安装有一系列静止线圈（被称为场绕组），从而产生一个切割松鼠笼金属条的磁场，并产生感生电流。这种感生电流引发了在所有电机都存在的旋转运动，并且转子在外部绕组或定子中开始旋转。

类似的场绕组可以被结合进一个长扁型定子中，并且松鼠笼转子还可以被"展开"形成一个位于其上的扁平转子。当交流电流进定子的时候，转子侧向移动，从而形成了一个线性电动机。这种电动机可以被小规模应用于移动滑动门，更大规模地，可以用于驱动快速又安静的线性电机火车。

一个简单的装置——螺线管也可以利用电流产生侧向运动。它包括一个圆柱形线圈，当电流通过的时候，线圈便类似于一个条形磁铁。沿着线圈的轴有一个铁片（也叫转子），当通电的时候，磁场使铁块侧向运动。这个运动的转子可以敲打电铃产生悦耳的铃声，还可以打开或关闭开关的触点。通过这种方法，小电流可以用来开闭高电流，在开关装置中，螺线管通常都被用来控制高电流。

电解

在电池中，化学能被转化为电能——通过化学反应产生电流。反过来，电也可以被用来引发化学反应。这就是电解的原理。

一个简单的例子是电解水（水中加入少量酸以增强导电性）。两块作为电极的金属被插入酸化的水中，电极之间连接有一块电池，在电极上就会有气泡形成。水是由氢和氧组成的化合物，其分子式是 H_2O。电解将水分子分解成了两部分，于是氢气和氧气便分别聚集在电极处。

许多其他物质可以以类似的电解方式被分解——尤其是在盐溶液中或熔融状态时。这是因为融化的盐或和盐溶液可以被分离成离子，离子带正电或负电。电解过程中释放的物质的量取决于所使用的电量。两者之间的关系可以用法拉第电解定律来表达，该定律是以其发现者——英国化学家和物理学家迈克尔·法拉第的名字命名的。

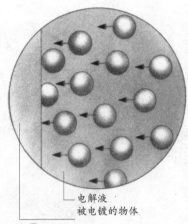

电解液
被电镀的物体

⬤ 铬阳离子

电镀利用了电解原理，其中，电解液中带电荷的离子带直流电流通过溶液。带正电荷的离子（阳离子）被吸引到负电极（阴极）上，而带负电荷的离子（负离子）被吸引到正电极（阳极）上。在一种铬电镀中，电解液包括铬酸（三氧化铬的强酸溶液）和由不锈钢制成的阳极。需要被电镀的物体被连接到阴极上，然后有大的直流电流通过电解液。在阴极，铬阳离子放电后作为金属铬沉积在被电镀的物体表面，于是完成整个电镀过程。今天的多数金属——甚至包括合金——都可以被电镀以防止腐蚀和赋予光亮的装饰性表面。电镀是最早开发的电的工业应用之一；早在19世纪40年代，英国工业家就在商业中使用镀银和镀金技术。

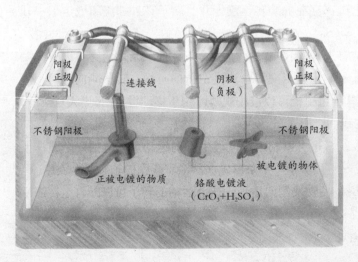

阳极（正极）　连接线　阴极（负极）　阳极（正极）

不锈钢阳极　　　　　　　　　　不锈钢阳极

正被电镀的物质　　铬酸电镀液（CrO_3+H_2SO_4）　被电镀的物体

为了在钢上镀上高品质的光亮的铬，必须首先在钢上镀上一层铜和镍。如果直接在钢上镀铬，铬表面的小孔将进水，从而使钢被腐蚀，镀层会脱落。

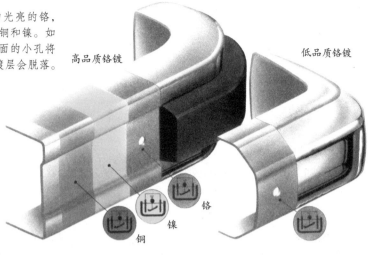

高品质铬镀　　　低品质铬镀

铜　镍　铬

电解是电在提供动力和照明之后的最重要的商业应用之一。电解的两个主要工业应用是从化合物中提取其成分元素以及电镀。氯气是从电解海水或普通盐（氯化钠，NaCl）溶液中得到的。纯铜可以从电解铜盐溶液中得到，而铝和锰可以从电解其熔融态矿石中得到。熔化矿石所需要的高温通常是由电弧熔炉提供的。

在多数电镀中，被电镀的物体——从螺钉或钢盘到钻子尖或美丽的项链和宝石——形成了电池的阴极。阳极由电镀金属或惰性金属如不锈钢组成。当电流通过电解电池的时候，金属离子游向阴极，放电后在被电镀的物体上沉积形成一个外壳。电镀在保护和装饰磨光中被广泛应用，电镀所使用的金属包括镉、铬、铜、镍、锡、银和金。

在上述的电镀应用中，被提取的物质或被电镀的物体形成了电解电池的阴极（负极），但是阳极的反应也可被用到。例如，如果一个物体由铝构成，或者某元素的合金在强碱如苛性钠（氢氧化钠）电解液中构成阳极（正极），物体便会得到一层薄的氧化物外表。这个过程被称为阳极化处理。氧化层可以保护金属免于被磨损和腐蚀，并且由于其化学属性，氧化物可以被染色或者印刷，能在金属上呈现各种颜色和图案。钢和各种铜合金如黄铜和青铜也可以被阳极化，以赋予它们装饰性磨光外表。

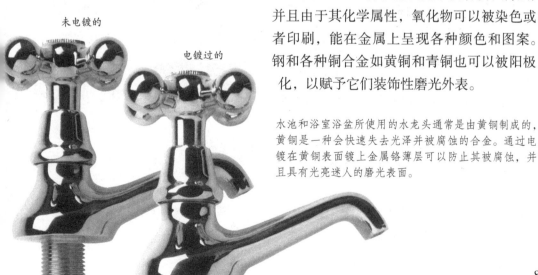

未电镀的　　　电镀过的

水池和浴室浴盆所使用的水龙头通常是由黄铜制成的，黄铜是一种会快速失去光泽并被腐蚀的合金。通过电镀在黄铜表面镀上金属铬薄层可以防止其被腐蚀，并且具有光亮迷人的磨光表面。

83

电子学和半导体

一些非同寻常的发电方法包括真空管和固体（不是金属）中电子的流动。电子装置可以被用来作为开关和控制携带信息如放大器中的声音信号或者计算机的数字数据信号的电流。

最初的电子装置是真空管，在真空管中，电子流从一个被加热的阴极流向阳极，这个特性被用在二极管中，以将交流电转化为直流电。二极管增加第三个电极（或电栅）之后即形成了三极管，可以被用来控制和放大电流。加热的阴极仍然被用在电视、雷达和计算机显示器的阴极射线管中。

但是真空管体积巨大并且其加热器还需要消耗能量。在第二次世界大战之后，随着需要更复杂电路的计算机的发展，对更小的电子设备的需求也与日俱增。在这一时期，美国科学家发明了晶体管，晶体管是一种相当于三极管的固态装置。固态意味着电子只能在固体物质而不能在气体或真空中传输。晶体管不消耗能量并且体积可以极小。

半导体是电阻小于绝缘体但是大于导体的物质。金属在其结构中有许多自由电子，可以从一个原子移动到另一个原子以传导电流；而绝缘体则几乎没有任何自由电子。半导体，例如锗和硅元素，有一些自由电子，这些自由电子可以成为电流载体。上述两种元素的原子中都有4个外部电子。向这些元

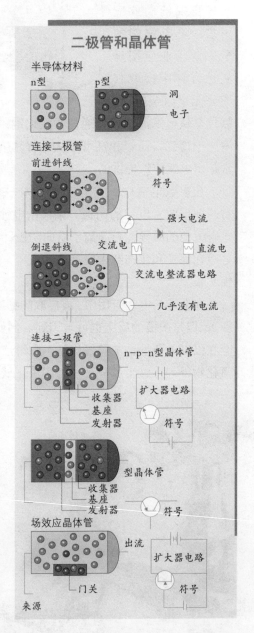

二极管和晶体管

半导体材料

n型　　　p型

洞

电子

连接二极管

前进斜线

符号

强大电流

倒退斜线　　　交流电　　　　　直流电

交流电整流器电路

几乎没有电流

连接二极管

n-p-n型晶体管

扩大器电路

收集器
基座
发射器

符号

型晶体管

收集器
基座
发射器

符号

场效应晶体管

出流

扩大器电路

门关

符号

来源

最早的电子装置是真空管。首先出现的是具有两个电极的真空管（二极管），然后出现了具有三个电极的真空管（三极管）或更多电极的真空管。但是真空管体积巨大，并且它们的加热器还消耗能量。晶体管的现代形式是半导体二极管和晶体管，它们体积小很多，并且消耗很少的能量或者根本不消耗能量。在今天的一个硅芯片上的微型化电路中就有几百个电子元件。

早期的电子管收音机（使用真空管）体积巨大并且需要沉重的变压器以产生真空管加热器所需的低压电流。晶体管使电子设备更加便于携带。

现代个人立体声录音机组合了完整的调频 FM 无线电波段和录音机，只有手掌般大小。无线电收音机可以被造得更小，它的体积只受到扩音器尺寸的限制。电子元件可以被组合在一个或两个微芯片上。

即使没有扩音器，电子管收音机也会占据很大空间。在使用过程中，电子管变热，并且空气循环流通以冷却设备。多数小型元件和电线都被放置在底盘之下。

素中添加极少量具有 5 个外部电子的元素（如磷）的过程被称为掺杂——可以提供额外的导流电子，创造出一种 n- 型半导体。添加具有 3 个外部电子的元素（如硼）可以使一些原子缺乏电子（称为"空穴"），从而自由电子可以流动，由此得到的材料被称为 p- 型半导体。将一片 n- 型半导体和 p- 型电导体连接起来就形成了一个二极管，在二极管中电流只能朝一个方向流动，来自 n- 型半导体的自由电子通过两者的接合处，以占据 p- 型半导体中的空穴，但是自由电子不能从 p- 型半导体流向 n- 型半导体。

　　两个二极管背对（形成 n-p-n 或 p-n-p 式排列）接合形成了一个晶体管。进入中间片（基）的小电流控制外部片（发射器和收集器）之间的大电流。这正如一个三极管，并且可以被使用在扩音器和其他电路中。在一个场效应晶体管中，一种类型的半导体（栅极）被散布进入其他类型的半导体棒的侧面。在半导体棒的两端（其源极和漏极）存在一个主要电流。一个更小的变化的电流供应给栅极，以控制主要电流——正如在一个结面晶体管中用基电流来控制发射器电。

电子设备微型化

　　固态电子设备的一大优点就是它们微小的尺寸。在 20 世纪 40 年代后期，晶体管发明之后，工程师们开始设计同等大小的电容器、感应器和电阻器——这些都是任何电路中的其他主要元件。利用新技术制造的第一个消费产品就是晶体管收音机，人们惊叹于它如此小的体积，并从中得到娱乐。

　　制造一台计算机需要数千个这种电路，在最早的计算机中，安装各种元件并把它们用导线连接起来是一件非常耗时的工作。在印制电路板发明之后，连接导线的问题就得到了解决，印制电路板是在塑料板上粘贴许多带状铜箔。元件被排列在穿过铜箔和塑料的钻孔中。

　　印制电路板的制作首先取一块镀铜塑料叠层板。铜的外面涂有一层摄影感光乳剂叫作抗蚀剂。电路设计在黑胶片上一系列清晰的轨迹作为负相显示，与即时感光铜板接触，在强光下曝光。当曝光板被"制成"时（通常是在流动的水中清洗），除了轨迹区域（曝光）之外，其他区域的抗蚀剂都被清洗掉。然后将电路板放置在蚀溶液槽中，在蚀溶液的作用下分解掉除了抗蚀剂保护之外的所有的铜。当抗蚀剂最终被清洗掉的时候，电路板上只留下印制电路的闪亮的铜的轨迹。

　　后来在制作微型电路的时候也用到了类似的摄影技术。在制作微型电路的时候，元件和它们之间的连接通过建立或蚀刻掉沉积在薄硅片（芯片）上的半导体物质、绝缘体或金属的连续层而形成。这被称为集成电路，它们在计算机中得到了最广泛的应用。例如，一个典型的随机读取内存（RAM）单元有一个由三层绝缘层分隔开来的四个导体层或半导体层——所有的层都是建立在硅底层或替代的砷化镓半导体底层之上的。

　　集成电路——硅芯片对计算机发展产生了最大的影响，尤其是在微处理器的尺寸和

远程无线电通讯控制室中成行的屏幕上显示的是来自主机计算机的数据。只有当电路微型化技术出现后，如此大规模的电子设备的制造才成为可能。

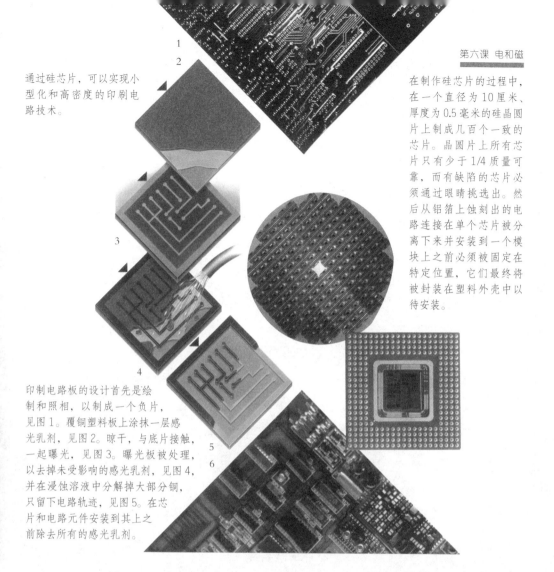

通过硅芯片，可以实现小型化和高密度的印刷电路技术。

在制作硅芯片的过程中，在一个直径为 10 厘米、厚度为 0.5 毫米的硅晶圆片上制成几百个一致的芯片。晶圆片上所有芯片只有少于 1/4 质量可靠，而有缺陷的芯片必须通过眼睛挑选出。然后从铝箔上蚀刻出的电路连接在单个芯片被分离下来并安装到一个模块上之前必须被固定在特定位置，它们最终将被封装在塑料外壳中以待安装。

印制电路板的设计首先是绘制和照相，以制成一个负片，见图 1。覆铜塑料板上涂抹一层感光乳剂，见图 2。晾干，与底片接触，一起曝光，见图 3。曝光板被处理，以去掉未受影响的感光乳剂，见图 4，并在浸蚀溶液中分解掉大部分铜，只留下电路轨迹，见图 5。在芯片和电路元件安装到其上之前除去所有的感光乳剂。

容量方面——它们可以为任意给定功能被编程。在 1971 年，市场上的第一代微处理器包含在印制电路板上连接的 2000 个晶体管。到了 20 世纪 90 年代，单个微处理器芯片就包括上百万个晶体管。利用一种超大规模集成（VLSI）技术，这些芯片赋予计算机高速运作的性能，使现代微型计算机的出现成为可能。目前出现了一种被称为晶体管计算机（晶体管＋计算机）的超大规模集成（VLSI）设备，整个计算机都在一块芯片上——一个只有 10 平方毫米的芯片上可能有超过 25000 个元件。这样的芯片可以和其他晶体管计算机连接，以制造功能极其强大的微型计算机。

　　硅芯片在非计算机领域也有广泛应用。今天，硅芯片被广泛应用在钟表、便携计算器、家用电器控制器和个人音响（录音机或 CD）、汽车的发动机管理系统等许多方面。所有硅芯片在固态设备中都通过控制小电流工作。每个硅芯片都包含有一个或多个微处理器，所以在每项应用不必都设计一个新芯片，工程师只要将可编程标准芯片安装起来就能完成任何特定的工作。

停下来,想一想

　　我们平时听说过许多电和磁连在一起的词汇,如电磁铁、电磁炉、电磁波、电磁场等,电与磁究竟是怎样的关系?

　　人们把电磁场与导体的相互作用而产生电的现象称为电磁感应。奥斯特在1820年发现电流的磁效应,揭示了电与磁联系的一个方面之后,不少物理学家开始探索磁是否也能产生电,曾经进行过不少实验。1831年,法拉第发现通电线圈在接通和断开的瞬间,能在邻近线圈中产生感应电流的现象。紧接着奥斯特做了一系列的实验,用来探明产生感应电流的条件和确定电磁效应的规律,法拉第根据电磁感应的规律制作出了第一台发电机。电磁感应现象的发现在理论上有重大意义,它使人们对电和磁之间的联系有更进一步的认识,从而激发人们探索电和磁之间的普遍联系的理论。

　　在实际应用方面有更为重要的意义,电力、电信等工程的发展就同这一发现有密切的关系。发电机、变压器等重要的电力设备都是直接应用电磁感应原理制成的,用它们建立电力系统,将各种能源(煤、石油、水力等)转换成电能并输送到需要的地方,极大地推动了社会生产力的发展。

7

光和光谱

光的产生

日常生活中所有用于产生光的装置，从蜡烛或电灯到荧光灯管或激光，都依赖发生在原子内的过程，而所有的这些过程都与电子有关。

在中性原子中，电子因能级的不同占据着不同的轨道：距原子核最近的轨道能量低，而更靠外的轨道能量较高。例如，通过加热可提供给原子额外的能量，电子通过吸收额外的能量"跃迁"到更高能级。但是，它们在这种受激状态下是不稳定的，会很快跃迁回原来的轨道上。出现这种情况时，它们所吸收的额外能量就以光的形式散发出来，散发出的光的波长（颜色）因受激元素的不同而异。

光能够以不同的方式被产生出来。主要区别在于提供给原子额外能量的方式。蜡烛或油灯的火焰中，来自蜡或油中的碳氢化合物中被加热的碳发出光。在煤气灯中（火焰外有一层罩），热也是光的能量源。外罩中钍金属的原子发出强烈的白光。

一盏油灯有一个灯芯浸在装着煤油的容器中。由于毛细作用使得煤油缓缓上升到灯芯（被金属罩盖住了）上。当煤油被点着时，煤油中的碳原子吸收热能并在火焰中放出光。通过调整灯芯的高度可以控制火焰的大小和强度。

在普通的电灯泡中，当电流通过细钨丝做成的灯丝时，就产生了热；钨原子发出了光。在弧光灯中，强光来自两个碳电极间产生的白热火花。

另一种方式是将电能转

许多灯塔（如左图所示）使用高能电灯产生从很远就可以看到的强光束。有一种这类用于闪光的电灯是一种含有氙气的放电管。较小的氙气灯使用在急救车和民用机场中。

在荧光灯中，加热阴极发出的电子和汞原子碰撞。来自汞的紫外光激活了灯管中的磷原子，使它们发出可见光。在普通的电灯中，可见光是被加热钨丝（保持在惰性氩气中）的原子发出的。

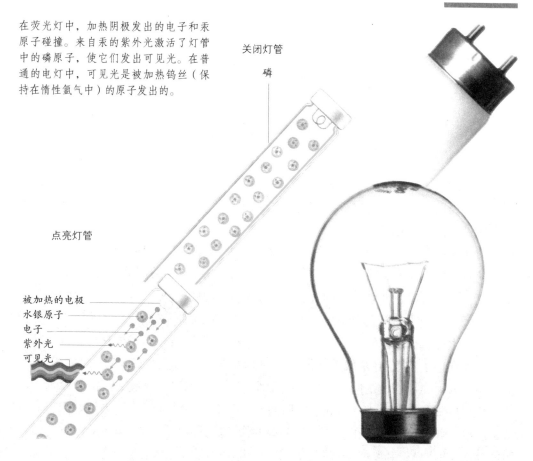

关闭灯管

磷

点亮灯管

被加热的电极
水银原子
电子
紫外光
可见光

变成光能（没有热能的参与），例如在氖广告灯中使用的放电管。管中装有处于低压状态的痕量氖气。当电流通过管末端的一个电极（阴极）的时候，就会产生一股电子流。这股电子流流到管子另一端的一个电极（阳极）时，和氖原子碰撞，激发它们一些电子到达更高的能级。当这些受激电子返回到原来的能级时，就会发出人们熟悉的红色氖光。在放电管中使用氙气而不是氖气会产生摄影时闪光灯的白炽光。

荧光灯管是一种稍微不同的非加热（或"冷光"）电灯。像放电管一样，荧光灯也有一股电流和两个电极，不同之处是荧光灯管中的气体是处于低压状态的汞蒸汽，产生不可见的紫外光。荧光灯管内壁涂了一层磷，当紫外光射到这层磷上时，一些磷原子被激发。当这些被激发的磷原子返回到原来的稳定状态时，它们就放出可见光。

不同种类的磷产生不同颜色的光。这些磷还被用在电视或计算机屏幕的内部，在那里，它们被阴极管中的电子流激发并产生光。

磷是荧光物质，也就是说它们在激发辐射（紫外光或者是电子流）停止后也就停止发光。类似的现象是磷光，但是，磷光在激发辐射停止后还会继续短暂地发光。这就是一些荧光物质如发光涂料在吸收了日光后会在黑暗中发光的原因。

反射和镜子

光是沿直线传播的。在物理学的分支科学——光学中，研究光穿过镜子、透镜和光学仪器的行为，光通常被认为是直线形的。从光源如太阳或电灯中发出的直线光会使物体投射出清晰的影子。

当光线照在物体上时，一些光线被反射，正是这些被反射的光线进入到我们的眼中使得我们能够看到物体。一些物质反射光线的能力较其他的强。全黑的物体不反射光；一片打磨得非常光亮的金属几乎能反射照射到其上的全部光线。最好的反射体是镜子，镜子通常是在一张玻璃上涂上一层薄银粉制成的。当光线以直角照射在平面镜上时，光沿原路径被反射回去，这条路径称法线。当光线相对法线呈任一角度照射在镜子上时，在法线另一侧会以同样的角度被反射回去。光反射定律指出：入射角（入射光和法线之间的角度）等于反射角（反射光和法线之间的角度）。

当来自镜子的反射光到达我们的眼睛时，我们沿着该光线看回去就好像它们没有被反射，并且看到物体在镜子后边呈现的像，这就叫虚像，距镜子的距离与镜前物体到镜子的距离相同。潜望镜利用平面镜组合弯曲光线形成两个直角，使得观察者能够察看周边环境。

曲面镜则不一样，有凸面镜（圆面朝向观察者）和凹面镜（圆面朝里，像个碟子）两种类型。镜子轴上的点在半径处称为曲面中心；曲面中心和镜子之间的一半处的点称为焦点。光线在凸面镜中反射在镜子后面形成虚像，该像比实际物体要小些。凸面镜通常被用于汽车和卡车的后视镜。

玻璃、光亮的金属和镜子都反射光。自然界中最好的反射体是水，当小角度的日光照射在水面上会发出微光，或当任何物体在水上漂浮时都会在涟漪中反射出被扭曲的形状，如图中的这只鸭子。不同种类的镜子有各自不同的用途。一些最大最好的镜子被使用在光学望远镜中，其中有各种曲面镜被用来聚焦来自远距离星体和星系发出的微弱的光。

潜望镜关键在于由以 45°角安装在一根矩形筒末端的一对平面镜。形成的像是竖直的，且不会左右颠倒。高质量的潜望镜——如用于潜水艇——有 45°镀银三棱镜而不是镜子，镜筒内有一个透镜系统，产生放大的像并拓宽视野。这种潜望镜能够旋转看到 360°范围的视野。

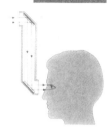

一面平面镜能产生在它前面任何物体的一个相同大小的像。这个像是形成于镜子后面的虚像，并且这个像与物体本身是左右相反的。

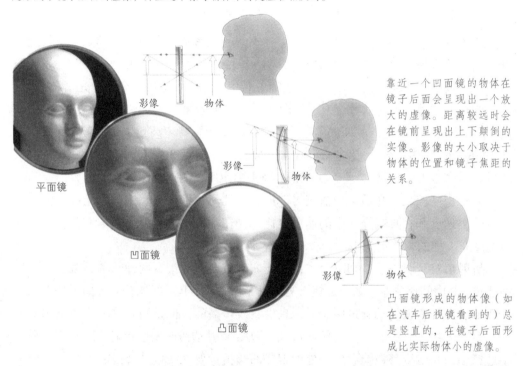

影像　　物体

平面镜

凹面镜

凸面镜

影像　　物体

影像　　物体

靠近一个凹面镜的物体在镜子后面会呈现出一个放大的虚像。距离较远时会在镜前呈现出上下颠倒的实像。影像的大小取决于物体的位置和镜子焦距的关系。

凸面镜形成的物体像（如在汽车后视镜看到的）总是竖直的，在镜子后面形成比实际物体小的虚像。

由凹面镜形成的像取决于物体相对曲面中心和焦点的位置。当物体在焦点和镜子之间，就会在镜子后面形成放大的虚像。当物体处在镜子的焦点处，就会在无限远处形成看不见的虚像。当物体处在凹面镜焦点以外，就会产生一个实像（能够在屏幕上形成并看见的像）。当物体处于曲面中心以外时，就会形成倒立且比实际物体小的像。但是当物体处在镜子的焦点和曲面中心之间时，会产生一个倒立、放大的实像。

凹面镜焦点处产生的光被反射时与镜子的轴平行。如果有一个光源——例如电灯——被放在凹面镜的焦点处，该镜子就能用于反射一束平行光束，比如在手电筒或汽车头灯上的应用。但是曲面镜最主要的应用是在小型长焦距照相机的"透镜"和天文望远镜中。位于加利福尼亚帕洛马山的望远镜使用了一块跨径为 508 厘米的凹面镜来收集远距离的光线，以产生行星、恒星和星系的像。这种凹面镜要比大的透镜更容易安装。

反射和折射

　　当光线从一个透明的介质传到另一种不同的光密度介质时——例如从空气到玻璃中，就不会继续沿相同的直线路径传播。在进入到密度更大的介质中时，光线路径弯曲，偏离了法线，这种现象称为折射。折射量的大小取决于介质的光密度。

　　光线的传播遵循荷兰数学家、物理学家威尔布洛德·凡·罗伊恩（1591—1626）（拉丁名为斯涅尔）提出的斯涅尔定律。该定律指出：特定波长（颜色）的光线，其入射角与折射角的正弦之比为一个常数。这个常数就是和介质有关的折射率。例如，水的折射率是 1.5，镜头玻璃（在照相机镜头中使用）的折射率约为 1.3。

　　光在密度较大的介质中传播较慢。折射率的另一种定义是它等于光在光密介质中的传播速度和在真空介质中的速度之比。光在空气中的折射率基本上和在真空的折射率是一样的，假定为 1。

　　折射角对于制作透镜和决定透镜性能非常重要。透镜有两种基本类型，一种是凸透镜，其中间比较厚（如放大镜）；另一种是凹透镜，其边缘比较厚（如近视眼镜）。光线沿着两种透镜的轴穿过中心时，是沿直线传播的。但是当光偏离凸透镜的轴进入时，会朝向轴发生折射（弯曲），并再次在离开透镜时发生折射；因此所有平行于透镜轴的光线线都在镜后焦点处汇聚。凹透镜折射光线偏离透镜的轴线，平行于凹透镜轴的光线在穿过透镜后分散，这些折射光被看作是来源于与位于透镜同一侧的入射光的焦点。

　　由于上述这些基本特征上的差异，凸透镜也被称作是汇聚透镜，或者是正透镜；而凹透镜被称作是发散透镜，或者是负透镜。凸透镜形成实像或虚像取决于物体相对于透镜焦点之间的位置。凹透镜总是产生虚像。

　　光线被透镜的折射的量取决于光的颜色（波长）。例如，长波长的红光的折射量要少于短波长的蓝光。因此，当白光（各种颜色的混合）穿过一个简单的凸透镜时，它的红色成分

透镜包括两种，分别是凹透镜（发散）和凸透镜（汇聚）。光线通过凹透镜时会发散，产生变小的像，如艺术家使用的缩小镜（右图）。光线通过凸透镜时，光线汇聚到一个焦点上，能形成放大的影像，如放大镜（右远图）。透镜利用了折射现象，使得水杯中的画笔（上图）看上去发生了扭曲。

植物卷须上的水滴形成球面透镜，在其上产生出位于其后面的完美的花（倒立的）的像。所有的透镜都是利用折射现象，即光线从一种光介质传到另一种光介质时发生弯曲。早期被用作汇聚蜡烛和油灯的光的透镜是一些简单的装水的球状玻璃器皿。

要比蓝色成分聚焦得要稍微离透镜远一些。透镜形成的像的边缘有彩色纹，这种现象被称为色差。高性能的透镜采用两种玻璃会消除色差的发生。

许多光学仪器都采用了透镜。人们最熟悉的莫过于照相机了，它采用一个凸透镜（或者是整体作为一个正透镜的透镜组）将一个上下颠倒的缩小的像聚焦到胶卷上。简单的眼望远镜（有时也称地面望远镜）、双筒望远镜和看电影用的小型望远镜都使用成对的透镜产生放大的像。光学显微镜使用正透镜组合产生更大的像。

和地面望远镜有特定的"正立"透镜不同，天文望远镜利用透镜成的是倒像，这就解释了大多数早期的航天员绘制的月球和行星的画片和照片上显示其北极朝下的现象。天文望远镜的尺寸决定着放大的程度，但是透镜的重量和精确制作的难度限制了天文望远镜的发展。

在一个复合显微镜中，光线被一个次级镜面反射开，从而照亮了标本。通过物镜产生了标本的一个放大的像，这个像通过目镜后被进一步放大。总的放大率是目镜和物镜放大率的乘积。

眼睛中的晶状体是一个凸透镜，可以把物体的像带到眼睛后部视网膜的一个焦点上（1）。该像是倒像，但是大脑将其正过来。当人的眼球前后变短的时候就形成了远视眼，因为此时眼睛晶状体试图将光线聚到视网膜后面。通过佩戴凸透镜眼镜（2）可以将远视眼校正过来。如果眼球前后过长则形成了近视眼，因为光线聚焦在视网膜前面，通过佩戴凹透镜（3）可以校正近视眼。

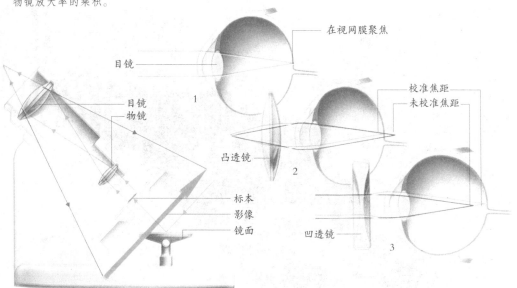

散射、衍射和干涉

光线从一种介质传播到另一种介质时（如从空气进入到玻璃时），会弯曲——折射。光线弯曲的程度取决于它的波长——波长和光的颜色有关：蓝光比红光弯曲的程度大。正是由于这个原因，比如通过一个简单的凸透镜成的像，边缘会有彩色纹——组成白光的不同颜色被聚焦的位置稍有不同。透镜的这个缺陷称为色差。

白光穿过玻璃三棱镜时，不同的波长在进出三棱镜时弯曲至不同程度。结果，成分波长展开形成一个光谱，光谱范围是：一端为紫和靛蓝，中间依次为蓝、绿、黄，另一端为橙和红。光谱形成的这种现象被称作散射。自然界中人们最熟悉的这种例子是彩虹，当日光照射到空气中的雨滴发生散射和反射时，便形成这种现象。

当光线穿过一个非常窄的缝隙时也会发生弯曲，这种现象称为衍射，此时，红光比蓝光弯曲程度更大。名为衍射光栅的试验器材是由一块每厘米上标刻着 5000 到 10000 条细线组成的玻璃板，当一束白光穿过这种光栅时就会被分裂形成光谱。当物理学家、天文学家或者是化学家想要分析特定光源的光谱时，他们会利用衍射光栅而不是三棱镜形成光谱进行研究。

当光线穿过狭缝时可能会发生其他一些有趣的现象。如果单色光（有单一波长

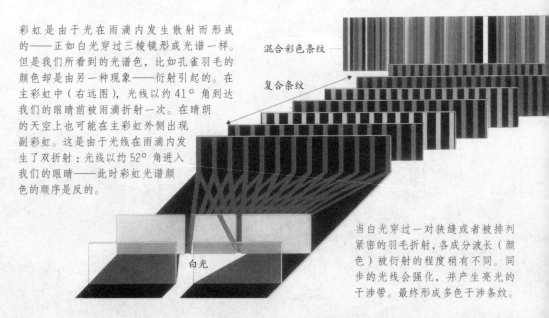

彩虹是由于光在雨滴内发生散射而形成的——正如白光穿过三棱镜形成光谱一样。但是我们所看到的光谱色，比如孔雀羽毛的颜色却是由另一种现象——衍射引起的。在主彩虹中（右远图），光线以约 41° 角到达我们的眼睛前被雨滴折射一次。在晴朗的天空上也可能在主彩虹外侧出现副彩虹。这是由于光线在雨滴内发生了双折射：光线以约 52° 角进入我们的眼睛——此时彩虹光谱颜色的顺序是反的。

混合彩色条纹

复合条纹

白光

当白光穿过一对狭缝或者被排列紧密的羽毛折射，各成分波长（颜色）被衍射的程度稍有不同。同步的光线会强化，并产生亮光的干涉带。最终形成多色干涉条纹。

太阳光穿透雨滴发生折射（弯曲）出现彩虹的颜色。光线离开雨滴时，在被二次折射前，再从雨滴的后部被反射。不同波长（不同颜色）被折射的程度也不同，双折射具有将白光分成朝向地面的多色光谱的效应。

二级虹

基本虹

52°

颠倒的光谱色

雨滴光谱色

41°

肥皂泡上看到的颜色是一种干涉现象——从肥皂膜前部被反射的光线和肥皂膜后部被折射开的光线相干涉产生。当日光在水面上的薄油膜表面被反射开，或者光从压缩光盘表面上被反射开，也会发生类似的现象。

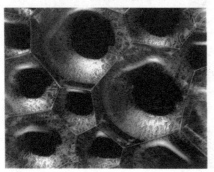

或色彩的光）穿过一对狭缝，衍射会导致光线从每条狭缝以所有角度扩展。每条光线必须在从狭缝到置于光线之外的屏幕间传播不同的距离。如果两条光线传播的路径长度因波长的全部数量差异而不同，它们步调一致地到达屏幕，它们也就因此强化了彼此，并在屏幕上产生了一道亮线，不同步的光线彼此相互抵消，这种现象为干涉，在屏幕上形成一条暗带。

这种情况下形成的亮带和暗带图案称为干涉条纹。间或不同步的光波也能够产生干涉条纹。例如，两片玻璃之间的一层薄的空气膜会导致干涉现象——光线从膜的上、下边缘表面反射在路径长度上有所不同。这种情况下形成的同心环纹称作牛顿环。

白光也发生干涉现象，但这种情况下，各种不同波长（颜色）独立影响，形成包含彩虹中所有颜色的边纹。光从水面上一层薄油膜上、下表面被反射也会以这种方式产生彩色边纹。这些颜色来自一种光学效应，而不是油本身。

类似效应也可以在肥皂泡上看见，压缩光盘表面上的精微凹点反射光线也会达到这种效果。同样，一些蝴蝶翅膀上的鳞片和鸟类的羽毛上也会由于光线发生折射出现干涉条纹现象。

激光

　　激光器是一种采取标准光源刺激原子产生相干光（所有的光波同步）的一种仪器。简单激光器基于圆柱红宝石晶体，一端镀银形成一面镜子。水晶的另一端半银制或有一个中央孔，因此可以反射一些光并让一些光通过。

　　闪光管（就像摄影师用的闪光灯）被晶体缠绕。当它闪烁时，闪光激发了红宝石中的一些原子，导致这些原子内的电子跃迁到更高的能级。当闪光管关闭的时候，电子便跃迁回较低的能级——但是依然比最初的能级高。通过这些原子，光能的进一步发散导致它们发出激光——当电子最终返回其最初的能级的时候。

　　这些光在晶体内被来回反射，不断地激发越来越多的红宝石原子发出光。有些光表现为通过半银制镜子或通过一面镜子的孔的激光脉冲。红宝石激光只能产生短时的激光爆发，但利用二氧化碳或其他气体而不是用红宝石晶体的激光器可以产生持续的激光，并且气体原子可以被高频无线电波而不是被闪光激发。

　　自从激光在 20 世纪 60 年代首次创造出来后就在许多方面得到应用。在医疗中，激光束可作为一把很好的小手术刀以去除皮肤上的斑点和小赘物，并且可以用来灼烧破裂的血管使其闭合，还可以黏合眼睛中脱落的视网。激光束还可以沿光纤探到身体内部。光纤和激光还用于无线电通信中。红外激光束通过调制后可携带数据、电话信号和电视节目，或者将这些信息一次性在光迁导管中传输。它们使用低功率半导体二极管激光器——可做得很小，以安装在便携式光盘播放机中。

一束激光划破城市的夜空向无尽的远方延伸，并证明了其是沿直线传播的。这样的激光束甚至已经被投射向月球，然后被"阿波罗号"航天员留在月球上的镜子反射，折回地球。这已经被用于精确测量地球和月球之间的距离。

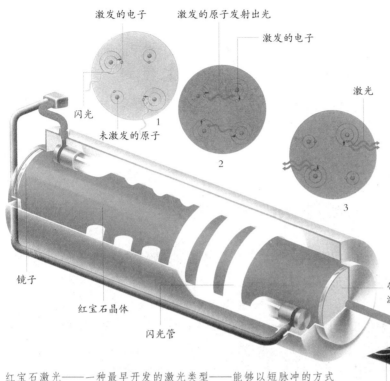

激发的电子　　激发的原子发射出光

激发的电子

闪光

未激发的原子

激光

镜子

红宝石晶体

闪光管

带有中心孔的镜子

激光束

多色光

单频光

单频一致激光

在闪光管中强光的闪烁中，红宝石原子中的一些电子被激发到高能级，见图1。这些电子随后转回到一个较低的能级（依然比普通的能级高），见图2。在下一次闪光中，这些电子吸收更多的光，然后当跃迁回普通能级时就发射出连贯的激光，见图3。

红宝石激光——一种最早开发的激光类型——能够以短脉冲的方式产生射激光。当红宝石晶体中受激发原子发射出光的时候，光便在晶体末端的镜子间来回反弹。但是在一个镜子的中心具有一个孔（或者镜子是半银制的），脉冲就穿过这面镜子发出。诱导闪光也在镜子上产生内部反射，于是所有受激发原子步调一致（它们的光波步调一致）地发射出它们的辐射，产生了一个连贯的激光脉冲。激光器中所使用的红宝石是一种金刚砂矿石（氧化铝）的合成形式。第一台激光器是由西奥多·梅曼在1960年制造出的，它可以产生超过阳光亮度1000万倍的单色闪光。

激光可以产生连贯的单色光，并且所有的光波相互之间都精确地保持步调一致。这种激光束能量的有效集中可以被用来精确地切割成堆的布料或厚金属，甚至还可以被用来切割钻石。

　　激光光束是以直线传播的，这在建筑业的水准测量仪上非常有用。英吉利海峡隧道（从海峡两端同时开始凿进）的建造者使用激光束来确保隧道的两半部分沿正确的方向掘进。在土耳其的博斯普鲁斯大桥和美国加利福尼亚州的圣安德斯断层（两个地区都是地震多发区）上都有一束永久激光束瞄准一个探测器，以事先对最轻微的地层运动做出预警。

　　激光可以被用来产生一种被称作全息图的像，可以储存3D图形和检查伪造的信用卡。为了产生一幅全息图，一束激光被分为两束后在一个镜子系统上被反射。其中一束激光（参考束）直接照到一块照相板上，第二束激光在达到照相板之前照亮一个物体，然后与参考束激光结合形成一个复杂的干涉图案。照片上储存的干涉图案就是该物体的全息图。当在激光下观察全息图的时候，图片上显示的是原始物体的3D图像。

不可见辐射

光是一种电磁辐射。在可见光谱之外，比可见光波长更短的是紫外辐射。人眼无法看到紫外光，但是一些昆虫可以看到。在可见光谱另一侧，比可见光波长更长的是红外辐射。一些动物如蝮蛇可以探测到红外辐射。比周围环境温度高的多数物体都发出红外辐射。

太阳发出包括可见光在内的各种辐射，大多数紫外线都被地球大气层上部的臭氧层阻挡，包括热射线的红外辐射可以达到地球，它们来自 1.5 亿千米之外。

电磁光谱在紫外线和红外线之外继续延伸。波长范围为 1 ~ 10-6 纳米的更短波长包括 X 射线和 γ 射线。可以用电子流轰击金属原子使其不稳定并产生变化而得到 X 射线。在一根 X 射线管中，阴极是一根被极端高压（高达 200 万伏特）电流加热到红热状态的金属丝。阳极是一块铜，铜上通常有水管以使其保持冷却。铜上连着一根重金属钨，形成靶标。

电子流从阴极发出，射向靶标，于是钨原子被激发，导致其电子"跃迁"，从而发出 X 射线。射线与电子流呈直角发出并穿过 X 射线管一侧的一扇"窗户"。X 射线的能量取决于施加于 X 射线管上的电压的大小。X 射线主要被应用在医学中，另外它在分析科学中也得到一定的应用。

在地球上，X 射线并不会自然产生——尽管某些恒星和其他天体可以发射出 X 射线。伽马射线也是如此，但是其能量比 X 射线更高。它们都是地球上各种放射性元素如镭和铀的同位素衰变时的伴生物。与由原子中电子的激发而产生的 X 射线不同，伽马射线是由于原子核中的变化而产生的，它们通常被用来制作金属物体的"X

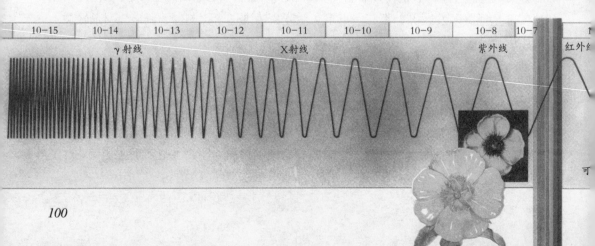

射线照片"，也可以用来给食物和医疗设备杀菌和消毒。

光谱中最短波长端是伽马射线，利用放射性钴产生的伽马射线拍摄一张汽车"照片"需要曝光50个小时（如左图所示）。与之相邻的是一张关于一条蛇刚刚吞食一只青蛙后的X射线照片。下图显示的花的照片是蜜蜂眼中看到的花朵紫外线图像，以及在可见光波长范围内人眼可以看到的熟悉的花朵图像。红外辐射可以被用来制作热影像（通过记录物体发出的热量得到），右图显示的就是一张人的红外线热图像。右下图显示的是在光谱微波区域内得到的星系图像。

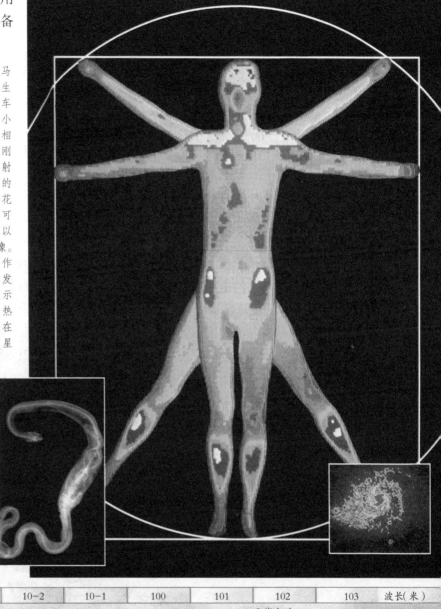

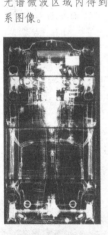

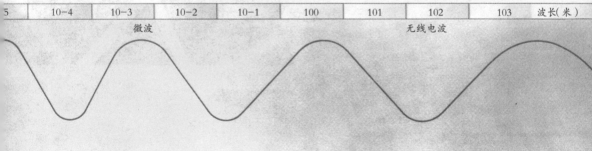

	10^{-4}	10^{-3}	10^{-2}	10^{-1}	10^{0}	10^{1}	10^{2}	10^{3}	波长（米）
		微波					无线电波		

无线电波

电磁波谱中长波长的末端是无线电波。这些无线电波中波长最短的叫作微波，其波长介于 0.1 厘米到 30 厘米，仅超过红外辐射的波长。它们被用于卫星通信、雷达、烹饪食物，也被用于局地直接的无线电通信。在地球上较远的距离内，微波信号必须在相隔达 50 千米的高塔之间进行传递。

微波产生于特殊的电子管中，其中有一个高频电场改变电子流的速度，这使得它们在一个金属空腔中共振，产生微波。一种典型的微波传播管是速调管，是由金属制成的，并在非常高的电压下运作。碟形天线传输和接收微波，碟形天线聚焦一束微波就像一面曲面镜聚焦一束光线。

正在形成恒星的区域和遥远的星际气体云会发射微波，这能利用大型射电望远镜探测到。和其他形式的电磁辐射一样，微波以光速在太空传播。收到的信号是极其微弱的，但能用微波激射器放大它们，它也跟速调管一样，利用一个共振腔来产生连贯的微波辐射。

波长大于 30 厘米的电磁辐射通常被简单地称作无线电波，它们也是由导线或电子管中的振荡电子产生的，并主要应用于通讯。实际的传输器由一根金属导线或金属杆组成，通过它们发射无线电波到大气中。

利用特别的技术使无线电波携带相关的语音、音乐或图片信号。传输器发出特定波长的连续的无线电波——载波。像其他任何波一样，载波有特征化的频率（每

秒钟产生的波的数量）和振幅（波的高度）。载波传递的信号需要改变——调制。在接收站，广播信号由天线收集，然后进行检波，即撤掉载波。剩下的音频信号被扩大，使之能够在扩音器上使用。

在频率调制（FM）中，广播信号改变载波的频率。在振幅调制（AM）中，振幅被变化。FM 传输使用短波，因此，像微波一样，它们的范围限制于视线，接收到的质量通常也是比较好的。AM 传输可能使用极长的波——可达几百米。这些波能够探到大气层中电离层那么远的距离；如果足够强的话，它们甚至能围绕地球传输。由于来自电机器或电子暴的偏离信号能够干扰广播信号并产生静电，所以接收的调幅信号的质量通常不如调频信号好。

使用电脑分析无线电天文望远镜收集的微波信号，宇航员能绘制出太空中遥远区域的无线电地图。接收的无线电信号具有特定的波长——典型的约10厘米，并且由于信号的强度不同，计算机能够以各种的颜色显示出它们。

无线电波的传播范围取决于波长。甚高频(VHF)微波（如用于FM广播上的微波）的有效传播距离达50千米（如果发射器在一座高塔上）。微波也能够被聚集成束传输到通信卫星上，并且能够被地面上的接收器再次传输。中等波长的无线电波能够探到电离层（大气中离子化气体层），而且通过蜿蜒围绕地球可以传送到很远的地方。

外太空的许多物体发射的无线电波通常是微波。通过大的碟形天线（射电天文望远镜）能接收到这些无线电波。因为微波（不像紫外线光和红外线）能够穿透地球的大气层，所以可以在地球上定位这些无线电波。红外望远镜必须置于太空中——因为红外线不能穿透地球的大气层。

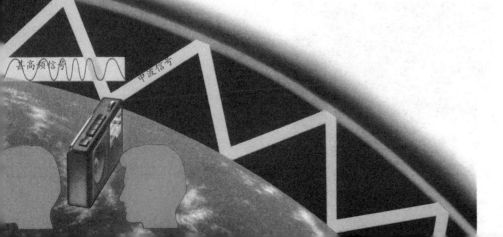

甚高频信号 中波信号

雷达

长距离无线电通信依赖无线电波在电离层（地球大气上层的离化气体层）的反射。20世纪30年代末期，英国和德国科学家分别发现大的固体物体，如轮船和飞机，也反射微波段的无线电波。从这些物体上反射的回波能够反映物体的方向和远近。这套系统最初是用在军事上的，并成为无线电检测和测距的工具——雷达。

在典型的雷达系统中，天线发送波长为1～10厘米的微波信号。信号以光速（30万千米/秒）被发送到物体，物体反射部分信号回到一个接收天线——和发送天线一样。回波通常被显示在一个叫作平面位置指示器的电视型的屏幕上。

一些发射天线由一个金属网格盘组成，能朝向目标物体。另一些发射天线通过旋转获取更大范围的雷达信号。大多数现代雷达装置中

主要机场的航线一天24小时不间断使用。为了跟踪飞机并防止撞机事件发生，空中交通控制员在雷达屏幕上标示出所有飞机的位置，并分配给每一架飞机一个认证号（通常是机号）。

雷达地图

由美国太空总署（NASA）放入轨道的地球资源卫星使用雷达产生地球地形的影像。该地球资源卫星在800千米高的轨道上运行，其雷达系统可扫描到地面上跨径为185千米的条形区域内的地貌。累积的数据被传送到地面站，经过处理产生影像——比如下图1993年发生严重洪灾的密苏里州的圣·路易斯市的地面状况。类似的卫星也被用于制作其他行星如金星的雷达地图。

（美国）地球资源（探测）卫星

雷达电子束

地面接收站

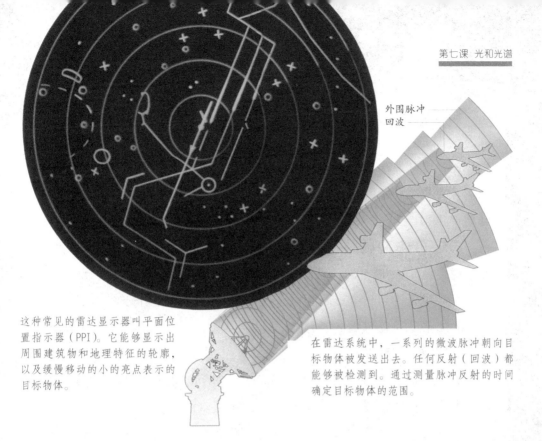

外围脉冲
回波

这种常见的雷达显示器叫平面位置指示器（PPI）。它能够显示出周围建筑物和地理特征的轮廓，以及缓慢移动的小的亮点表示的目标物体。

在雷达系统中，一系列的微波脉冲朝向目标物体被发送出去。任何反射（回波）都能够被检测到。通过测量脉冲反射的时间确定目标物体的范围。

这种旋转是电子式的，天线自身并不动。由于只有单根天线，每种类型的雷达都有一个切换装置使其在发射和接收间迅速交替。

多数雷达系统将被发送信号以平行脉冲束形式而不是连续波集中起来，通过测定脉冲被反射回来花费的时间确定目标物体的范围。返回信号的频率也可以提供信息。如果目标是移动的，那么多普勒效应会使回波频率发生变化：如果目标正在靠近，被反射的微波被"挤压"得更紧密，其频率就增高了。从这种增高就能计算出接近的目标物体的速度；对于退去的目标物体，被反射波的频率则降低。

交通部门利用这种多普勒效应测量汽车的车速。多普勒效应也使得连续波的雷达系统只能发现移动中的物体而无法发现静止物体。建筑物和山体的抑制回波阻止了在雷达显示上出现杂乱回波，而只有那些目标物体被突出。

宇航员利用安装在卫星上的多普勒雷达来确定行星旋转的方向和速度，这通过雷达指向行星赤道边缘测量行星靠近或远离的速度。气象学家也利用卫星雷达标示天气系统——特别是雨云的密度——用于汇编天气图和天气预报。其他的卫星雷达系统通过精确测量陆地上和洋底山体的高度构建地球表面的雷达地图。这些卫星通常携带一个合成孔径雷达（SAR），它能进行侧面扫描，并且产生计算机生成的山脉范围和其他表面现象的影像。它们通常还配备雷达高度计，能够直接向下传送脉冲。美国海洋资源（探测）卫星使用这种高度计能够绘制出地球洋底特征的详图。类似的雷达已被用于穿透金星大气层中的浓云并绘制出金星表面的地图。

停下来,想一想

　　光是地球上几乎所有生物都赖以生存的一种形式的能量。植物利用太阳光构建自身组织;动物(包括人类)则直接以植物为食,或者食用以植物为食的动物。除了一些在深海生存的原始生物,几乎所有生物的生存都依赖光。

　　与无线电波和X射线一样,光是一种由于原子中的电子活动而产生的电磁辐射。当原子中的一些电子能量化然后能量又丧失后,便产生了光。当电子从一个能级跃迁到一个更低能级的时候,能量差就以辐射的形式散发出来,这种辐射形式可能被看到(可见光),也可能超出可见光谱,如红外线、紫外线、无线电波和X射线。

　　另外,和其他电磁辐射一样,光可以用频率和波长来描述。频率是指每秒钟产生的波的数量。波长则指两个连续波峰(或者波谷)之间的距离。

　　对于人类的眼睛,不同的波长呈现不同的颜色。短波长呈现出紫色或者蓝色;长波长则呈现出红色。可见光波长的整个范围可以在光谱中看到。

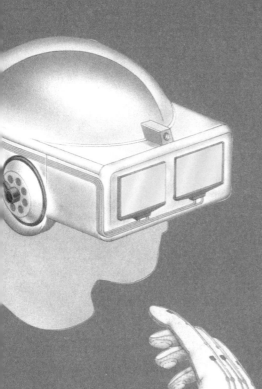

8
第八课

计算机科学
的未来

开放式架构

比起先前使用计算机的用户，使用纸笔的传统工作方式可能会更加灵活。比如，在一本笔记本上计划一项复杂的任务，写下几个段落，做一些和计算，然后添加一个草图或图表，对于这些工作我们可以始终使用同一本笔记本。在 20 世纪 80 年代，一个计算机用户必须准备并打印文本，分开编辑插图，最后通过裁剪粘贴把它们组合在一起。甚至到了 20 世纪 90 年代早期，当来自不同应用程序的元素能够更容易地被导入到一个文档中时，要在文档内部修改以这种方式导入的元素也是几乎不可能的。

这种局限是由常用操作系统的设计（架构）造成的。要执行一项新任务，用户必须选择合适的应用程序：在写一个字母之前，文字处理软件必须启动，绘图则需要图形软件包。例如，在微软 Windows 操作系统下，为了从磁盘读取一个文件，最初创建文件的应用程序就必须先被加载。应用程序生长的文件，一般保存为只有创建它的程序的特定格式。文字处理软件不能自动读取图形位图，同样，图形系统也不能处理文字处理软件文本。如果使用了错误的应用软件调用一个文件，甚至使用了错误的文字处理程序来打开文本文件，都有可能出现乱码或者文件根本无法打开。

应用程序设计者已经尝试用各种方法来克服这种困难。未格式化的文本文件可以被保存为 ASCII 文件，然后导入到另一个应用软件中。有些格式对于不同软件之间的图形交换都是可用的，比如，文字处理程序能够在它们的文档中存储图形或者照片。还存在这样的软件套装，包含了各种最流行的应用程序的精简版本，以一种常见的形式表达，从而简化了在两个应用程序之间移动数据的过程。但是在工作开始的时候，用户仍然要选择加载哪个应用程序。

一份复合文档有多个内嵌的对象（比如底部的饼图），每个对象都链接到另一个文档。当用户在这些对象的一个上面点击时，当前应用程序的菜单和工具就会被创建这个对象的那些应用程序所取代。在这个例子中，背景的应用程序是一个画图程序，具有多个内嵌的对象。这些对象包括文本（文字处理）以及由电子表格生成的饼图。一个视频程序可以通过左上角的对象被引用进来，还可以利用那个音乐图标添加或回放声音。

开放式架构的目标是向计算机用户提供具有相同灵活性的工作方式，从而将更少的时间花在打开和关闭文件及应用程序上，并将更多的时间花在实际工作上。

如果用户能够调用应用任意程序中的任何一个片断，就将更加合理。应用程序片断可以是文本、图片、图表的组合，还可以包括声音和视频序列。这样的应用程序片断被称为复合文档。用户可以选择进行操作的区域，合适的应用程序就会自动开始运行，而不需要关闭先前的应用程序。

可以实现上述操作的一种方式是：在一个由不同应用程序（比如文字处理程序）创建的文档中嵌入一个对象（比如从绘图程序创建的文件中取得图形）。如果创建图形的文件被更新，那么下次打开文件的时候新版本就会自动显示在报告（目标文档里）。如果用户看到报告，希望再次更改图形，就只需要点击图形对象，而不需要关闭文字处理程序并重启图形程序。这样的一个复合文档可能结合了可编辑的文本、可视动画、可修饰的图片、可改变的照片、可更新的电子表格以及可添加和回放的声音。它就将就将成为一个真正的多媒体文件。然而，实际上，复合文档受到操作系统的限制。一个传统的操作系统将文件的各个部分看作是分离的文件，因此可能会把一段文本中的图片移动或在无意中删除。

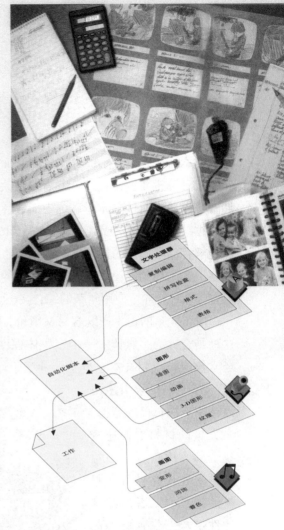

随着开放式架构操作系统的发展，人们可以根据个人需要剪裁应用程序，从多个程序中提取模块或特征，再将它们组合成专门针对手头任务的一个套件等，以克服之前的不妥之处。

为了解决这一问题，人们设计了面向对象操作系统。传统的操作系统在文件上工作，而面向对象（开放式架构）操作系统处理对象——这些对象可以由其他对象组成。一个文件仅仅是操作系统无法解释的一组数据，但是人们可以通过检查对象来找出它所包含的子对象。用户不再面对文件和程序的列表，而是能够看到每项工作的清单，每项工作都可能需要很多应用程序。随着此类操作系统的进一步增强，可能会允许用户建立定制的应用程序，将通过插入来自不同程序的一些模块，以适应工作的特定需求。

多媒体

文本需要相对较小的存储空间，而其他媒体，如视频和高质量的音频，当它们转换成计算机兼容格式时，就需要很大的存储空间。比如，最初开发光盘是为了存储音乐以便于通过立体声系统中播放，但是 CD ROM 则能够存储 650 兆字节的计算机数据。利用 CD ROM，计算机和音乐、视频之间的界线开始逐步被打破。在计算机能够存储高质量的视频电影之后，将视频作为程序输出的一部分显示，然后再将数字声音添加到视频中只是相对较小的一个进步。之后开发的应用程序允许用户在声音和图片程序中使用复杂的综合文档。

由于光盘的再生产既容易又廉价，因此它提供了一个理想的出版媒介。技术的这种结合称为多媒体。一个多媒体程序是一个文字、图片、声音和视频的数据库，经常被组织成超文本系统（一种基于计算机的拥有可视"页面"的"书籍"）构成，有一个搜索引擎可以让用户按自己的意愿，在大量的材料中快速查找资料。用户通常被给予顺着建议路径贯穿材料的选择，或者追踪选择性链接，找到更多的信息。

多媒体有很多用途。游戏制作人已经迅速发掘了视频的潜力，其他制作人也很快借鉴。现在，多媒体广泛应用于职业培训以及提供易于访问的参考材料，

计算机可以访问数字化声音和视频，但是 CD ROM 并不依赖于这一点。数字化声音被存储在磁盘分离的轨道上，并由 CD ROM 驱动将其转化为模拟声音。将数字化数据传输给计算机，再由一块声卡进行转化，得到的声音效果却比不上 CD ROM 的效果。视频必须经过压缩才能存储到 CD ROM 上。

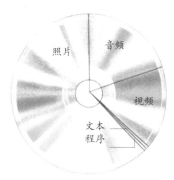

比如有插图的百科全书。一部印刷的百科全书最多也就是插入一些照片，但是多媒体百科全书可能拥有运动图像和声音的片断，用户进入后可以欣赏一名特定的作曲家演奏的小段作品，或者观看一部关于打破奥运纪录的短片。数据库不同部分的快速链接给一些编剧和电影制作者提供了灵感，他们已经实验了小说作品的交互，在整个工作过程中，由观众来帮助创作故事情节。有的程序有"热点"屏幕，当光标指向它们的时候，这些"热点"就被激活：这种交互性提供了一种内涵方式更利于小孩和成年人学习。

尽管一般情况下，还不可能从个人电脑写给 CD ROM，并且因此用户不能永久性地修改磁盘上的信息，但是可以拷贝数据到硬盘，再将其传递给其他程序。还存在可以创建多媒体文档的软件，以便在硬盘上存储多媒体数据，而且如果需要，它也可以被最终转移到光盘里。

一台典型的多媒体计算机（MPC）需要对一台普通的快速计算机添加多个部件。带有扬声器的声卡用于产生 MIDI 声（作为音乐乐谱存储，用声卡上的合成乐器来播放）或者波形音频（如存储在

多媒体将声音视频技术集成到计算机中。当声学工程师意识到以数字形式记录的声音可以和计算机结合在一起时，他们就发明了压缩光盘。数字视频的进展更慢一些，主要原因在于其包含的海量数据。最早的使用是在设计计算机游戏中。一种专门的解压缩硬件使数字视频更加有用，并导致了电子出版的出现。

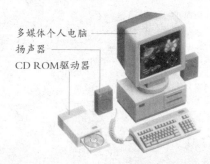

多媒体个人电脑
扬声器
CD ROM驱动器

一片典型的 CD ROM 存储光盘有 654 兆字节的存储容量，对于一个典型的多媒体程序，它的空间被分配如下：图片，410MB；音频，130MB；视频，110MB；文本，2MB；程序，2MB。这样的数据等同于一本几百页的书籍。

主题屏幕 学习向导　　大事年表　　　　行星话题　　　　恒星话题　　　　搜索引擎

数据库　声音　　　　动画　　　　　　照片　　　　　　文本　　　　　　视频

CD 中的一列声波）。一个 CD ROM 驱动器也必不可少。

　　视频硬件有多种类型。甚至一台普通计算机也能通过演示连续的帧来显示移动中的——尽管一般情况下比较缓慢而且断断续续。视频附件通常提供了一种专用的处理器，能加速运动中图像的演示，并且使它们能高速地被压缩和解压缩。能够高清晰、全屏流畅重放的视频画面需要占用大量的内存（全屏视频的 1 秒需要 24 帧，要占好几兆的内存），并且需要利用复杂的机制来避免视频代码存储的冗余，从而把更长、更高质量的视频片断压缩到一张光盘里。

　　一些制造商开始尝试开发类似的技术，但是为了开发家庭娱乐和信息市场，这种技术不是采用计算机，而是通过连接到普通电视机的机顶盒来提供回放功能。

CD ROM，例如这本关于太空的百科全书，包含了文本、图像、声音和视频的数据库，并可以通过多种方式对其进行访问。用户可以选择主题，比如"俯瞰地球"，或者，选择一项搜索功能，调用和感兴趣的主题相关的所有参考内容，之后就可以访问这些内容所包含的文本或视频，还可能有音频信息。

信息高速公路

计算机在很长一段时间都习惯访问远程服务器。例如，个人电脑就经常被当作链接主机的终端来使用。旅行之前预订旅馆就是一个常见的应用。因此，主机被称为服务器，而个人电脑被称为客户端。现代网络支持更灵活的客户端和服务器的设计。一个适当的网络接口允许写入到一台机器上的数据被另一台机器直接读取，而不需要先把它保存为文件，然后再通过网络传送。

互联网是一个好几亿台机器相连的网络，许多都提供大量文件用于公众访问。在 20 世纪 90 年代，随着万维网的出现，使得网络仍在进一步的扩展。曾经，信互联网扩展比较困难，因为信息源不容易定位。现在这种情况正迅速改变。虽然搜索引擎只能覆盖网络中数十亿页材料中的小部分，但是它们在不断改进，软件代理也开始接手搜索网络的大部分例行工作。

互联网依赖于常备的通信连接，包括电话线路，然而它目前的数据传输率还不足以支持大量高品质的视频传送。为了响应日益增长的对更高带宽的需要，这类设备也在不断改变。现在已经能迅速下载长篇的电影了。

在世界的某些地区，有一种服务器已经开发出来，使用这种电缆服务器的用户能下载包含音乐或电影的文件。

同时，互联网允许世界各地的用户访问实时信息，比如，获得气象卫星的数据、发送电子邮件、购物、安排剧院和做旅行预订，也可以与全世界的人交流或者向他们发布信息。以上这些只需要支付本地通话的费用就可以实现，而不需要打国际长途。

一个主要的 FM 广播台的一名 DJ 在他的起居室里进行广播，他不仅播放唱片，还能接听听众的电话。对于高保真声音而言，模拟电话线路的带宽过窄，而一个调制解调器也不能实时地提供声音。用户必须首先存储声音，一段时间之后才能收听。需要使用数字化数据线携载海量的所需数据，以一个适合于回放的速度传输。

报纸、杂志和期数越来越多的学术期刊都能在线阅读，电子书的出版也开始了。这样读者就可以像在书店里那样浏览书籍，通过信用卡付费后就可以下载整本书。

这仅仅是计算机使出版业彻底变革的一种方法。现在有些书籍已经按需印刷，以后大多数书籍也将采用这种形式。顾客到书店寻找一本书，书商答应在一两个小时后或者一天后提供这本书。这个零售商将这本书作为一个文件集下载，然后在店里打印并装订好。电子出版的书质量较传统出版的差，比如说它可能没有彩色插图。但是这种发展意味着书籍不再需要被打印出来，因为书籍的存储只占用计算机中的内存空间，而不需要占用仓库的物理空间。

信息高速公路的拥护者对未来充满期待，人们可以在家进行网上购物、网上理财、

互联网是由数个网络组成的网络。一台计算机连接到两个网络上时，它就成了从一个网络进入另一个网络的一个网关。通过寻找从一台计算机到另一台的一系列的网关（一条路径），互联网几乎就能将任何有网络连接的计算机接入到任何其他网络。互联网没有中心，并且作为一种共享信息的方式运行，而不是一种商业投机。未来的"超高速公路"的发展可能包含商业网络，用户可以订阅数据库，以得到一系列广泛的新型服务。

办公、召开视频电话会议、发送视频文件给亲友、了解各种新闻、通过电话和电缆享受远程教育和娱乐。目前已有很多人已经开始享受这种生活。开发用户界面友好而且廉价的系统，发展为千家万户提供定制服务的综合计算机系统，以及制定关于出售服务的通信标准，这些措施都有利于信息高速公路的推广和普及。

货物和服务的目录允许网络用户在网络上购物。这个用户在线浏览并决定购买一张飞机票。航班和价格的细节从旅行代理机构的计算机通过网络发送过来，而来自顾客银行的付款可以被授权。软件也可以在网上销售，用户付费之后就可以简单地通过下载得到。音乐、视频甚至是书刊也能以这种方式销售，消除了实际发送货物的。

互联网提供了对各种信息的接入访问。例如，关于火星的一个故事可以从世界各地汇集起来。照片可直接来自哈勃空间望远镜，而且大部分数据是从在线天文上提取的。有些互联网计算机提供寻找信息的服务，它们可以提供对现有信息的分类检索。使用这些信息源以及合适的软件，数据浏览可以在本地磁盘上容易地完成。

万维网

现在很多个人电脑都安装了调制解调器。它通常被安装在计算机内部，但也有外置调制解调器，它是一个小型的外围设备，通过一根电缆连接到计算机上。调制解调器就是调制器和解调器的组合，将计算机与电话线相连。调制解调器可以将数字计算机信号转换成能沿电话线传输的模拟信号，反之，也能够将模拟信号转换成数字信号，这样就使计算机能与世界各地其他连接到电话线上的任意一台计算机通讯。

20世纪90年代，调制解调器技术一度被广泛应用，计算机爱好者开始在网络上互相发送邮件，这个网络后来被称为互联网。互联网是由 ARPA 网发展而来的，ARPA 网是将时共同为美国国防部高级研究计划署（ARPA）工作的广泛分散的研究机构的计算机连接起来的一个网络。

在20世纪90年代，一名工作于日内瓦的欧洲粒子物理研究所（CERN）的计算机科学家蒂姆·伯纳斯－李面临着如何在计算机之间交换复杂数据的难题。他开发出一个叫作 Enquire 的结合超文本的程序。这些超文本出现在计算机屏幕上显示的文档中，可能是一些有明显标记的词、短语、图片，或者是能链接到其他网页的符号。人们使用互联网访问显示超文本的文档。点击超文本，就能带用户进入下一个文档。因此，如果有人想查找一条特定信息，就可以沿着这样的电子踪迹获得。比起早期的互联网，这种系统先进得多，它能够从用户的角度出发，简单且快速地传输文本、图片、动画、声音和视频。

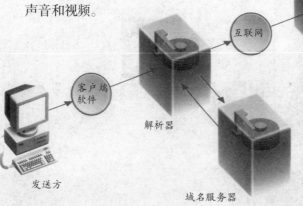

发送方　客户端软件　解析器　互联网　接收方　电子邮件服务器　域名服务器

一条消息经过用户的计算机软件传递到一台互联网服务供应商所有的解析器上。解析器常规性地从顶级域名服务器下载信息，域名就被存储在这台服务器上。解析器再将消息向前传递给注册器，那里保存了互联网协议地址。信息被传递回用户的计算机，建立链接。之后，这条消息就可以被发送出去，在这个例子里，它被发送到一个电子邮件服务器，并在那里保存下来——直到接收者下载它。

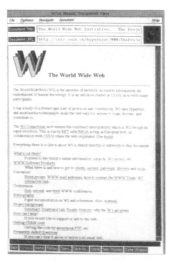

万维网自身的初始主页，它的基地在 CERN 的欧洲粒子物理实验室——靠近瑞士日内瓦。

万维网的主服务器在 CERN 的欧洲粒子物理实验室，靠近瑞士的日内瓦。关于网络的整个观念就是在这里孕育和发展起来的。

信息在计算机之间交换使用了一种标准协议——超文本传输协文（HTTP），以确保数据在传送过程中不会被破坏。包含超文本的文件一般都是用一种标准的程序语言编写的，如超文本标记语言（HTML），或者 Java。

网络在 1991 年作为一种工具被 CERN 的研究员首次使用，到了 1992 的 1 月，向公众开放。很快它就发展成为万维网。万维网常被缩写成 Web，或者 WWW。万维网就像一个巨大的图书馆，拥有大量的信息资源，人们可以把一个特的位置留下消息，叫作留言板，其他人将会在此找到信息，并且回复它们，这样就能达到沟通的目的了。

通过一台称为网络服务器的计算机就访问网络。公司和大型机构一般都拥有自己的服务器，个人用户一般使用由互联网服务供应商（ISP）提供的服务器。个人电脑通过电话与服务器通讯，然后再通过它去访问其他的服务器。利用一种被称为浏览器的软件程序，用户只需点击计算机鼠标就可以浏览万维网上的资源了。

最早的浏览器叫作 Mosaic，是由美国伊利诺伊大学超级计算机应用国家中心开发出来的，在 1993 年 Spyglss 公司将其投入市场。1995 年，美国微软公司获得该产品特许开发权，并将其改名为微软互联网资源管理器。马克·安德里森带领 Mosaic 团队在 1994 年开发了网景浏览器（Netscape Navigator）。

互联网和万维网上的信息被存储在计算机中，每台计算机都有一个唯一的地址，

蒂姆·伯纳斯-李是英国计算机科学家，他在靠近日内瓦的 CERW 欧洲量子物理实验室（CERN）工作时是万维网的主要开发者。现在他在麻省理工学院工作。

这个地址称为 IP（互联网协议）地址。它是由两个或三个一组、由句点隔开的的数字串构成的。要想记住这些数字串很不容易，所以每个 IP 地址都对应一个简单的地址，这个地址被称为统一资源定位器（URL）。

每个统一资源定位器（URL）必须是唯一的，而域名系统（DNS）确保了它们的唯一性。这个系统分配的地址名称由以下几部分组成：第一部分："http//:"用于标记使用的协议，经常可以省略不输入；第二部分一般是标记万维网 "www"（不是所有的都是使用万维网）；接着是个人标记，比如说 "michealallaby" 这样的名称；再就是顶级域名（TLD），它标记了地址的类型。一般包含 ".com" 的是营利性的商业组织的，".edu" 是教育机构的，".org" 就是非营利性的组织机构，".gov" 是政府组织的。最后可能有国家标记，比如说 ".uk" 就是指英国，".de" 指德国，".fr" 指法国，这些地址最后可能用 "html" 或者 "htm" 结尾，代表使用的语言。更多的顶级域名根据需要进行添加。最近出现了代表商业机构的 ".biz" 和表示博物馆的 ".muz"。一个完整的统一资源定位器（URL）像 "http//:www.michaelallaby.com" 这样，能够直接连接到一个 Web 站点上。

域名必须注册，必须缴年费才能保留使用。一个全球的非营利机构协调域名的分配和使用。这个机构还协调着 13 台计算机，这些计算机被称为根服务器，它们指引信息到达域名地址。每台根服务器里都包含所有顶级域名（TLD）注册器的 IP 地址和所有国家注册器的 IP 地址。信息先被传递给互联网服务提供商（ISP），那里有域名解析器或者只有简单的解析器，这些解析器可以从根服务器定期下载并复制信息。它们再把信息传递给恰当的顶级域名（TLD）或者国家注册器，以找到正确的 IP 地址，然后结果传回给用户的计算机。连接就被建立起来，数据就可以传输。

利用网络，我们可以购物、安排旅行、预订戏院和音乐厅座位，以及获取各种信息。杂志（网络杂志或简报）可以在网络上出版，而且越来越多的学术期刊也在网络上出版了。

电话线的容量限制了网络的使用。最初在设计电话线时，并不是将它作为传输大量数据的通信媒介，比如传输彩色照片和电影片断。这使得传输速度要慢于用户希望的速度，但是，只要安装能够更快传输更多信息的电缆，这个问题就可以得到解决。

虚拟现实

多媒体技术带动了电视、视频和声音技术的一起进步，也带动了计算机技术的进步。虚拟现实则走得更远，并提供了一个不能没有计算机的媒体。它的目标是在计算机上通过模拟创造一种体验，而且这种体验尽可能地接近现实世界。比如，建筑师利用一个虚拟现实程序就可以让人们在一个并没有建造的建筑物中"走动"。

虚拟现实系统的首要需求是高质量的移动中图形。用户不再需要在屏幕上观看这些图形，而是戴上一个特殊的头盔，由头盔来提供图像的三维投影。这种头盔将使用者与他周围的事物隔离开来，因为那些事物会分散视觉并干扰虚拟图像的投影。

将虚拟现实从之前的系统中分离的第二个要求是，用户的行动要控制投影的图像。观看者能够环视四周、到处行走、在路口转弯，甚至爬上楼梯。有多种机制可以用来发送观察者的运动：一个我们平时用来玩普通电脑游戏的游戏手柄，也适用

这个头部装置可以在使用者的眼前投影出一幅图像，创造出能看见一个虚拟世界的幻觉。它还可以探测到用户头部的移动，并调整图像以适应其脸部的方向。因此，佩戴者可以向左转动，而左边的物体就会出现在视野中。如果需要，这种头部装置也可以提供声音。

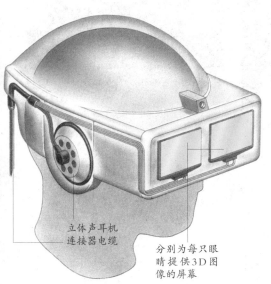

立体声耳机
连接器电缆

分别为每只眼
睛提供3D图
像的屏幕

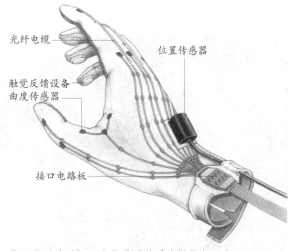

光纤电缆

位置传感器

触觉反馈设备
曲度传感器

接口电路板

使用者"看见"一个物体并伸手去操作它。虚拟现实手套探测这种移动，并将移动信息传递给计算机，由计算机进行分析并调整这个物体。图上的黑盒子探测绝对位置以及手套的朝向。手指上的小衬垫可以提供触摸的幻觉。

这个"虚拟指挥家"戴上了一只特殊的手套来控制和混合音乐。他的手部移动被传递给附近的一台计算机，这台计算机上的特殊软件可以将移动解释为方向，并对乐器的声音做出相应的调整。有了这样的一只手套，就可以决定音乐演奏的速度，也许还有音量大小。

于这一目的。

第三个要求是图像的计算机处理。在计算机的速度显著提高的同时，视频适配器技术也在不断改进，这使得虚拟现实成为可能。计算机使用传感器探测虚拟定位和视野方位，通过考量显示线条画在哪个位置的三维坐标系的一个数据库来构建正确的影像。由数据构成一个二维投影（一只眼睛可以看到一维图像）是直接的数学表达，但是需要极高的计算速度，这样观看者才不会觉察到图片的延迟。

移动和观看是必须考虑的两个互相关联的因素。比起静态的三维结构，虚拟现实游戏和一些应用程序更需要视野者能够移动穿行的三维建筑。动画技术可以提供这样一种印象，让你觉得游戏中的其他人物也正在行走和行动。计算机辅助制作的动画具有非常高的质量，所以它能从一系列的图片出成虚拟人物，这些图片可能来自电影，但是虚拟人物并不是仅仅重复在电影中的动作，而是通过计算机生成合适的图像，执行一系列全新的操作。

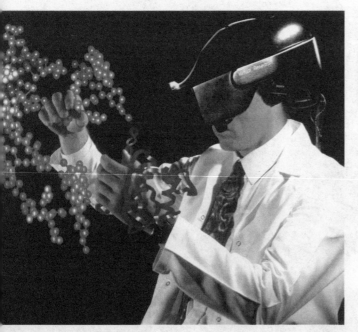

利用虚拟现实，只要按下一个按钮，建筑师的一个规划就可以变成一个全景模型。

一名化学家利用虚拟现实来操作一个蛋白质分子的计算机模型。

纳米技术

2002 年 5 月，在线科学杂志《纳米技术》发表了法国和德国的一个研究小组所写的一篇文章，描述了他们如何构建一辆能够四处推动的有轮手推车。他们的手推车有一块中心板，尾部有两条"腿"，有两个前轮。制作这样的车子听起来并不是什么了不起的成就，直到告诉你这辆手推车的尺寸：它的尺寸为 1.6 × 1.5 纳米（nm）。1 纳米是 1 米的十亿分之一。这意味着这辆手推车的尺寸大约是 0.0000006 × 0.0000005 英寸。你可以在一枚大头针的针头上立起 4 万个这样的手推车。你如何将这样的手推车到处推动？你可以使用一种电子显微镜上的探针的尖通过尾部的"腿"来推动这辆车子。

没有人会计划利用纳米尺寸的手推车来运送砖块，建造一间纳米尺寸的房子。这只是科学家们在这种尺度下制作的工具之一，目的是发展这种技术——纳米技术。其他的工具包括镊子、嵌齿轮和晶体管。微处理器是一种维度在微米级别的电子设备。而纳米技术是在比微米小 1000 倍的物体上操作。

纳米技术现在仍然处在非常初级的发展阶段，但是它已呈现广阔的前景。我们可以通过重新排列原子和分子来制造化学品和药物。以一种方式排列，碳原子可以形成石墨，而以另一种方式排列，它们可以形成金刚石。以一种方式排列，碳、氢、氧以及一系列其他元素的原子构成了空气、水和土壤；以另外的方式排列，它们就是马铃薯，或者玉米，或者家畜，或者家禽——或者人。传统的制造业采用的是一次处理数不清的原子和分

埃里克·德雷克斯勒，美国的纳米技术学者和作家，坐在他设计的一个机器人模型旁边。这个机器人由金刚石化合物构成，能够允许成对分子相对旋转。在德雷克斯勒后面，计算机向我们展示了这个机器人的模拟图，构成它的每个原子都清晰可见。

这幅计算机图形展示了一个纳米机器人怎样利用激光来修复一条破损的 DNA 链。这可以辅助人体本身的 DNA 修复机制，或许可以防止恶性肿瘤的发展。

子。它们中的一些以正确的组织方式结束，而其他则不是，因此整个操作是粗糙的、昂贵的，而且是浪费的。纳米技术学者希望有一天用一种新的技术来取代整个这样的过程，这种新技术通过操作和结合单独的原子来构建所需的材料。美国的物理学家、诺贝尔奖获得者，理查德·费曼最早表达的这种想法或许是切实可行的，他说："物理原理，据我目前所知，并没有排除按照原子来操作事物的可能性。"

纳米尺度的设备，例如开始所讲微型的手推车，是由一次汇聚一个原子的方式构建的，它们看起来是块状的，因为原子是球形的。汇聚这些原子的微小工具被称为"汇集器"。汇集器从储备中拣选原子和分子，运送它们到"工厂地板"上，再将它们放置到正在发育的结构中。当然，汇集器的一个小队并不会有什么用处。如果你一次一个原子地制作一个物体，那么在物体大到可以看见之前，你必须等待很长一段时间，任由汇集器小队挑选和使用这些原子。许多汇集器小队需要被连接到一起构成网络。计算机网络的设计向科学家们提供了怎样实现这种网络的思路。

纳米技术的可行性很大程度上是基于这样一个事实，那就是细胞也是以这种方式工作。在一个活细胞内部，DNA 被转录到多条 RNA 上，RNA 将次序信息通报给核糖体，这种次序也正是核糖体为了质汇聚氨基酸单元生成特定的蛋白的次序。核糖体就类似于汇集器，而且每个核糖体的尺径为 10 ～ 20 纳米。如果能用汇集器实现相同的功能，那么医学研究者将会看到纳米设备很多可能的应用。这些设备可以在人体内穿行，进入微小的空间，比如毛细血管、肺泡、肌肉纤维或者神经纤维，在那里它们能够探测并矫正异常情况，防止这些情况有时间发展成可以察觉的疾病。或许可以发送这些设备的编队去攻击和摧毁癌变组织，而不会伤害到邻近健康的组织。

现在，药物已经在分子级别上进行设计，所希望和可预测的方式和其他分子相互作用，但是它们是通过大量配料间传统的化学反应来制得的。纳米技术可能允许通过直接构建期望的分子更加高效地制造药物也因此更加廉价。

这种技术还具有环保应用。一种称为生物补救的技术现在被广泛使用。这需要用到细菌，有时是专门经过基因改变的细菌，将有毒或有害的物质分解为它们的无害组成成分。纳米技术也许能够更有效地完成相同的工作。或许可以将合适的设备装入到过滤器中，以清洁空气或水。通过只使用制造所需而不会产生任何废料的原子，纳米技术还有可能在源头上减少甚至消除工业污染。

如果能够制造将原子和分子结合到一起的汇集器，那么也就有可能制造"分解器"，重新拆散这些原子和分子。对分析化学家来说，这将会是一种有价值的工具。分解可以揭示构成某种物质的原子和原子团，以及它们的空间结构。存在很多自然物质，包括酶、酸和自由基，都可以打破原子和分子间的结合键。因此，"分解器"的概念并不是没有可能。

只要原子的物理和化学属性允许，汇集器就可以以任何方式放置它们。这意味着它们能够建造几乎任何东西，包括更多的汇集器，提供在选定配置下允许原子变得稳定的仅有的自然法则。这样，就有可能制造完全不存在的材料。

甚至还有可能出现纳米计算机。将原子按照特定的方式进行排列就可以形成一部细菌大小的计算机，而且具有千兆（10亿）字节的存储器。它的极小尺寸也能够使这样的计算机变得极其高速，因为同一块硅芯片相比，这种计算机内部的信息只需要传输其百万分之一的距离。它也许会比传统的计算机快几千倍。

纳米技术仍然处在它的早期阶段。它作为一种研究专题而存在，但是还没有任何工厂引入这种技术。然而，如果那些热心支持者是正确的，那么有一天这种新的制造工艺将会深刻地改变我们的社会，就像之前那些技术的扩展一样，包括生产的工业化、汽车、计算机以及抗生素，但是对于纳米技术而言，所有这些领域的改变都将同时发生。

如图所示，啮合的电动机齿轮被放大为 5.5 厘米（是它们实际尺寸的 200 倍）。这张照片是用一台彩色扫描电子显微镜拍摄的。

人工智能

识别物体

心理学家还不能确定地知道为什么人类能够那么迅速地识别物体。例如，我们称为书的东西相差非常大，但是在我们看到某些物体的瞬间，就能毫不犹豫地将其归类为书。

传统的用于识别书的计算机程序可能会取一幅位图作为输入，然后数出有多少本书出现在图片上。但是这种程序在实际应用中性能效果很差。相反，一个神经网——人工脑细胞的一个电子网络——可以被编程，以识别物体。在"训练"阶段，它被告知什么时候它的答案是正确的，什么时候是错误的，然后它就相应地调整设置，直到获取最大可能的正确答案的数量。在训练阶段向神经网络提供书本的代表性样本，它就能非常成功地识别它们。右边的机器人正在被训练来挑选苹果。

类似于计算机，人类能根据指令完成用数字表示的任务。除了为执行任务所需的准确规则，其他情况下，我们就需要灵活可变的规则。我们甚至不需要知道如何推理就能做出决定。人工智能的目标就是使计算机能够更灵活地做出决定。

专家系统就是被设计成像人类专家的计算机程序。和计算机一样，医生依据检查病人获取输入信息，然后推理，然后发表观点。人们尝试建造能像医生那样工作的计算机，却发现推理过程不仅仅包含计算。医生不是简单地判断一个陈述的对错，他们能诊断出病人的病情——尽管不能详细地证明他们的结论。同时他们具有学习能力，随着经验的增加，他们能够灵活改变他们使用的规则。而且医生能够解释他们的诊断，计算机仅仅给出一个答案。

专家系统尝试在传统计算机系统中克服这些缺陷。它们使用概率用于推理，而不是仅仅简单地决定"是"或"否"。它们能够通过一个叫作归纳的过程根据收集的数据学习新的规则。它们会记忆推论过程中的每一步骤，并阐释在这些步骤中它们所使用的规则。

许多软件系统包含专家系统技术成分。但是在很多领域，我们都是专家——虽然没人能够解释这些规则。大多数人能立即识别出一场进行中的篮球比赛，但是如果给计算机展示一张位图或者一系列位图，并为其提供一个试图探测人们正在玩篮球的程序，我们就能很清楚

这只机器人昆虫叫作根格斯，由美国的麻省理工学院制造。它可以利用红外线传感器和机械触须探测并追逐任何移动中的物体，还会从阳光下移动到阴影处。这个机器人还没有学习能力，仅仅是被编程以完成这些动作。

地看到，识别一场篮球比赛的能力主要基于人类大脑的下意识判断。

一些研究者已经尝试通过构造模型大脑来模仿下意识的推理。通过向人工大脑细胞展示正确或不正确的例子，然后重新设置它们，直到它们能够识别正确的图案，这样，人工大脑细胞就被训练出能辨认复杂图案的能力。这种系统叫作神经网，它在执行某些任务方面已经非常成功，比如说笔迹识别等专家系统对此无能为力的领域。

两种编程语言——Prolog 和符号化语言 LISP——就是特别为人工智能开发的。Prolog 是逻辑编程语言。程序员不需要编写解决一个问题的方法，只需要书写问题的逻辑说明书，然后让计算机决定如何解决这个问题。逻辑编程是一种新的技术，但是它提出的解决方案比不上程序员提供的方案。然而，它的拥护者希望未来有一天它能消除编写程序的需要。

英国数学家阿兰·图灵认为，即使机器再复杂，它的计算能力也是有限的；此外，能由功能最强大的计算设备计算的任何事物，就同样能由他设计的极其简单的机器来计算，这种机器就是图灵机。这种机器比现代的超级计算机慢很多，但是最终它也能得到答案。图灵提议了一项测试来确定计算机是否具有人类智能。这项测试需要两个人、一台计算机和两个有门的房间。在一个房间里，在一扇紧闭的门后面放了那台计算机；在另一个房间里，是一个人。另一个人是评判员，被允许与房间里的计算机和人进行交流，前提是所使用的交流方法不能泄漏房间里是人还是计算机（可以在计算机屏幕前打字）。这个评判员在短时间内分别与计算机和人进行交流，接着必须讲出哪个房间里面是计算机，哪个里面是人。如果评判员不确定或者判断错误，那么计算机就获胜了。

图灵认为能够经常在测试中获胜的计算机将在2000 年被建造出来。不时地有人做出声明，声称有各种系统能够通过这项测试。到 1994 年，一个计算机程序在 5 分钟的比赛中，打败了五大世界顶尖的国际象棋手。

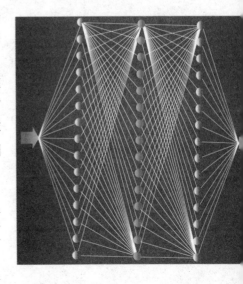

一个神经网络试图模仿动物的神经系统。输入（红色箭头）被参量接收（紫色圆圈），并且被传递到"神经元"（红色圆圈）用于数据处理。输出被传递到紫色圆圈，并沿绿色箭头出去。输入可以根据预先编程的常量进行调整。

停下来，想一想

　　现在的计算机运算速度和1960年的计算机相比快了2000倍。这主要归功于时钟速度提高了100倍——时钟速度决定了处理器发送的信号数目。内存运行有快有慢，但是内存芯片不能以设计速度的两倍运行，那样将会出现故障甚至炸毁。速度的提高来自缩短了数据通路（所以数据到达更快）的新芯片的设计，这同时减少了热量的产生（一块高速运转的芯片会因过热而熔化）。

　　看起来，设计师已经接近能够将芯片设备制作得更小的极限了，因为金属的轨道不可能比一个分子还窄。进一步的改良将依靠处理器对时间更好地利用。这种多指令即刻被处理的过程叫作流水线操作。但是，由于一条指令使用的结果必须直到早先的指令被执行后才能执行，所以流水线操作不大可能将速度提高10倍以上。

　　另一种提高计算机速度的方法是使用多个处理器去处理同一个任务，这种方法被称为并行计算，它能由程序员或者系统操作软件来完成。

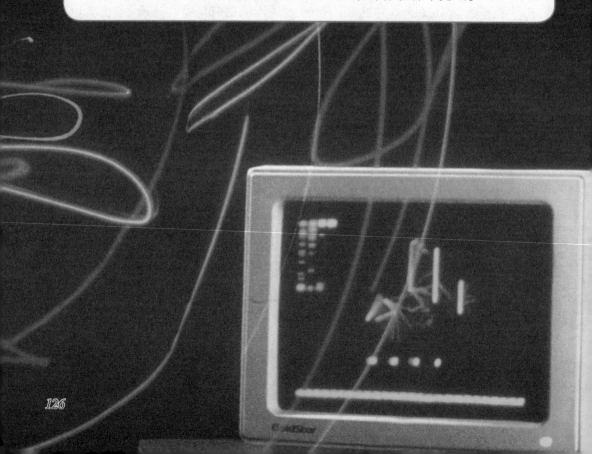

置身于宇宙中

令人惊叹的宇宙

宇宙是我们共享的同一片时空内所有物质与能量的总和。通过对宇宙的进一步研究，我们发现，宇宙其实比我们想象的更加令人惊叹。

我们曾经认为地球是宇宙的中心，而现在才知道，就连太阳也只是上百万颗星球所组成的银河系中的一颗普通恒星。下页底部的照片显示的就是一个类似于太阳系的星系。我们的太阳系位于银河系的螺旋状"手臂"之中，大约在从银河系中心到边缘的三分之二处。

由于城市灯光的影响，城市居民数不清天空中到底有多少颗星星。通常，明朗的夜幕中镶嵌了数以千计的星星，并且夜空周围会伴有朦胧的光圈。几乎全世界都注意到了

128

在观察夜空中的银河系时，有人会产生错觉，以为自己正处于银河系外的某一点。而实际上，夜空里被称为银河系的闪亮朦胧光圈，其实是从我们所处的位置，即银河系的旋臂内的某一点，所观察到的银河系中心的样子。

这种奇特的朦胧光圈，但我们都误以为这就是银河系的全貌。

其实，我们在抬头观赏天空中点点繁星的时候，所看到的就是银河系，因为所有的星星都是银河系的一部分。向遥远的银河系中央望去，那里就像是一道朦胧的银色光带，因此我们把它称为"银河系"。实际上，我们所看见的就只是银河系的中心，而非整个银河系。

20世纪初，科学家认为人类所处的星系就是整个宇宙。而现在，我们知道宇宙由上百万个星系构成，且每个星系都包含有大量星体。

图为站在银河系外一点所观察到的银河系图片。

星系——被万有引力联系在一起的百万颗星球

太阳系——8大行星和其他绕太阳运行的星体

宇宙——由上百万个星系组成

银河系：10^{21}

太阳系：10^{13}

数字差异

我们对宇宙的研究涵盖了从亚原子微粒到整个宇宙之间所有不同的层面。最小的亚原子微粒结合成原子，原子进一步结合形成分子，例如水分子、二氧化碳分子或蛋白质分子。无数的分子相互连接形成我们实际接触的现实物体。地球仅仅是巨大银河系中太阳系的一部分，而宇宙则包含了上百万个不同的星系。

以上这些不同的研究层面会涉及非常小的数（例如，大小为1纳米的原子）和非常大的数（例如，1光年的长度）。科学家和数学家对于读写"零"都感到非常厌倦，因此他们使用"10的乘方"规则来书写非常小或非常大的数。

使用这一规则，1000可以写成10^3，而100万则可以写成10^6。因此，只要简单地数一数1后面阿拉伯数字的个数，就可以得到幂次数。

对于很小的数而言，0.001可以写成10^{-3}，0.000001可以写成10^{-6}。

月球的绕地轨道：10^9

地球：10^7

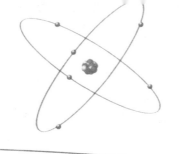

正常大小：
拥有上百万种不同物体的行星

原子级别：
92 种不同的原子构成了元素

亚原子级别：
3 种微粒构成了原子

同样，只要数一数小数点右侧阿拉伯数字的个数，我们就可以得到负幂次数。

著名的"10 的乘方"规则是由两对夫妇（科学家菲利斯·莫里森和菲利普夫妇，以及艺术家雷·埃姆斯和查尔斯夫妇）普及流行的。下面我们就用这一著名的规则来描述不同层面上的宇宙，首先就从现实层面——一张停留在花朵上的蜜蜂的照片开始。

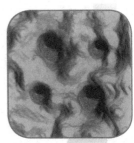

原子：10^{-9}

随着拍摄高度的升高，我们所能描述的物体尺寸会越来越大。假如第一张照片中的花朵位于美国旧金山金门公园。若拍摄高度上升 10^5 倍，即位于 100 千米高空时，我们拍摄到的是整个旧金山湾区。若依次再上升 10^2 倍，我们就可以分别拍摄到地球的全貌和月球的绕地轨道。倘若高度再继续升高 10^4 倍，我们就会看见所有行星围绕太阳运行的状态。但若要看到整个银河系的全貌，拍摄高度还需上升 10^8 倍。

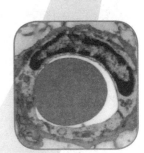

血细胞：10^{-6}

再回到那张拍有花朵和蜜蜂的图片上。如果想看清楚蜜蜂的头部，图片需放大 100 倍。若再把图片放大 10^4 倍，我们就可以看见蜜蜂血液中的红细胞。若再放大 10^3 倍，我们就会观察到相互连接的原子。这里虽然没有给出更小结构的图片，但是科学家已经研究到了 10^{-20} 米的微观世界，甚至更小。

蜜蜂的头部：10^{-2}

卫星拍摄到的旧金山湾区图片：10^5

1光年有多长？

距离我们最近的仙女座星系大约有银河系宽度的 20 倍那么远，以至于我们需要一种全新的单位去描述距离。所以，科学家在这里不用千米而是利用光年。因此，我们可以说银河系和仙女座星系之间的距离为 200 万光年。

我们需要行驶 200 万光年才能从银河系到达仙女座星系。换句话说，即使我们的速度能达到光速，这段旅行也需要 200 万年的时间。并且，我们 95% 的行程周围都是真空，不含任何分子。所以，这绝对是非常漫长而奇怪的旅程。

1 光年就是光以 30 万千米每秒的速度传播 1 年所走的距离。要计算出这一长度，把速度（单位为千米每秒）与一年内的总秒数相乘即可。

我们可以看出，光在一年内传播了 9.5 万亿千米。而光传输十年的距离就是光在一年内传播距离的 10 倍，也就是 10 光年。

$$300000千米 \times 60秒 \times 60分钟 \times 24小时 \times 365天 = 9.5万亿千米$$

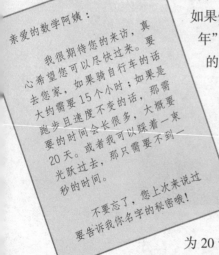

亲爱的数学阿姨：

我很期待您的来访，真心希望您可以尽快过来。要去您家，如果骑自行车的话大约需要 15 个小时；如果是跑步且速度不变的话，那需要的时间会长很多，大概要 20 天。或者我可以眯着一束光跃过去，那只需要不到一秒的时间。

不要忘了，您上次来说过要告诉我你名字的秘密哦！

常常会有人因为"光年"中含有"年"这个字而感到困惑，因为一般"年"是用来描述时间的单位，而不是距离。但是，如果你们会用开车或骑车所花的时间来描述距离，就会习惯"光年"的用法。例如，你最喜欢的电影院，骑车大约有 40 分钟的路程，而交通状况良好时坐公交车，则约有 20 分钟的路程。

想象一下，有一位行为古怪但却很富有的阿姨，名叫数学。她住在约 300 千米远的地方，并总会给你们带来一些意想不到的小礼物。不过，数学阿姨非常热爱自然科学，当她得知你们正在学习本书第 6 课时，就许诺说："如果你们能写信给我，分别计算出用骑车、跑步和光速三种不同的方式到达阿姨家所花费的时间，我就会来拜访你们！"她还说："骑自行车速度为 20 千米每小时，跑步速度为 15 千米每天，而光的速度为 30 万千米每秒。"那么，你们会怎样写这封信呢？

恒星的诞生

可能你们以前曾听说过或在书本中看到过宇宙起源于"大爆炸"的理论。但是在"大爆炸"理论出现之前，科学家曾认为这么多年来宇宙中所存在的物质是相同的，几乎没有什么变化。然而，越来越多的证据表明宇宙诞生于150亿年前，并且自诞生之日起，宇宙就经历了多次剧变。

现在，我们可以相当肯定的是早期宇宙中不含任何恒星或是星系，只含有氢和氦两种最简单的元素（氢原子中只含有一个质子，氦原子中含有两个质子）。这些元素在宇宙中均匀分布，大约是75%的氢和25%的氦。

那么，是什么把宇宙从一个只弥漫着氢气和氦气的枯燥黑暗世界中挽救回来的呢？答案就是万有引力，是它为我们的宇宙创造了一切可能性。随着时间的推移，万有引力慢慢地把氢气和氦气聚集成各个气团，而气团与气团之间是真空的。

大家都知道，万有引力会随着物质质量的增加而增大。一个地方聚集的物质越多，就会吸引更多的物质过来。因此，由氢气和氦气组成的气团就形成了，而且还会不断变大。

在这种气体的聚集发生之前，宇宙中的任何地方看起来几乎都是一样的。而在万有引力发挥作用之后，宇宙就变得有趣多了。其中，一些地方集中了不断膨胀的氢气和氦气混合气团，而气团之间的空间则变得越来越空，原子越来越少。

随着时间的推移，宇宙开始变得更加有趣。

大爆炸发生后的一亿年中，气团内聚集了足够多的气体，继而诞生出了全新的物质。其中，一些气团聚集的物质质量至少是现在太阳内物质的100倍。万有引力把这么多原子聚集在一起后，会出现什么状况呢？靠近中央的原子忍受着周围原子施加的巨大压力，而正是这种压力使中央原子的形状和行为发生了剧烈变化。

大家都知道，原子由几乎聚集了其所有质量的微小原子核（质子和中子）及周围围绕的电子构成。所有外部原子对中央原子施加的压力会引起中央原子的破裂，即打破中央原子的电子外壳。因此，不同原子中的质子和中子被巨大的万有引力聚集到一起，形成了更大的新的原子核。

这刚刚描述的过程就是原子核的聚变。这个过程会释放出大量的能量。整个气团发热、变亮，于是星球就诞生了。星球的光芒照亮了整个宇宙，从而把宇宙变成了一个充满任何可能性的非常有趣的世界。

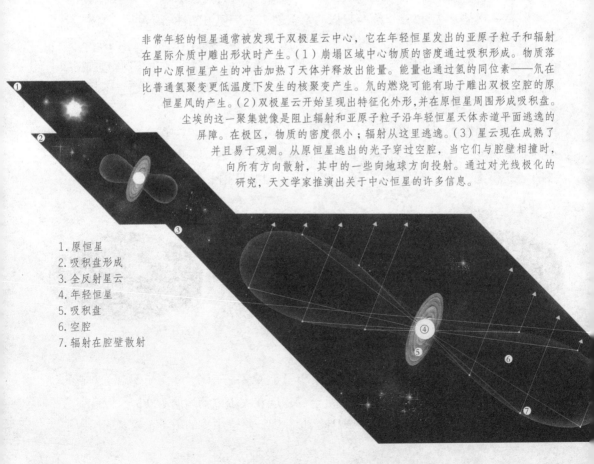

非常年轻的恒星通常被发现于双极星云中心，它在年轻恒星发出的亚原子粒子和辐射在星际介质中雕出形状时产生。（1）崩塌区域中心物质的密度通过吸积形成。物质落向中心原恒星产生的冲击加热了天体并释放出能量。能量也通过氢的同位素——氘在比普通氢聚变更低温度下发生的核聚变产生。氘的燃烧可能有助于雕出双极空腔的原恒星风的产生。（2）双极星云开始呈现出特征化外形，并在原恒星周围形成吸积盘。尘埃的这一聚集就像是阻止辐射和亚原子粒子沿年轻恒星天道赤道平面逃逸的屏障。在极区，物质的密度很小；辐射从这里逃逸。（3）星云现在成熟了并且易于观测。从原恒星逃出的光子穿过空腔，当它们与腔壁相撞时，向所有方向散射，其中的一些向地球方向投射。通过对光线极化的研究，天文学家推演出关于中心恒星的许多信息。

1.原恒星
2.吸积盘形成
3.全反射星云
4.年轻恒星
5.吸积盘
6.空腔
7.辐射在腔壁散射

能量物质

等一等！难道在这里能量守恒定律就不再适用了吗？所有的这些能量是从哪儿来的呢？

在这里，我们要向 20 世纪最有名的科学家寻求帮助。阿尔伯特·爱因斯坦认为物质和能量其实是同一种物体的两种不同形式。我们把这种物体称为能量物质。

还记得你们以前曾认为电和磁是完全不同的两种物质形态吗？但后来才意识到它们其实都是电磁的一部分。爱因斯坦认为宇宙的基本元素是能量物质，而我们眼中的能量和物质其实是能量物质的两种不同表现方式。物质可以转变为能量，同样能量也可以转变为物质。

在日常生活中，我们一般通过能量或物质这两种形式来感知能量物质的存在。然而，物质和能量给我们的感觉是截然不同的。物理学家和天文学家都具有能量物质方面的直接经验。因为在核电站、特殊的物理实验以及对恒星和星系的观察中，他们都能直观地发现能量与物质之间的相互转化。

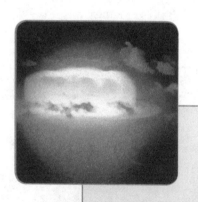

$$E=mc^2$$

能量与物质并不仅仅属于同一种概念范畴，它们之间的关系还可以用方程来表示。爱因斯坦著名的方程 $E=mc^2$，确切地把能量与物质之间的关系量化了。当物质转化为能量时，释放出的总能量（E）等于发生转变的物质质量（m）乘以光速（c）的平方。由于光速的平方值非常大，因此，很少的物质就可以转变为巨大的能量。例如，太阳通过核聚变释放出光和热，每秒钟有 500 万吨的物质转变成能量。幸运的是，太阳中还有足够多的物质可以让这一转化再持续 50 亿年。

不过，这种转变不是单向的。同样，能量也能转变为物质。例如，亚原子微粒可以由能量产生，同时也可以转化成能量。大家可以想象，这种转变若能在日常生活中随意发生，那将会是一个很大的恶作剧。

前面所讲述的能量物质之间的转化对能量守恒定律会产生什么影响呢？影响就是能量守恒定律转变成了一个更广义的定律，我们可以称之为能量物质守恒定律。无论何时何地，宇宙中只要有物质产生，那么转化发生前的能量物质一定会等于转化发生后的能量物质。也就是说，能量物质既不会凭空产生也不会凭空消失。并且，在物质和能量没有相互转化的情况下，能量守恒定律仍然成立。由此可见，能量物质具有非常重大的意义，我们称之为令人惊叹的能量物质概念。

质量和能量等价作为相对论的另一个结果，在热核武器的爆炸中得到了证明。这些设备需要等同于太阳核心中的压力和温度，以将氢核聚变为氦。

狭义相对论的另一个结论是：当物体的速度接近光速的时候，它的质量趋向无限大，并且其长度缩减至零。正是由于这种原因，科学家们任何物体的速度都不可能超过光速。

其他物质从何而来?

可能有些人会注意到大爆炸发生后，世界上仅有的物质就是氢和氦。这两种气体虽很奇妙，但它们绝不可能形成像地球这样的行星或是像人类这样的生物。但现实情况是人类现在就生存在地球上。由于人类和地球都是由比氢和氦大得多、复杂得多的原子构成，则必定存在着某些形成大原子的反应过程。那么，这些大元素到底从何而来呢?

令人惊叹的观点

我们的宇宙由能量物质构成。能量和物质都属于同一种事物，它们之间可以相互转化，并且符合能量方程 $E=mc^2$。

要想知道这些大元素的起源，我们首先需要研究星球内部到底发生过什么。像地球一样，每个星球中都包含了大量物质。太阳虽是一颗大小中等的恒星，但若以地球为标准做比较的话，它的质量是地球质量的 30 多万倍。宇宙中还存在着许多比太阳大得多的恒星。

正如在本课前几节中提到的，所有外围物质产生的压力会引起靠近星球中心的原子发生巨大变化。星球中大部分组成物质是氢气，且氢原子核内只含有一个质子。在原子的电子外壳被破坏后，多个原子核由于压力的影响相互靠近，最终发生了核聚变，即两个氢原子核结合生成含有两个质子的氦原子核。伴随着核聚变的发生，一些物质转化成巨大的能量，从中心向外发生剧烈爆炸。

恒星的核聚变过程生成了除氢以外的所有元素。

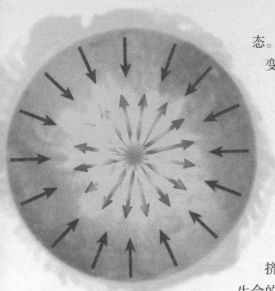

一般情况下，星球处于一种非常复杂的平衡状态。一方面，大量原子产生的压力会使得恒星密度变大、体积变小，同时也会引起内部氢原子的相互反应；另一方面，核聚变过程释放出的大量能量会使得气体原子向外扩张。因此，恒星同时承受着向内挤压的力（体积迅速变小）和向外扩张的力。所有恒星都在吸引力（万有引力）和排斥力（核爆炸）这两种力中取得平衡。

天文学家通常认为恒星具有一定的生命周期。当足够多的氢原子聚集在一起，产生足以发生核聚变的压力时，恒星就诞生了。而当向内挤压的力与向外扩张的力相平衡时，恒星就进入了生命的旺盛期。如太阳般大小的恒星可以让氢原子聚变持续 100 亿年的时间，甚至更久。

在氢气被完全消耗之后，恒星就进入了"老年期"。于是，这些衰老的恒星开始使用氦元素作为核燃料。氦原子核与其他氦原子核相结合，从而生成了更大的元素。这一恒星生命周期给我们解释了宇宙中比氢、氦更大的原子的生成过程。例如，3个氦原子结合可生成含有 6 个质子的碳原子。地球上所有的生物都是以碳为基础的有机体，这些组成有机体的碳就是在恒星核聚变过程中产生的。

如果我们把恒星的生命周期依次描述成诞生期、活跃期和衰老期，那恒星的死亡对我们来说有价值么？事实上，恒星的消亡是我们理解宇宙的一个关键点。一些比太阳还大的恒星以非常剧烈的爆炸结束了自己的生命，它们在爆炸持续的几周时间内释放出的能量比太阳在整整 100 亿年中释放的还要多。天文学家把这种爆炸称为超新星事件。一个中等大小的星系每个世纪大约会发生 3 次这样的超新星事件。

超新星事件会产生极大的能量和压力，使得原子发生聚变，从而创造出除氢以外的新元素。我们一般总认为爆炸会使物体发生分裂，而核聚变爆炸却恰恰相反。在核聚变过程中，不同原子结合生成更大的原子，且释放出的能量是由物质转化而来的。因为所有较重元素都诞生于超新星爆炸，并且由于爆炸的关系，这些元素会向整个星系扩散，所以我们说超新星爆炸具有十分重大的意义。

超新星爆炸发生后，一些星团在星系中扩散，并和其周围的氢气、氦气以及其他种类的气团混合起来。同时，超新星爆炸所产生的冲击波会把这些气体紧紧地挤压在一起，从而形成一颗新的恒星。而另一些星团则会最终变成围绕新恒星运行的行星。这样，虽然旧恒星消亡了，但同时却伴随着新恒星和行星的诞生。

太阳系的诞生

大约 45 亿年前，一个巨大的气团开始在银河系附近快速聚集。究其原因，可能是由较近的一次超新星爆炸释放出的冲击波所致。除了宇宙中本来就存在的氢和氦，这个气团还包含有大量的较重元素，而这些较重元素正是由此次超新星爆炸注入气团中去的。因此，无论是太阳还是太阳系中任何的其他星体（包括行星、卫星和小行星），都由氢元素、氦元素以及其他较重元素共同混合而成。

聚集在气团中央的大部分物质发生了氢核聚变从而形成太阳，而其余气体与星尘则环绕太阳运行，最终形成了行星、卫星、小行星以及彗星。

和银河系中其他恒星相比，太阳算是一颗大小中等的恒星。而从人类的角度出发，太阳则是太阳系的中心，是一颗极其特殊的恒星。它距离地球仅 1.5 亿千米，不足一光年。并且，太阳的质量是太阳系中所有行星质量总和的 740 余倍。我们可以在太阳内部装 100 万个地球！

实际上，太阳由 70% 的氢气、28% 的氦气和 2% 的较重元素组成。其中，所有的氢气和大部分的氦气都是在宇宙形成之初产生的，而其余的氦气和所有较重元素则是在大爆炸发生后的几百万年间慢慢地在恒星内部形成的。

地球的本质是星尘。以你们此刻正在呼吸的氧原子为例，每个氧原子中含有 8 个质子。最初，这些质子都以氢气与氦气的形式存在于宇宙之中。随后，它们与其他的氢原子和氦原子聚集形成了银河系中的星体。而在星体的核聚变过程中，这些原子相互结合便形成了氧原子。

在恒星发生爆炸时，氧原子就和银河系中其他气体混合到一起，被吸引到形成太阳系的漩涡气团中。其中，大部分物质变成了太阳，而其余很小的一部分则变成了围绕太阳运行的行星。同时，氧原子和碳原子结合形成了地球岩石的一部分。

地球在本质上是星尘。

几何相似模型

在前面的内容中曾提到科学家通常利用模型来描述他们所研究的事物。不过，各种模型有大有小，规格不一。博物馆中的恐龙模型一般和真正的恐龙一样大，而博物馆商店中的玩具恐龙模型却很小，正好适合小孩拿在手里把玩。这两种模型虽代表了同一种事物，但其大小却相差很多。

若模型与物体本身大小相等，我们就认为其比例为1：1。若模型的大小只有实物大小的十分之一，我们就认为其比例为1：10。假设我们现在需要制作一个恐龙模型，要求其大小是真正恐龙的十分之一，这也就是说，如果真正的恐龙头骨长2米，那么模型恐龙的头骨就只需长0.2米。

几何相似模型对于研究大型系统，例如太阳系、银河系，都非常有效。我们将以下面这张"宇宙大小及距离"的表格为依据，首先从地球开始，讨论几何相似模型。

本书前面的课节都曾使用过表格总结信息。这张表格也同样如此，包含了许多重要内容。因此，我们将花点儿时间去弄清楚其真正含义。

宇宙大小及距离				
物体	实际直径	比例直径	距离地球的实际距离	距离地球的比例距离
地球	12742千米	小弹球（1厘米）	起始位置	起始位置
月亮	3476千米	塑料水珠	38万千米	30厘米（0.3米）
太阳	140万千米（大约是地球直径的100倍）	大充气球	1.5亿千米	120米（大约是橄榄球场或足球场的长度）
最近的恒星	与太阳直径近似	大充气球	5光年（48万亿千米）	4万千米
银河	10万光年	大约是距离太阳路程的5倍	最远的一端距离地球约为7.5万光年	比最近的恒星远1.5万倍
仙女星系	16万光年	大约是距离太阳路程的8倍	200万光年	比银河最远的一端远20倍

首先阅读表格中地球这一行。我们知道地球的直径是 12742 千米。"比例直径"这一栏表明我们将用一个直径约为 1 厘米的弹球来代表地球。

再看月球这一行。月球的直径大约是地球直径的四分之一，那么它就可以用一个大小约为弹球四分之一的物体，例如塑料水珠来代替。在模型中，我们应该把弹球放在距离塑料水珠多远的地方呢？表格内容显示地球和月亮之间的实际距离为 38 万千米。

为了精确起见，我们一般用实物模型的比例来计算两个模型之间的距离。

用直径为 1 厘米的弹球代表直径为 12742 千米的地球，可计算出其比例如下：

1 厘米 = 12742 千米，或者我们可以写成

1 厘米 /12742 千米 (12742 千米分之 1 厘米)

从表格中得知，月亮实际距离地球 38 万千米，那么可计算如下：

38 万千米 ×1 厘米 /12742 千米 = 30 厘米

如果小女孩的身高与真正恐龙的头骨长度相等（即比例为 1：1），那么，如上图所示，照片中恐龙头骨模型的比例是多少呢？

换句话说，如果地球直径是 1 厘米，那么月球直径就是 0.25 厘米，且它们之间的距离大约是 30 厘米。

现在，你们就可以和朋友们做一个有关模型的游戏。分别向他们展示弹球和水珠，并告诉他们弹球和水珠所代表的物体。然后提问：弹球和水珠之间应该隔多远？同样，你们也可以问他们："我们应该用多大的物体来代表太阳？这个物体与弹球之间又应该隔多远呢？"

如果你们的朋友恰好有这本书，他们会立刻跑回家去拿，然后跑回来把书翻到刚才那页，指给你们看表格中的太阳那一行，兴高采烈地喊道："看见那个 120 米外的大充气球了吗？这就是照耀小弹球的太阳！"

如果从代表地球的弹球向距离三分之一米远的塑料水珠和 120 米远的大充气球望去，远处的大充气球（太阳）和近处的塑料水珠（月亮）看起来大小就会差不多。这一结论与我们的日常经验相吻合，即天空中的太阳和月亮看似大小相等。

"宇宙大小及距离"表格中的信息告诉我们：太阳直径是月球的 400 倍，同时，太阳与地球之间的距离也大约是月球与地球之间距离的 400 倍。这也就是为什么天

这张照片显示的是日食，也就是月亮遮住我们观看太阳的视线所引起的现象。可是，为什么这儿的太阳和月亮看起来大小几乎相等呢？

空中的太阳和月亮看上去大小几乎相等了。

那我们夜晚看到的星星又如何呢？哪怕是最近的恒星，距离地球都特别遥远，因此我们用光年而不是千米来描述两者之间的距离。"宇宙大小及距离"表格表明最近的恒星距离我们约 5 光年远，也就是说，那个星球上的光需要 5 年的时间才能到达地球。所以，我们此刻看见的星球实际上是它 5 年前的样子。如果那颗星球今天爆炸了，那我们要等 5 年才能看见这次爆炸。

若继续依照宇宙表格中的模型比例，那应该把代表最近恒星的大充气球放在哪儿才合适呢？答案就是：我们应该把它放在距离我们 4 万千米远的地方，而这段距离是整个地球直径的 4 倍，因此我们需要一艘太空船来完成这个任务。在我们建立的模型中，太阳距离地球大约是一个足球场的长度，而最近的恒星距离地球的长度则是地球直径的 4 倍。所以，尽管所有的科幻电影中都有关于恒星旅行的描述，而真正要到达那颗最近的恒星，在近期内是不可能实现的。

按一定比例绘制，太阳系最大的行星——木星比 1 300 个地球加起来还大。土星拥有由冰和岩石颗粒组成的环系统，太空船已经在木星、天王星和海王星周围发现了类似的环和许多小卫星。地球的卫星月球较大，只比水星小一点点。

水星　金星　地球　火星　　　木星　　　　　　　土星　　　　　天王星　　　海王星

总结

我们居住在奇妙的、涵盖了从微观到宏观的多种不同层面的宇宙之中。物质和能量给我们的感觉虽然完全不同，但实际上它们却是同一种事物——能量物质的两种表现形式。

我们用三种作用力就可以解释宇宙中能量物质的行为方式。万有引力引起能量物质聚集成巨大的结构体，例如星系、恒星或行星。电磁作用力把物质变成我们所熟悉的形式，例如原子、分子、液体和固体。而强大的核力则把质子聚集在一起，让90多种不同元素的诞生成为可能。

同样，我们人类也是宇宙的后代。人体内所有的氢原子（大约占人体体重的10%）都产生于130亿年前宇宙的形成过程，而所有其他的原子则形成于多年前遥远的恒星内部。

和人类一样，地球也是星尘。在下面的三个课节中，我们将分别研究地球家园上的物质、能量和生命。

中心视点

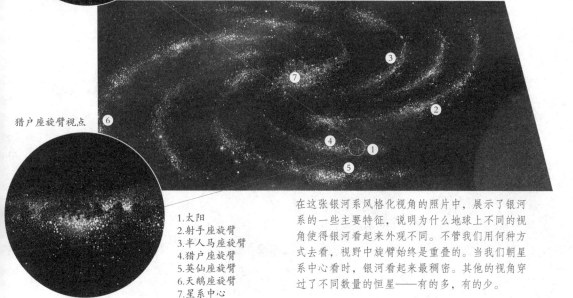

猎户座旋臂视点

1.太阳
2.射手座旋臂
3.半人马座旋臂
4.猎户座旋臂
5.英仙座旋臂
6.天鹅座旋臂
7.星系中心

在这张银河系风格化视角的照片中，展示了银河系的一些主要特征，说明为什么地球上不同的视角使得银河看起来外观不同。不管我们用何种方式去看，视野中旋臂始终是重叠的。当我们朝星系中心看时，银河看起来最稠密。其他的视角穿过了不同数量的恒星——有的多，有的少。

143

停下来，想一想

在学习本课的过程中，我们运用了几何相似模型、10的乘方以及爱因斯坦的著名方程等数学知识。我们把数学誉为科学的语言，是因为数学首先是宇宙的语言。科学家在研究世界的过程中，经常会发现事物其实是按照一定的数学法则相互联系的。

科学家通常认为方程是非常有效的数学工具，例如爱因斯坦的能量方程 $E = mc^2$，揭示了宇宙中极其深奥的真理，即能量和物质是同一种事物的两种表现形式。同样令人惊奇的是，这个方程中也包含了光速这个常数，从而表现出能量与质量的关系，即能量的总量等于质量乘以光速的平方。大家可以看出，仅仅5个数学符号（ E、=、m、c、2 ）就揭示了宇宙中最重要的本质关系。另外，这个方程也解释了恒星能够保持几百万年不停地释放能量的原因。

尽管本书教不会你们欣赏数学的美丽和神圣，却可以教会你们使用数学。要记住一个法则，那就是：留意单位。记住单位可以相互约去，最终得到你们想要的结果。

10
第十课

美好的家园

太阳系主要成员

太阳系中的地球

我们可以描写或谈论宇宙，但是却不能想象它。不过，我们知道银河系是一个非常美丽的螺旋形星系，就像我们用高倍望远镜看到的一样。但由于银河系的广阔无边（大约宽 10 万光年），我们很难对它进行理性的研究或是展开感性的联想。

对于太阳系这般大小的星系，情况就完全不同了。从古至今，人类已经对太阳及其行星展开了丰富而感性的联想。

"漫游者"在火星上留下的轨迹。

太阳是太阳系的恒星，也是其他星体绕之运行的中心。它的质量占整个太阳系质量的 99.8%，并几乎提供了地球所需的所有能量。

这个巨大的天体比地球大 100 万倍，是一个由爆炸性气体组成的球体，并控制着我们人类的日常生活。我们的每一天就是地球自转一圈所花的时间。我们经历昼夜交替，是因为我们时而面向太阳，时而背对太阳。我们的每一年就是地球绕太阳运行一周所用的时间。因此，地球是围绕太阳运行的行星。

地球是一个整体

地球是距离太阳由近及远的第三颗行星，位于火热的金星与冰冷的火星之间。人类感性地把地球与给予我们空气、水和食物的家园或母亲联系了起来。

认识到自己居住在球形的行星上是人类的一个重大发现。我们都嘲笑"扁平的地球"之类的旧观念。但是，我们自己也正处于一个更大的变化中，这样我们更应该了解我们的星球。而大多数人却没有意识到这一点。

认识到地球的形状，也就知道了地球上的各个区域是怎样连接的。我们发现，如果沿着一个方向向前走，并不会跌入深渊。其实，我们一直都在沿着圆周走，最终会回到起始点。这是我们祖先一个意义非凡的发现。

现在，我们将开始研究比地球各个区域的连接方法更加重要的问题。这个问题就是，作为一个整体，地球是如何运行的。确实，地球不是扁平的，但它也不仅仅是圆的，它还是一个整体。

"地球是一个整体"意味着地球上所有的物理特征和生命体都是相互联系的，并以多种重要而有意义的方式共同作用。所有物体，包括云朵、海洋、山峰、火山、植物、细菌及动物在内，都决定着地球的运行方式，扮演着不可或缺的角色。

科学家们创建了地球系统科学这个新的研究领域，来研究地球上所有的组成部

"地球是一个整体"意味着地球上所有的物理特征和生命体都是相互联系的。

所有物体，包括云朵、海洋、山峰、植物、细菌、动物内，都决定着地球的运行方式，扮演着不可或缺的角色。

分是如何共同作用的。相信你们一定都注意到了"系统"这个词。地球系统科学包括从地质学、生物学、化学、物理学以及计算机科学等多条科学定律中总结出的研究工具和思维方法。科学家利用现代技术测量了地球的主要物理特征，例如，空气中的气体含量和不同地方的海洋温度。同时，围绕地球旋转的卫星也提供了大量的科学数据。目前，科学家正在努力利用这些数据来研究地球的作用方式和正在经历的变化。

当然，人类的作用不仅仅体现在研究地球和测量数据上。和其他生命体一样，人类也是整个地球系统的一部分。更重要的是，我们正扮演着一个非常具有挑战性的角色。在地球发展史上，人类首次戏剧性地改变了整个地球的作用方式。我们人口众多，并且具有强大的技术力量。因此，我们有能力改变地球的气候、破坏地球的臭氧层，从而影响与我们共享同一个地球的生命体的种类和数量。

那么，人类可以在不破坏整个地球系统的前提下仍保证自己的生活质量吗？要回答这个问题，我们首先要了解地球的运行方式，这听起来要比发现地球是圆的复杂得多。但幸运的是，地球系统科学这一学科可以协助我们理解地球运行方式的最重要特征。

首先，从回答第一个系统问题开始。地球系统由哪些部分组成？通常，我们会从以下三个方面来描述地球系统：

* 地球上的物质

* 地球上的能量

* 地球上的生命

为了考察地球的整体性，我们将着重研究地球上的物质（本课）、地球上的能量（第11课）以及地球上的生命（第12课）。也就是说，我们的研究对象包括存在于地球中的物质，促使地球上事件发生的能量，以及使地球成为太阳系中独一无二行星的生命体。

地球上的固体物质

我们可以把地球上的物质看成一个由固体、液体和气体 3 部分组成的整体。科学家们不喜欢使用"物质"这种词，因此他们把地球物质系统的组成部分分别称为岩石圈（固体）、水圈（水）和大气圈（气体）。那么，首先就让我们从地球上的固体物质——岩石圈研究起。

我们很难想象得出 45 亿年前地球的状态。那时候，周围的物质不断地与成长中的地球发生碰撞，从而使地球越变越大。年轻的地球是一个由熔化的岩石和金属构成的爆炸性球体。随着这个球体的大小逐渐稳定、温度逐渐冷却，密度最大的物质沉降到了地球中心，最终形成了引发地球磁场的金属核心。

我们人类生存在密度较小的地球外壳上。这个外壳处于漂流状态，并随着不断的冷却而逐渐固化。如果用直径为 1 米的地球仪代表地球，那外壳的厚度就只占顶部的 5 毫米。

绝大部分岩石圈和我们每天接触到的固体地球截然不同。我们的脚下藏着一个几乎从未被开发过的大密度岩石与金属的世界。这些物质存在于非常高的温度和非常大的压力之下，不停地熔化、流动，最终下沉到我们脚下以及房屋、海洋、森林下面几千千米的地方。因此，我们地球的内部像一个巨大的高压锅，而地震、火山和间歇泉都是地球内部高温高压的象征。

科学家们曾经认为今天的陆地和海洋在数亿年间一直都没有改变。但是，在 20 世纪 60 年代，他们发现了使这一观点发生动摇的确凿证据。他们的数据测量、数据分析与理论知识在地球科学

地震、火山和间歇泉都是地球内部高温高压的象征。

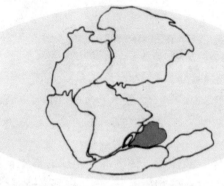

2.25亿年前

中引起了一场革命。

这场知识革命告诉我们：地球的表面大约由 12 块可移动的板块组成，它们漂浮在流动着的炙热流体层上。海洋和大陆都被包含在它们之中，并随着一起漂流。因此，数亿年来，海洋和大陆的大小与位置一直在不断地变化着，而非保持不变。

中引起了一场革命。

这场知识革命告诉我们：地球的表面大约由 12 块可移动的板块组成，它们漂浮在流动着的炙热流体层上。海洋和大陆都被包含在它们之中，并随着一起漂流。因此，数亿年来，海洋和大陆的大小与位置一直在不断地变化着，而非保持不变。

1.35亿年前

如图所示，海洋和大陆的变化发生得多快呀！上个月（哦，是 2.25 亿年前，不过那是地质时间模型比例下的上个月），所有的陆地都还连接在一起，形成了一个超级大的大陆。在侏罗纪时期（大约 1.35 亿年前），则发生

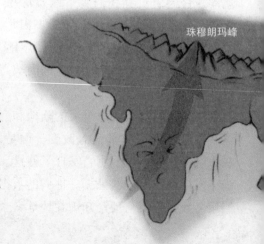

珠穆朗玛峰

了一些分离，但那时候非洲和南美洲还保持着部分相连。在最近这仅仅 1.35 亿年间（不到地球存在期 5% 的时间），美洲与非洲、欧之间就形成了辽阔的大西洋。

南亚次大陆（上图中的红色部分）是又变化的见证。以前的南亚次大陆位于赤道以南的澳大利亚附近。经过几亿年的变化，今天

向北漂移了大约 6500 千米。因此，约 4000 万年前，南亚次大陆与亚洲大陆发生了碰撞连接。两个大陆的连接表面向上挤压，又形成了喜马拉雅山脉，即包含有世界十大最高峰的最高山脉。

为了研究地球，我们必须要知道，这些板块及其运动不仅阐释了大陆的聚合与分离，同时也是岩石循环的一个重要部分。

地球表面的岩石由于水流的冲击、化学的腐蚀和冰块的挤压作用而不断地分解。破损的岩石最终作为沉淀物被冲入海洋。岩石分解的主要影响是导致陆地表面的高

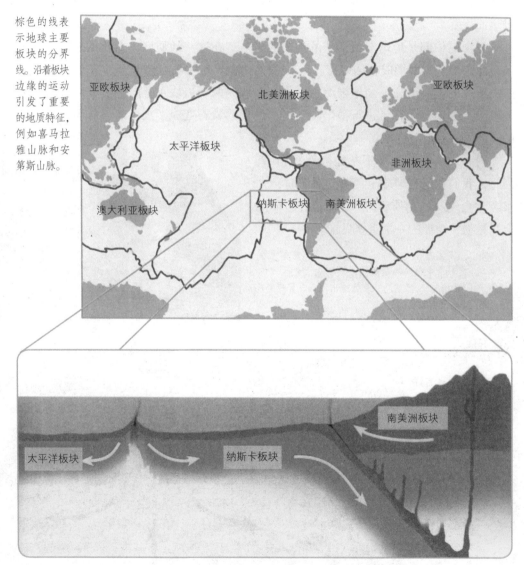

棕色的线表示地球主要板块的分界线。沿着板块边缘的运动引发了重要的地质特征，例如喜马拉雅山脉和安第斯山脉。

这幅放大的图像展示的是纳斯卡板块和太平洋板块随着新地壳的形成而朝相反方向漂移，远离了对方。同时，纳斯卡板块的东部边界俯冲到了南美洲板块的下部。

度被降低到了海平面的高度。从整个地质形成时期来看，地球上山峰与陆地的分解过程是相当快的。从理论上来说，在仅仅1800万年间，陆地的高度就会被降低到海平面以下，于是海洋将会覆盖整个地球。

那么，为什么地球上至今还存在着陆地和插入云霄的高山呢？地球上的陆地已经存在了数亿年，这说明岩石腐蚀的过程与山脉堆积的过程互相平衡。关于山脉堆积过程中的众多细节问题，我们可以从板块的运动中找到答案。

当大陆板块发生碰撞时，有可能会形成山脉，例如喜马拉雅山。同时，火山的形成则说明山脉也可以由地球内部的熔质构成。但是，火山爆发并不仅仅发生在陆地表面。

海洋的中部是地球上最活跃的地质区之一。在这一地质区，熔化的岩石不断地从地球内部流出并形成新的地壳。

地球的表层地壳不断地被海水冲刷。在那些两个板块重叠的地方，经分解的岩石被吸入到地球内部，进行消熔。最终，熔化的岩石变成了火山岩，从而形成了新的陆地岩石和海底陆地。

同一块岩石就这样不断地被反复利用。因此，我们在研究地球上的物质系统时，大家经常会念叨"物质循环"，而岩石循环恰恰就是物质循环的一个重要见证。

大多玄武岩火山分布在海洋深处，喷发的熔岩在海水中很快冷凝成块，堆积成所谓的枕状熔岩，熔岩越积越高，最终露出海面，形成岛屿。

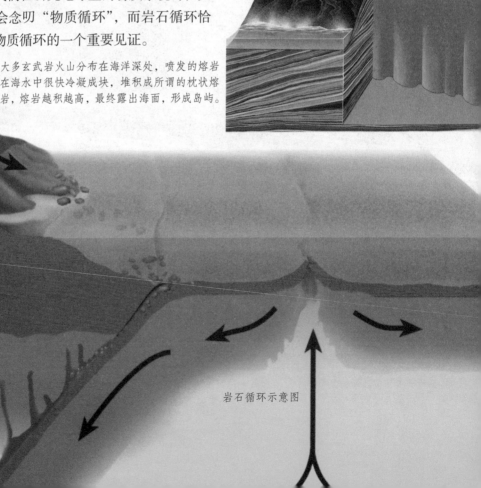

岩石循环示意图

地球上的液体物质

水资源给我们的星球带来了生命，并使得外太空视角中的地球呈现出美丽的蓝色。液体水的存在把地球与太阳系中其他行星和卫星清楚地区分开来。实际上，地球上水覆盖的地表面积几乎是陆地面积的3倍。

水在地球上的地位非常重要，以至于研究地球系统的科学家开始广泛地研究水圈，即地球上所有的水资源所组成的系统。水圈本身可以分为海洋、冰川、地下水、地表水和空气中的水蒸气这几部分。

地球上水系统的组成部分也可以根据"水容器"的种类进行划分。（科学家用容

水域覆盖的地表面积几乎是陆地面积的3倍。

地球上不同的水容器		
水容器种类	所占百分比（%）	体积（单位为立方千米）
海洋	97.25%	1 370 000 000
冰川及极地冰	2.05%	29 000 000
地下水	0.68%	9 500 000
湖泊	0.01%	125 000
泥土	0.005%	65 000
大气	0.001%	13 000
河流	0.0001%	1 700
生命体	0.00004%	600
总计	100%	1 408 700 000

器来形容任何一种物质所处的位置，而不仅仅是水。）装有最多水量的容器是海洋，约占地球所有水量的97.25％。仔细观察下面水容器的表格，比较其他几种水容器中的水量，例如冰川、地下水、大气和生命体。

0.01毫升 大气
0.1毫升 湖泊及河流

6.8毫升 地下水
20.5毫升 冰

972.5毫升 海洋

大口杯中1000毫升水代表着地球上的总水量。

我们也可以通过模型来比较不同水容器的容量，即用大口杯中1000毫升（即1升）的水代表地球上的总水量。那么，海洋的容量占这1000毫升水的绝大部分；湖水和河水大概就只占一滴；而大气中的水蒸气就只占一滴水中的极小一部分。

地球上水的总量当然不止1000毫升。如表格所示，仅仅最小的水容器——生命体中就含有600立方千米的水。一立方千米的水可以充满长、宽、高分别为1千米的立方体容器，即可以充满100个大型露天体育场。这就意味着，地球上所有动物和植物体内的水可以充满6万个大型露天体育场。因此，即使是地球水系统中最小的容器，其含水量也是非常巨大的。

从空中观察，地球是一颗以海洋为主的星球，其表面大约只有29%为陆地。

水循环

如果水就只能待在各自的容器中，那地球上肯定存在一种被称为"水住所"的物体。地球的一个重要特征就是水循环，即水会不停地从一个容器转移到另一个容器。海洋中的水分会蒸发变成气态，并在天空中形成云层，然后再以雨水的形式落回到海洋或地面。如果温度下降，水就会结冰，变成雪或者冰。但冰雪也会融化，变回地表或地下的液态水。在这个变化过程中，一个水分子既改变了其物理状态（气态、固态、液态），又改变了其地理位置（海洋、大气、冰川、河流）。

如下图所示的水循环图例标出了一年内从一个容器转移到另一个容器的总水量，其基本单位是 1000 立方千米（即足够装满 10 万个大型露天体育场的水量）。

让我们来看看每年有多少水逃离海洋。如图所示，每年有 434 个基本单位的水从海洋中蒸发逃逸。但是，其中的 398 个单位都会作为降水（海洋中的雨水）直接回到海洋；剩下的 36 个单位则留在陆地上空的云层中，作为雨水或雪水降到地面。

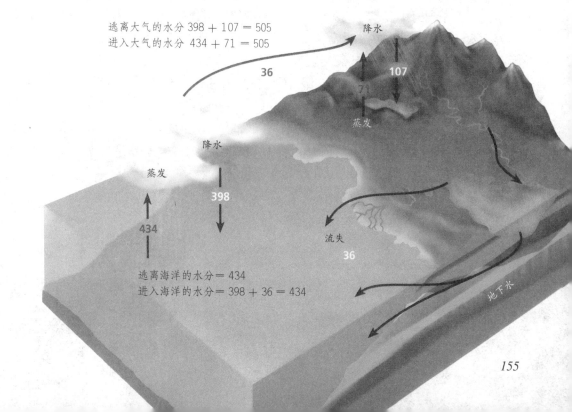

逃离大气的水分 398 + 107 = 505
进入大气的水分 434 + 71 = 505

降水

36

107

71

蒸发

降水

蒸发

398

434

流失

36

地下水

逃离海洋的水分 = 434
进入海洋的水分 = 398 + 36 = 434

我们所饮用的水立刻把我们同地球上远古时代的生命体、现在居住的生命体以及未来将存在的生命体联系了起来。

如上所述，如果蒸发的水分没有完全返回海洋，那海洋里的水量会不断地减少。但是，现实却不是这样，因为一年内有 36 个单位的水从陆地流入海洋，这个量正好与逃离海洋的水量相等。因此，海洋的总体积并没有改变。

那么，一年内大气中的水量是增加还有减少呢？请大家自己试着证明：进入大气的水量等于离开大气的水量。

从长远意义的全球角度来看，同样的水分子被不断地重复使用。因此，地球上的水圈是一个封闭的系统。既不会有新的水进入水圈，水圈内的水也不会被消耗。唯一发生的变化就是同一份水不断地从一个容器转移到另一个容器，如此反复。因此，我们把这种现象称为水循环。水循环也是物质循环的一个重要见证。

总之，地球上的液体都存在于通过水循环相联系的各个水容器中。这些容器具有不同的地理位置、物理状态和容量。虽然水始终处于不停的运动之中，不断地进入或离开容器，但在一年内，这些容器中水的总量是保持不变的。

我们也可以选择另一种方式来理解水循环。假设我们的一位祖先住在 100 或 1000 年之前的非洲，或者假想一只 7000 万年前的恐龙，又或者想象一下早在人类诞生前一头美洲野牛漫步于美洲中西部。不论你们选择哪一个，任何生命为了生存都要喝水。而水分就存在于生命体所消耗的饮料、谷类、鱼类或肉类中。因此，水分子成了生命体的一部分，然后又以血液、汗液、尿液和呼出水蒸气的形式回到自然界。

现在把一个玻璃杯加满水，那么你手里握着的这杯水中至少含有 1000 万个水分子曾经通过美洲野牛体内，1000 万个水分子曾经通过恐龙体内，另外 1000 万个水分子曾经通过一位非洲祖先的体内。这样，我们所饮用的水立刻把我们同地球上远古时代的生命体、现在居住的生命体以及未来将存在的生命体联系了起来。

地球上的气体物质

大气圈是保护并维持生命的一层很薄的空气。大多数人在很高的山顶都遇到过呼吸困难的问题，这是因为空气过于稀薄的原因。我们爬得越高，大气中的气体分子就越少，就越类似于外太空的真空状态。

与岩石圈和水圈相比，大气圈是地球上最敏感、最易变的"圈"。由于大气圈的体积相对较小，其变化速度非常惊人。就质量而言，地球上的固体物质质量是气体质量的 100 万倍。因此，哪怕只有仅仅一小部分的固体物质转变为气体进入大气圈，也会对大气圈造成很大的影响。

大气圈中，氮气约占五分之四（即大约 78%）的体积，剩下的气体几乎都是氧气，约占大气的 21%。其他种类的气体在大气中所占比例很小，其中二氧化碳只占大气的 0.04%。我们都知道大气中还含有不定量的水蒸气，它的含量由地理位置和不同气候状况共同决定。例如，热带雨林上方同样体积的大气中所含的水汽量就比南极上空干燥寒冷的空气多 100 倍。

其实，地球大气中的氮气、氧气和碳都参与了物质循环，希望你们对此不要感到惊奇。学到现在，你们应该意识到地球上所有的物质都是循环使用的。世间万物都由原子构成，而这些原子既不会凭空产生也不会凭空消失。因此，同样的原子不断地经历着结合、分离和再结合的过程。

在这儿，我们将重点研究地球上最重要的一种循环——碳循环。由于所有的生物都是基于碳的生命形式，我们对碳循环就更要格外留意。植物和动物都分别通过获取大气中的二氧化碳和把二氧化碳排放回大气，参与到活跃的碳循环中。现在人类的生产以及生活消耗了大量的化石燃料和木材，每年都会向大气排放大约 80 亿吨的碳。

大气圈是地球上最敏感、最易变的"圈"。

碳循环

　　碳循环比水循环更复杂、更难理解，这是因为，水循环中只涉及了同一种分子（即 H_2O）。在整个水循环过程中，就只是这些水分子的地理位置和物理状态（固、液、气）发生了变化。而碳循环中，碳原子不仅仅改变了其位置和物理状态，还改变了与其相结合的原子种类。因此，碳循环与水循环的区别在于碳循环中的分子发生了改变。

　　大气中的碳主要存在于二氧化碳中。而鲜活或腐烂的生命体内，碳的存在形式主要为碳氢化合物和蛋白质。在这类分子中，碳与不同化学物质中的氧、氢以及其他元素结合在一起。海洋中的碳则主要存在于重碳酸盐中（重碳酸盐是碳、氧、氢的化合物，同时也以发酵粉的形式出现在厨房里）。因此，在碳循环过程中，碳从一个容器流向另一个容器的同时，不仅改变了其位置和状态（固、液、气），也改变了其化学组成。

　　碳循环的图示及表格给出了地球上五种最主要的碳容器，即大气圈、植被、海洋、

在碳循环过程中，分子发生了变化。

二氧化碳

蛋白质

重碳酸盐

碳容器以及大气

容器种类	碳的形式	碳含量	与大气交互的流动速率	人类对大气的影响
大气圈	二氧化碳(气)	7600亿吨		温室气体增加
植被	糖、纤维素、蛋白质等(固、溶解)	2万亿吨	每年各个方向上各流动大约1100亿吨	每年燃烧的木材大约释放10亿吨
水成岩	碳酸盐(固)	5亿亿吨	每年大约0.5亿吨	可忽略
海洋	主要溶解于重碳酸盐	39万亿吨	每年大约900亿吨,但是目前海洋吸收的碳多于释放的碳	可忽略
化石燃料	沼气(气)、汽油(液)、煤(固)	5万亿吨	以燃烧汽油、煤炭和沼气的方式每年释放70亿吨	除了自然消耗速率外,每年燃烧汽油、煤炭以及沼气的消耗大约还要释放70亿吨

水成岩以及化石燃料。箭头旁边的数字则表示出碳进入或离开各个容器的速率(10亿吨每年)。这些数字并不十分精确,但相对而言比较准确。

学习碳循环的一个最简单的方法就是分别研究各个容器如何与大气圈相互影响。

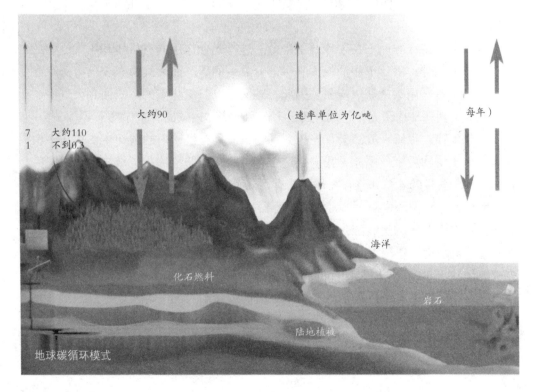

大约90　　　　　(速率单位为亿吨　　　　每年)
7　大约110
1　不到0.3

海洋

化石燃料

岩石

陆地植被

地球碳循环模式

岩石的风化过程中，碳从大气转移到了岩石。

因此，接下来我们将要研究的是大气圈与生命体、岩石、海洋和化石燃料相互作用的方式。大气中约含有 7600 亿吨的碳（2005 年的总量），并且几乎所有的碳都以二氧化碳的形式存在。而二氧化碳只占大气总量的 0.038%，比例虽小但对生命体却至关重要。

碳循环最特殊的地方在于涉及了生命。进行光合作用的有机体利用大气中的二氧化碳合成糖分，每年都能消耗大气中七分之一的碳。而大气中至今仍有碳存在是因为生命体也利用碳来获取能量。因此，碳又会以二氧化碳的形式回到大气中。生物体内碳的消耗平衡了光合作用，所以大气和生命体内碳的含量保持不变。

提到生物，我们一般都会首先想到动物，但是有机体内的碳却主要存在于植物和腐烂的土壤物质中。因此，我们把这个有机的碳容器统称为植被。生物中碳的含量是大气中含量的 4 倍，其存在形式是有机分子，例如糖、淀粉和蛋白质。

海洋也是碳循环中一个非常重要的容器，其碳含量是大气的 50 多倍。海洋里的碳主要存在于溶解的重碳酸盐中。每年进出海洋的气体形式的碳与陆地植被和大气之间碳的流动量近似相等。换句话说，大约每 7 年，大气中所有的碳都会离开大气，变成海洋的一部分。同时，同样的时间内，又会有等量的碳从海洋里转移到大气中。

岩石中包含了地球表面绝大部分的碳，其碳含量约为大气碳含量的 5 万倍。然而，这个极大的碳存储容器与大气容器之间的碳交换率却很低。我们把碳从大气转移到岩石的过程称为风化。另一方面，火山爆发及其他形式过程又把碳从地球内部转移到大气中。

物质的封闭系统

我们的地球已经围绕太阳运行了 40 多亿年，在这么长的时间里，地球上的物质不断地改变着其存在形式。例如，海洋中的水蒸发进入云层，然后又以雪水或雨水的形式回到海洋；岩石被分解成泥土后又被冲刷，从而成为河流中的沉淀；植物从大气中获取二氧化碳，转化为糖和淀粉。但是，为什么不是所有的海水都变成高山积雪？不是所有的岩石都成为河流的沉淀？不是所有的二氧化碳都转变为糖分呢？

显而易见，地球上至今仍存在着海洋、高山和二氧化碳，是因为它们都分别是水循环、岩石循环和碳循环的一部分。河流中的水最终会流回到海洋，沉淀会通过火山爆发重新回到地面，而动物也会把糖分转化成二氧化碳，释放到大气中去。

地球是一个不断进行再循环的行星。实际上，地球上所有的物质自地球形成那一天起就都已经存在了。经历了这么多年，既没有新物质产生，也没有旧物质消逝或进入外太空。也就是说，同样的物质在一遍遍地被重复利用。因此，系统的观点认为，地球对于物质而言是一个封闭的系统。物质循环在周而复始地进行着。

物质循环

每一种对生物至关重要的元素都存在于地球的封闭循环系统之中。因此，系统的观点认为，地球对于物质而言是一个封闭的系统。

161

停下来,想一想

你们在阅读的过程中可能已使用了一些阅读技巧,而自己却没有发现这一点。比如说,你们会不时地意识到自己正在默念某些词,但却没有真正地理解那句话或那段话的意思。这种自我意识实际上是形成好的阅读习惯的一个重要部分。但是,既然知道了自己还没有理解阅读的内容,你们就得做点儿什么。

这种自我意识能促使成功的读者回到第一次没有看懂的地方,再进行理解。他们可能会再读一遍文课,仔细观察图例;或者会回到前一页去验证一个疑问,查询一个词语的含义;又或者会和其他人一起进行讨论。

这里,再给你们提供一个与众不同的方法,帮助你们理解正在阅读的内容。而且,这个方法在阅读新一课内容时尤其有效。首先浏览全课,注意课节标题、各个部分的标题、图示说明以及黑体字,然后制作一张如下所示的表格,并填写前三行。

我认为本课将会讲述的内容	
关于本课内容我认为自己已经知道的	
我认为自己在本课中所能学到的知识	
我真正从本课中学到的知识	

阅读时,想想你们所填写的内容以及正在学习的新知识。结束一课的阅读之后,比较一下你们现在知道的和阅读之前知道的有什么不同。最后,写下自己认为所学到的新知识。

我们可以在学习下一课的过程中练习这种阅读技巧。

11
第十一课

地球上的能量

"金发姑娘"行星

　　在本书第2课，我们学习了系统思维方法。这种方法可用于任何一种系统的研究，尤其对于像地球这样的复杂系统格外有效。当时，我们提出了3个有关系统的问题，来协助我们进行分析研究。因此，在研究地球的过程中，我们主要回答了第一个系统问题，即"系统由哪些部分组成"。

　　我们在前面的内容中已经分别研究了地球上的固体、液体以及气体物质，并发现它们都参与到了循环过程当中。因此，我们总结认为地球上所有的物质都处于循环之中。实际上，地球对物质而言是一个封闭的系统。

　　如果对地球上的能量提出同样的系统问题，那答案又是什么呢？说到地球能量系统的组成部分，我们可能会想到风、温泉、火山、瀑布还有人造火堆。但在仔细

地球是太阳的行星，太阳保证了它的温度，并维持着生命的延续。

164

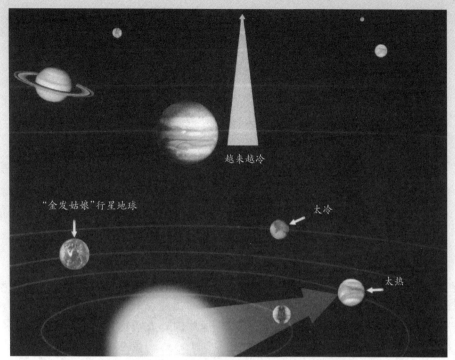

越来越冷

"金发姑娘"行星地球

太冷

太热

由于地球距离太阳既不太近也不太远，既不太热也不太冷，所以地球所处的位置非常合适。

想过之后，我们就会意识到其实我们忽视了地球最重要的能量源。

这个能量源虽不属于地球的一部分，但却为地球提供了非常巨大的能量，大约是全球消耗能量的 1 万倍。它就是太阳！为了研究地球系统中的能量问题，我们不能仅仅局限于地球组成部分的研究，还需要回答另一个系统问题，即第三个系统问题："地球自身如何成为一个更大系统的组成部分？"

答案其实非常简单，即地球是太阳系的组成部分。太阳提供了保持地球温度和生命延续所需的全部能量。

太阳系中也存在着很多其他行星，通过研究我们发现：距离太阳既不太远也不太近的位置具有十分重要的意义。在行星形成之初，靠近太阳的区域温度非常高，以至于除了岩石以外的其他任何物质都不能以固体状态存在。因此，这些处于太阳系内圈的行星（包括水星、金星、地球、火星）主要物质成分都是岩石。相反，那些处于外圈的行星（如木星和土星）气温都很低，到处覆盖着甲烷、氨气这类气体。所以，这些行星的体积都很大，主要由各类气体的混合大气构成。

因此，有人把距离太阳第三位的行星称为"金发姑娘"行星。大家可能都听说过三只熊的故事，故事里的金发姑娘找到了适合自己大小的椅子，也吃了不烫也不冷的粥。由于地球距离太阳既不太近也不太远，既不太热也不太冷，所以地球所处的位置非常合适！

开放的系统

　　想象一下，如果太阳停止发光，世界将会怎样？我们的"金发姑娘"行星会变成一片死气沉沉、黑暗而冰冷的废墟。

　　这个"噩梦"更加强调了太阳能的重要地位。地球依赖于源源不断的太阳能而生存，到达地球的太阳能是人类社会能量消耗总量的1万多倍。实际上，被源源不断输送到地球上的太阳能保证了维持地球温度和生命延续所需的全部能量。

　　如果所有到达地球的太阳能都能被地球完全吸收，那地球的温度将会很高，从而处于持续沸腾的状态。不过值得庆幸的是，能量并不会在一个地方静止不动，它通常会以向外太空热辐射的方式逃离地球。地球向外太空辐射的能量与抵达地球的太阳能量相等。

　　请注意地球上物质与能量的区别。对于物质而言，地球是一个封闭的系统。物质既不会凭空产生，也不会凭空消失。而对于能量而言，地球是一个开放的系统。能量以太阳光的形式进入地球的同时，也以热辐射的形式逃离地球。

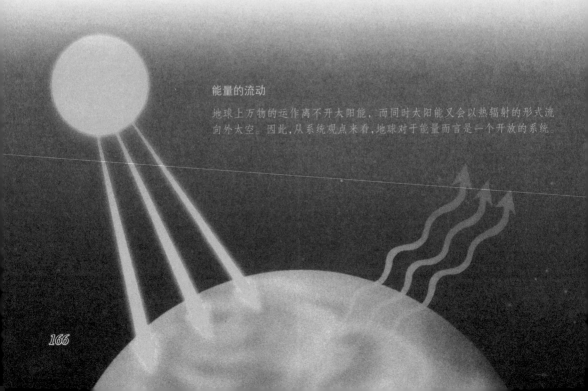

能量的流动

地球上万物的运作离不开太阳能，而同时太阳能又会以热辐射的形式流向外太空。因此，从系统观点来看，地球对于能量而言是一个开放的系统。

传导

由于能量的总量不会发生改变，人们可能会误认为能量不能发挥其作用。但我们知道，能量不是静止的，它具有很好的运动性。实际上，能量随时随地都在发生变化，并且可以很快地从一个区域转移到另一个区域。

如果给金属体的一端加热，比如说铁钉，我们会发现铁钉的另一端温度也会很快升高。当给一个物体输入能量时，多余的能量会使得原子运动加快。在某些类似于金属的材料中，快速运动的原子也会引起其周围原子的运动加快。这样依次传递，最后整个物体上的原子运动都加快了。而原子运动越快，温度也就会越高。以这种方式，加在物体一端的能量也会引起另一端温度的升高。

我们把这种热运动的方式称为传导。原子的快速运动沿着铁钉传递，导致热量也沿着铁钉传播。在这一过程中，发生传递的并不是原子本身，而是原子的加速运动。

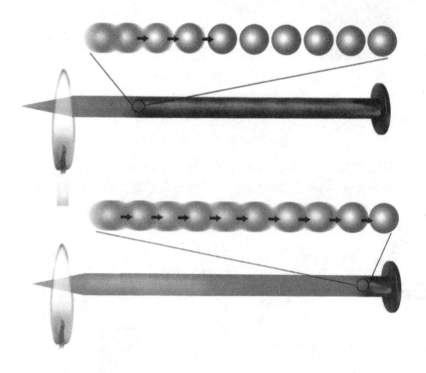

电磁辐射

当然，能量也可以以另一种方式进行传播。比如说，温暖的太阳光洒在身上，就是这种能量传播方式的体现。太阳能并不是由原子穿过真空运动 1.5 亿千米传递的，它的光和热通常以不可见波的形式从太阳抵达地球。

那么，热能和光能的传输速率是多少呢？你们一定知道答案。对，它们是以光速进行传播的，也就是爱因斯坦能量方程 $E = mc^2$ 中的 c。换句话说，光和热的传输速度是"无与伦比"的。

除了光和热，能量的其他形式也可以通过波以光速进行传输。其中包括从广播电台通过空气传送到收音机的无线电波，以及微波炉中的微波。

这些波的区别在于波长不等。绿光的波长不等于无线电波，无线电波的波长也不等于微波。

微波炉辐射出的微波波长约为 12 厘米。下页插图画出了各种波的波形。如图所示，通信卫星发射波的波长只有 4 厘米。绿光的波长则更短，大约只有 0.5 微米。如果用电子

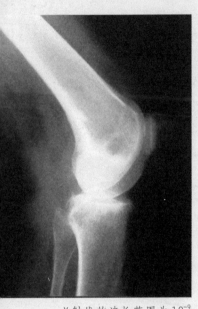

X 射线的波长范围为 10^{-9} 到 10^{-6} 厘米。

显微镜观察本书的绿光光波，你会发现总共有 50 万个波段。

为了解释太阳能和热辐射，要先了解"电磁辐射"和"电磁波谱"这两个专业词语。

自然界中能量的许多相似形式都属于电磁波，其中包括绿光、红光、微波、无线电波、紫外线和 X 射线。科学家把它们称为电磁波，是因为它们同时具有电和磁的特性，传播速度都为光速（也就是说，传输速度最快），并且在传输过程中能量不

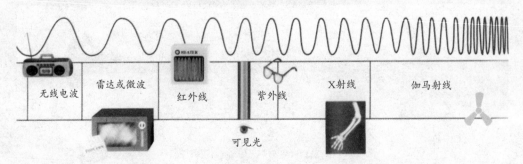

无线电波　　雷达或微波　　红外线　　紫外线　　X射线　　伽马射线

可见光

会损失（无论多远，甚至从太阳传输到地球），且都以波的形式进行传播。

科学家把能量按以上形式进行传播的方式称为电磁辐射。其中，有些能量形式的名称中就含有"波"或"光"字。电磁波的整个范围，即从极短的波长到极长的波长，被称为电磁波谱。

电磁波谱（即从一端到另一端的全部范围）囊括了波长相差数百万倍的不同电磁波。例如，X 射线的波长比绿光的波长短一千倍，而绿光的波长比无线电波短了一万倍。

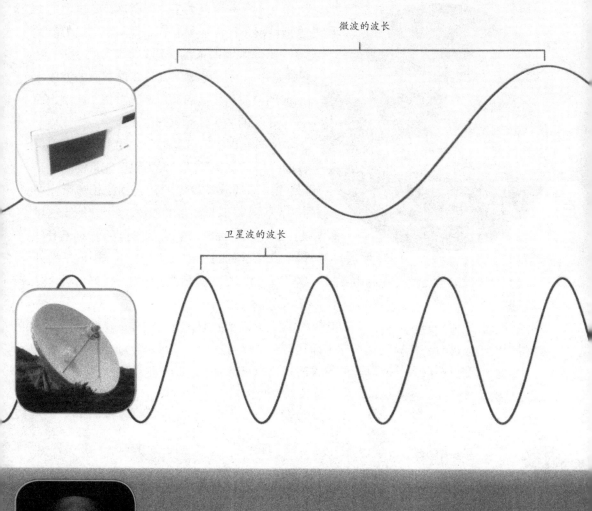

微波的波长

卫星波的波长

你能画出绿光的波长吗？

太阳能

太阳并不是一个毫无生气的星球，它发出的太阳光也不仅仅只包含一种波长。太阳辐射出的能量波涵盖了非常宽的范围，彩虹就证明了这一点。彩虹是由于太阳光被分成了几种不同的波段而形成的，波长较短的波（蓝光）位于底端，而波长较长的波（红光）则位于顶端。

电磁波谱中不可见部分大约占太阳辐射能量的一半，也就是说，太阳辐射能量的一半是可见光，即从波长较短的紫光到波长为紫光两倍的红光。太阳辐射能量的40%位于红外线区域（即波长比红光长的部分。这一部分电磁波对于有些动物，例如蝙蝠，是可见的），而剩下的10%则位于紫外线部分（即波长比紫光短的电磁波。这一部分电磁波对于某些动物，例如蜜蜂，是可见的）。

辐射到地球的太阳能，大约有30%会立刻以光的形式反射回外太空。这部分能量中的绝大部分还没有到达地球表面就被云层反射了；而其余部分则在到达地表之后，被冰雪反射回去，并以光的形式离开地球。从太空中拍摄地球照片利用的就是地球的反射光线，它向我们展示了地球的全貌。

热能辐射到大气中，最终进入外太空。

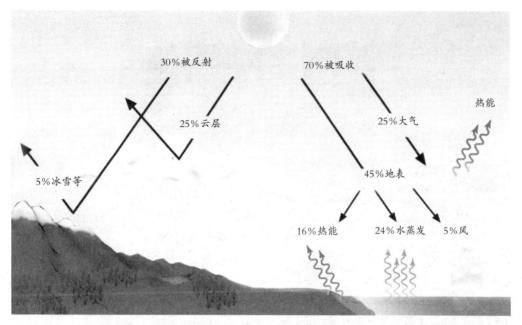

30%被反射　　　　70%被吸收

25%云层

热能

25%大气

5%冰雪等

45%地表

16%热能　　24%水蒸发　5%风

剩下 70% 的太阳能则被地球吸收。如上图所示，吸收的方式多种多样。大部分太阳能都会被固体物质和水吸收，并立刻转化为热能。例如，太阳光照在我们身上，就让我们感受到了这种能量的转化。不过，我们没有意识到的是，转化的热能又会从我们的体内辐射出去。任何被太阳照射的物体都会把吸收到的热能向外辐射。有时候，我们会看见炙热的人行道上散发的热气，最终它们也会通过大气离开地球，进入外太空。

太阳能的存在促使了水的蒸发，也就加快了水循环的进行。过程如下：水吸收太阳能，从液态变成气态之后，水蒸气离开海洋进入大气。然后，水蒸气再恢复到液体状态（雨水），释放出与蒸发时吸收的能量相等的热量。最后，释放出的热量逃逸到大气中，进入外太空。因此，即使是用于加速水循环的太阳能最终也会以热能的形式离开地球。

同时，那些最初转化为风能或水能的太阳能也面临着同样的命运。例如，风与悬崖峭壁发生碰撞摩擦时，部分能量就会转化成热能，逃逸到大气中。

因此，只要能量没有和物质发生相互转化，能量的总量就一定不会改变。能量的另一个重要特性就是能量虽会改变其存在形式，但最终都会变成热能。所以我们说，所有被地球吸收的太阳能都将转变成热能，向外太空辐射。

温室效应

"温室效应"这个词来源于人工建造的温室大棚。

大家可能都听说过温室效应。前面我们已经学习了电磁波谱以及地球利用太阳能的形式，那现在我们就可以很容易地理解温室效应及其重要性。

平日里，我们会看见太阳光洒落在水面、岩石、泥土、沙石、楼房、马路、云彩以及生命体上。那么在太阳光照射之后，那些物体，例如岩石，会发生什么变化呢？太阳能会使岩石分子运动加速，也就是说，岩石温度会升高。如果我们感觉到某些物体很温暖，那就意味着这些物体分子中具有更多的能量，分子运动更快了。因此，分子运动得越快，岩石的温度也就越高。

温暖的物体会永远保持其温度吗？不会！物体终究会变冷。记住，能量不会待在同一个区域静止不动。以太阳光照耀下的岩石为例，它会以电磁波的形式释放出部分能量。把热量带离岩石的电磁波就是红外光波（即波长大于红光的电磁波）。因此，当你们感受到火堆或其他任何没有实际接触的灼热物体散发的热量时，你们真正接触到的是火堆或灼热物体辐射出的红外光波。

地球表面的红外光波最终都会进入外太空。只有能量的可见光部分才能够通过大气，照射在物体上。但随后，这部分能量又会以长波段红外辐射的方式离开物体。

与短波长的可见光不同，红外线辐射不能完全穿过大气层。某些气体如地球大气中的温室气体（主要是水蒸气和二氧化碳）会吸收辐射的热能，再把吸收能量的

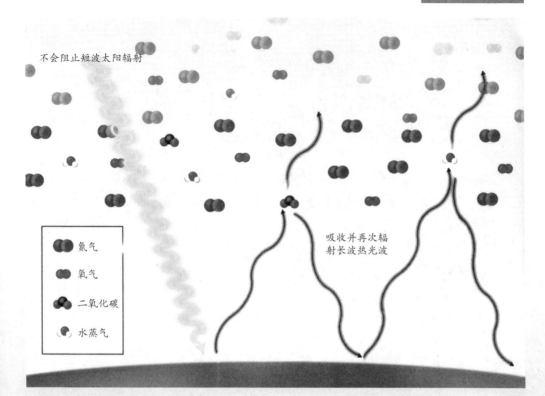

不会阻止短波太阳辐射

氮气

氧气

二氧化碳

水蒸气

吸收并再次辐射长波热光波

一半反射回地球。因此，热量在进入外太空之前，会被地球上的物体吸收一部分。而最终的结果就是热能待在地球系统中的时间变长了。

我们把水蒸气和二氧化碳统称为温室气体，是因为它们虽可让可见光波完全通过，但却会吸收部分热能。地球大气中的大部分气体（例如氧气和氮气）都不属于温室气体。非温室气体既不会影响进入地球的太阳光，也不会影响逃离地球的热能。

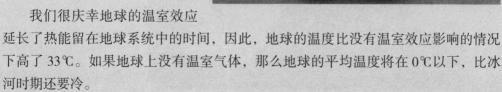

我们很庆幸地球的温室效应延长了热能留在地球系统中的时间，因此，地球的温度比没有温室效应影响的情况下高了33℃。如果地球上没有温室气体，那么地球的平均温度将在0℃以下，比冰河时期还要冷。

地球内部的能量

前面我们一直都在强调太阳提供了地球所需的全部能量。太阳光的意义重大，它既保持了地球的温度，给风提供了动力，促使了水的循环，同时也为地球上所有的生物提供了生命所需的能量。

但在本书前面描述板块运动的同时也暗示了另一种能量以及它在地球系统中发挥的重要作用。我们发现多年来地球板块发生了以下变化：非洲大陆与南美洲大陆发生了分离，南亚次大陆向北漂流了 6500 千米撞上了亚洲大陆。板块运动所需的能量到底是从哪儿来的？即使是太阳——我们最大的能量源，也没有能力让大陆板块发生漂移。

火山、地震、间歇泉和温泉这些特殊的地质现象给我们提供了答案。我们知道，地球内部的温度非常高，可以熔化岩石和金属。热能会一直缓慢地沿着地球内部向温度较低的地方传递。因此，地球深处温度最高区域的物质不断缓慢地上升到地球表面，同时温度较低的物质也在慢慢地向地球内部下沉。就是这股运动的热流引起了地球板块的运动，继而引发了地震、火山和大陆漂移。

地球形成之初，整个地球都是由熔化的金属或岩石构成的。自从那时起，随着热量不断地向外太空辐射，地球就慢慢冷却了下来。但同时，又不断地有新的能量在地球内部形成。地球中含有多种放射性元素，它们在衰变过程中会分解并释放出大量热能。

正是由这些放射性元素衰变释放出的能量以及地球形成时期保存下来的能量，给板块的移动、分裂甚至是相互撞击提供了极大的动力。

要能够移动板块、削平圣海伦山脉、形成珠穆朗玛峰，能量源需要有多大呢？上面这张表格比较了地球上所有的能量源。假设人类社会消耗的总能量为1，那么月球提供的影响海洋潮汐的能量大约为0.25，地球内部的能量源大约为2.5，而太阳提供的能量则能达到10000。

能量总量的比较	
能量的种类	相对值
人类社会	1.0
潮汐能	0.25
地球内部的能量	2.5
太阳能	10000

那些看起来微不足道的能量怎么会有如此巨大的影响力呢？中国有句老话叫"千里之行始于足下"，地球内部的能量每年只能让板块移动几厘米，但经过千百万年的积累，所有的厘米数加起来就有上千千米了。

虽然地球内部的地热能量与太阳能比起来微不足道，但它是地球能量预算中不可缺少的一部分。纽约大学著名的地球系统科学家泰勒·福克曾经写道："虽然太阳能能够通过降水或刮风削平山脉中的小土堆，但只有地球内部的能量才能从小土堆中形成山脉。"

下图中的火山喷发及上页图中的地震、间歇泉等特殊地质现象，其能量都来源于地球内部。

地球的能量预算

我们也可以从预算的角度研究地球能量。和家庭预算、政府预算一样，能量在任一段特定的时间内会有一定量的流入或流出。不过，如果家庭、公司或政府入不敷出，它们可以向别人借钱，而地球则不同，它的能量预算是平衡的。

以热能形式从地球表面和大气流入外太空的能量几乎等同于到达地球表面和大气的能量。正如我们看见的，太阳光辐射提供了地球所需的绝大部分能量，而另外一小部分但又很重要的能量则来自地球内部。当然，在任一瞬间内，进入地球的能量要比离开地球的能量多。但在一年或更长的时间内，流出地球系统的能量就等于流入的能量，二者达到了平衡。

然而，地球的"物质预算"则全然不同。实际上，既没有物质进入系统，也没

地球的温度在不断升高，其原因似乎是温室效应影响的不断增强。

时间	地球的平均温度
1860—1890	大约14.6℃
1960—1990	大约15.1℃
2004	大约15.5℃
太阳能	10000

有物质离开系统，只是同样的物质不断地被循环利用。在比较能量和物质的异同点时，我们认为地球对于物质来说是一个封闭的系统，而对于能量来说则是一个开放的系统。

温室效应影响的增强是地球能量预算的一个重要特征。大气中的某些气体（主要为水蒸气和二氧化碳）降低了热能逃离地球的速度，实际上，它们使热能在内部停留了更长时间。

人们经常错误地认为温室效应只能给人类造成负面效应。其实，数十亿年来，温室效应保证了地球上适合万物生长的温度，它在类人猿出现之前就开始发挥作用了。

但是，任何事情都有一定的限度。目前，人类排放了大量的温室气体，这在某种程度上改变了地球的能量预算，热能在地球系统中停留的时间就更长了。因此，这就涉及全球气候的改变，我们将在本书的最后一课讨论这一课题。

我们关心地球能量预算以及全球气候的主要原因在于，我们人类以及许多其他生物都需要在地球上生存。下一课我们将重点研究地球上包括人类在内的生物系统。

停下来,做一做

　　我们在本课中学习了热能运动的两种形式。无论是热传导还是热辐射,都不是分子携带热量进行传播的结果。而能量运动的第三种方式——对流,则涉及了"热分子"的运动。对流发生时,液体和气体被加热,加热部位的分子会向上运动,而温度较低部分的分子则向下移动。对流建立起了环形的流动,快速地传送了热量。

　　对流是地球系统中热能运动的重要方式,不但能使地球内部的热能发生运动,也能使大气中的热能发生运动。因此,对流在板块构造学和地球气候中都发挥了重要而关键作用。

　　大家可以利用食品色素和水来模拟对流。把一个透明的玻璃盘平稳地放在3个倒置的容量为180毫升的杯子上,然后在玻璃盘中倒入约5厘米深的水,再把一个室温下装有45毫升水的杯子开口向上放在玻璃盘的正下方。

　　轻轻地在玻璃盘的中央底部滴入一滴食用色素,仔细观察色素是如何在水中扩散的。等待一段时间,搅动水面让色素沉淀下来。

　　上面的操作演示的不是对流而是控制。现在非常小心地用一个装满热水的杯子代替原来放在中央的杯子。然后,在玻璃盘中央底部滴入一滴色素,观察色素的运动。搅动水面,使其静止后,再在玻璃盘边缘到中央的一半位置上滴入一滴色素,观察其运动。

　　选择不同的温度和不同的染色位置反复实验,分别找到色素向上、向下和水平运动的模式。

decomposers

地球上的生命

生命的网状系统

早在本书的前两课，我们研究了光合作用，相信你们都还记得植物是利用太阳能和空气中的二氧化碳生成糖分的。

地球上几乎所有的生物都依赖于光合作用而生存。它们不仅把糖分作为养料，形成身体的各个部分，而且还需要光合作用生成的氧气进行呼吸。

同样，进行光合作用的生物也需要依赖其他生物把碳以二氧化碳的形式排放到空气中，用于下一轮的光合作用。而且，植物也依赖动物进行授粉或传播种子，甚至还依靠地面上小型生物的排泄物来肥沃土壤。

地球上的各种生物就是通过类似于上述关系的多种方式相互联系形成了一个巨大的网络。其中，每一种生物都依赖于其他生物而生存，或是对其他生物产生影响。地球生物不仅形成了生物之间的依

地球是太阳系中唯一一个有生命存在的行星。

赖关系，还活跃地参与到地球的物质与能量的循环中去。从系统的角度来说，我们认为地球是一个生物的网状系统。

我们人类的生存就依赖于这张生物网提供可供呼吸的空气和食用的食物。同时，由于人口的迅速膨胀和科学技术的不断进步，我们几乎改变了地球上的每一个角落。因此，可以说，人类已经成为这张生物网中最重要的一部分。

迄今为止，就我们所知，地球是太阳系中唯一一个有生命存在的行星。地球上的生命体早在 40 多亿年前就出现了。现在，生命体已逐渐成为地球上越来越重要的部分。

一张巨大而复杂的关系网联系着地球上的所有生物以及物质与能量循环。从系统的角度来看，地球就是一个生命的网状系统。

生物网络的运行

在研究地球上的物质时,我们回答了第一个系统问题,即"系统由哪几部分组成"。而在研究地球上的能量时,我们则主要解决了第三个系统问题,即"系统自身如何成为更大系统的一部分"。现在,研究地球上的生命系统,我们将讨论第二个系统问题,即"系统整体是如何发挥作用的",也就是说:什么是生物网络?生物网络又是如何发挥作用的?

地球上存在有四种不同的物质,分别为固体、液体、气体和生命体。就质量而言,地球上的气体总量是地球生物总量的4000多倍,液体总量是生物总量的100万倍,而固体总量更达到了生物总量的40多亿倍。生物数量尽管相对较少,但在地球上仍扮演着非常重要的角色。

若就质量而言,地球上几乎所有的生物都以植物的形式存在,所有动物加起来的总质量大约只有地球植被总量的1%。因此,森林树木以及腐烂的植物几乎是地球生命总量的全部。

地球上越靠近赤道的地方,树木就越多。这是因为那儿的气候更适合植物生长,而且赤道附近的陆地分布也比两极更多。因此,热带雨林约占地球总植被的40%。现在,人们非常关心热带雨林遭受破坏的速度和程度,因为如果烧毁地球上所有的树木,大气中的碳浓度会上升整整一倍!

研究地球生物的另一个重要方法不是从数量出发,而是从生物种类着手。生物多样性就是指不同生物的种类和数量。我们人

地球上的物种总量估计在 500 万到 3000 万,甚至更多。

类对生物多样性知之甚少，还不如我们对宇宙中原子数量的估计。

科学家现已大约命名并编目了 150 万个不同的物种，而物种的总量估计在 500 万到 3000 万，甚至更多。并且，对于这已被发现的 150 万种生物，我们仅仅知道它们的形状外观以及其中某些物种的由来。

我们在哪里可以发现生物多样性呢？最重要的体现者依然是热带雨林。生物学家 E.O. 威尔逊发现秘鲁的一棵树上的蚂蚁种类等同于英格兰整个岛屿的蚂蚁种类。印度尼西亚的一块区区 10 万多平方米大小的区域里的树木种类，就等同于整个北美的本土树木种类。1875 年，一位自然学家在亚马孙河附近的城镇散步，他在一个小时内就描述出了 700 种不同的蝴蝶。而整个欧洲的蝴蝶种类才只有区区 321 种。

而令人遗憾的是，这种生物多样性正在逐渐丧失。每年新增加的人口和发展的经济都造成了大面积野生雨林的毁坏。照这种情形发展下去，可能在人类真正意识到自己的损失之前，生物多样性就永远地消失了。

由于人类的影响，生物物种灭绝的速度在加快，生物多样性正遭受空前威胁。

大气的演变

　　刚形成的地球与今天的地球有很大区别，大块的岩石不断地从空间落入地球，碰撞产生的能量以热的形式释放出来，使得初始地球非常炽热。当岩石撞击地球表面的时候，岩石中的一些成分受热蒸发出来，产生的气体形成了地球最初的大气，其中大部分是水蒸气。大多数空间中的岩石都包含水——彗星由于含水很多，且看起来很脏，被称为"脏雪球"。由于地球温度太高，水不能以液态的形式存在，只能以水蒸气的形式存在。另外，原始大气中还包含少量氢气、氧气、一氧化碳和二氧化碳。

　　地球形成后不久，与一个火星大小的物体发生碰撞，结果，地球和这个天体都被撞得粉碎，地球上大部分的大气也可能随之消失了。随后，碰撞出来的岩石碎片重新聚集在一起，形成两个天体——地球和月球。随着更多的岩石撞击地球，地球大气被置换，其中一部分气体是由岩石的持续轰击产生的；另一部分是火山喷发产生的——当时的火山比现有的火山要多得多。

　　最终，岩石轰击地球不再频繁，因为大多数的岩石都已经落入了地球或月球，地球开始冷却下来。水蒸气开始凝聚，并以雨的形式落下。降雨很猛烈，并且持续了很长时间，干旱的地球的大部分表面也因此被巨大的海洋覆盖。氢气（最轻的气体）漂入太空。这时的地球大气约含有95%的二氧化碳、3%的氮气和少量的一氧化碳及其他气体。

　　最初，地表的大气压力要比现在大得多，但是，二氧化碳、水与岩石中的钙和镁发生化学反应，将大部分的二氧化碳转变成钙和镁的碳酸盐。这些碳酸盐沉入海底，被慢慢压缩成石灰石和白云石。这个过程可能持续了几亿年的时间。最终，这一过程缓和下来，大气趋于稳定，空气中仍然富含二氧化碳。这是地球历史上的第二种大气。

　　太阳刚形成的时候，并不发光。没有足够的物质在太阳内核中累积产生高温和

大约45亿年前，地球仍在形成的时候，与一个火星大小的岩石质物体相撞。地球被撞得粉碎，产生的碎片重新聚合在一起，形成两个天体——地球和月球。月球绕着地球运行。

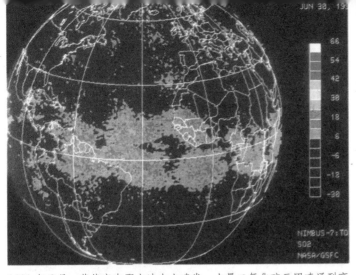

藻青菌有时会吸取沉积物和有机物质，逐步形成图中这样位于澳大利亚、有4000年之久的垫状物，这些垫状物化石被称为叠层，是地球上最早的生命的痕迹之一。

1991年6月，菲律宾皮那土波火山喷发，大量二氧化硫云团喷涌到高空中。这张伪色卫星图像是在火山喷发后18天拍摄的。照片显示，二氧化硫云团（蓝色部位）已经蔓延到世界各地。

高压，以开始一场热核反应——这种反应正是太阳光和热的来源。当地球形成这样的第二种大气的时候，太阳开始发光，但是温度要比现在低25%～30%，也没有现在这么亮。

地球上，雨水从岩石中溶解矿物质，并将其冲刷进海里和小水池里。雨水还将大气中的二氧化碳溶解。当时，海水相当温暖，太阳在微暗地发光。伴随着来自太阳的能量，以及化学物复杂的溶解，出现了发生长序列化学反应的理想条件，这些化学反应使地球上出现了第一个活体细胞。因此地球在拥有第二种大气的时候，生命开始存在。

正是生物活动将第二种大气转变成今天存在的第三种大气。一些早期的生物细胞将甲烷释放到空气中，这些甲烷受阳光照射分解，产生的分子阻隔了部分太阳紫外辐射。然而，主要的变化开始于一些生物细胞从太阳光中吸取能量，将二氧化碳和水合成碳水化合物，释放出副产品——氧气。这个过程被称为光合作用。

完成光合作用的生物细胞也会发生呼吸作用——碳水化合物与氧气反应，释放出能量。呼吸作用消耗了氧气，并将二氧化碳重新释放到空气中。在海洋里，光合作用产生的大约0.1%的碳水化合物随生物尸体掩埋在海底的淤泥里。这防止了海洋中氧气被消耗，也防止了二氧化碳重新回到空气中。虽然总量极小，但是在那个时候，却足以使氧气开始积累。这些生物被称为藻青菌——现在这些细菌仍很常见。

大约20亿年前，大气中只包含现有氧气量15%的氧气。臭氧层是在大气中包含现有氧气量1%的氧气时形成的。随着越来越多的细胞遗体沉入海底，大气中的二氧化碳含量不断减少，氧气不断积累，直至达到目前的水平。光照提供了足够的能量使氮和氧发生反应，生成溶于水的硝酸盐。一些细菌消耗了含氮化合物，并将氮释放到空气中，补偿了氮氧反应消耗的氮。因此，大气中的氮含量保持稳定。就这样，地球有了现在这样的第三种大气。

生态系统

前面已经从数量与种类两个角度研究了地球上的生物网，但我们仍忽视了其中非常重要的一块，即生物网是如何组织起来的？

"系统"这个词常用于描述不同区域内的生物相互联系的方式。而科学用语生态系统则用来描述居住在同一个区域内的所有生物，以及它们之间的关系、与周围自然环境的相互作用。大家肯定都见过多种不同的生态系统，诸如湖泊、草地、小溪、森林、岸边的石沼、珊瑚礁或者沙漠。

所有这些不同的生态系统都有着相似的组织形式，即它们都需要能量，或者需要一个能够获取能量并以化学能储存的生物群体。对于大部分生态系统而言，能量主要从太阳中获取。从显微镜下的藻类到高耸的红杉树，所有的植物体都能通过光合作用把太阳能以化学能的形式储存在糖分子中。

我们把生态系统中能直接获取能量的生物体称为生产者（下图中标志为 P），而把其他直接或间接地以生产者为食的生物称为消费者。

林地是森林生物群系，树木之间有较大间隔。林地里有各种栖息地。这些栖息地的空间、光照、植被覆盖状况和湿度各有不同，每天都发生着变化。黄昏的时候，白天活动的动物纷纷隐退，而夜间活动的动物则出来活动。对体形较大的动物（比如鹿、野牛）来说，有空旷的地方是很重要的，它们的栖息地则含有开放的空地。相比之下，野兔活动范围较小，且要求有相对松软的土地，以便挖洞。鸟在树枝上筑巢，并在地面上播撒植物的种子。松鼠有时在地面活动，它们也会在树上筑巢，而且可能跟鸟巢在同一棵树上。倒下的树干下面形成潮湿黑暗的环境，那里生活着真菌、蠕虫、甲虫、蜘蛛和木虱。昆虫在树上或者是矮树丛里筑巢。青蛙、鱼和一些生物生活在流经林地的小溪里。鸭子和水鼠生活在水岸边。这些单独的栖息地增加了物种的多样性。

所有的动物，无论是食草动物（Herbivores，简写为 H）还是食肉动物（Carnivores，简写为 C），都属于消费者。其中还有些生物，比如熊或人类，既吃植物也吃动物。另外，生态系统中除了生产者和消费者这两大类，还存在第三类生物，我们把它们称为可分解动植物尸体的分解者（Decomposers，简写为 D）。

与其他系统一样，我们也可以从不同的层次来研究生态系统。而且，不同的生态系统是互相包含的。例如，草地生态系统中包含有植物、昆虫、地鼠、蛇、麋鹿、真菌类以及细菌。同时，草地生态系统处于森林生态系统之中，是森林生态系统的一部分。而一座包含有森林、草地甚至湖泊的山脉则是一个更大的生态系统。因此我们说，地球上的生物网是所有生态系统的总和。

在任何一种生态系统中，生产者、消费者以及分解者都会建立起一个食物关系的网络，即食物网。一种生物以另一种生物为食，之后又全都被分解者分解，混入泥土。在这一过程中，同样的物质被不停地循环利用。因此，循环就是生态系统中生物的生存方式。

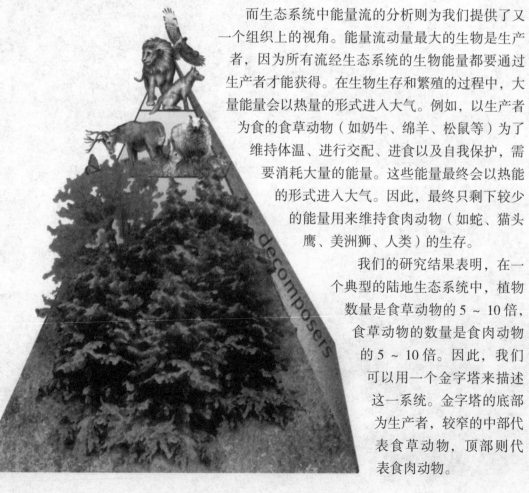

而生态系统中能量流的分析则为我们提供了又一个组织上的视角。能量流动量最大的生物是生产者，因为所有流经生态系统的生物能量都要通过生产者才能获得。在生物生存和繁殖的过程中，大量能量会以热量的形式进入大气。例如，以生产者为食的食草动物（如奶牛、绵羊、松鼠等）为了维持体温、进行交配、进食以及自我保护，需要消耗大量的能量。这些能量最终会以热能的形式进入大气。因此，最终只剩下较少的能量用来维持食肉动物（如蛇、猫头鹰、美洲狮、人类）的生存。

我们的研究结果表明，在一个典型的陆地生态系统中，植物数量是食草动物的 5 ～ 10 倍，食草动物的数量是食肉动物的 5 ～ 10 倍。因此，我们可以用一个金字塔来描述这一系统。金字塔的底部为生产者，较窄的中部代表食草动物，顶部则代表食肉动物。

生态系统如何发生变化？

以上节图示中的森林或草地生态系统为例，假设所有的兔子都死于一场突如其来的疾病，那老鼠的数量会受到什么影响呢？

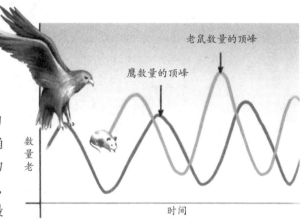

刚开始，老鼠因为有更多的食物可以享用，其数量呈上升趋势。但另一方面，原本以兔子为食的老鹰和狐狸因为没有兔子吃，反而会吃掉更多的老鼠。因此，最终老鼠的数量不升反降。

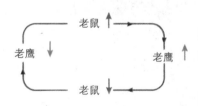

在研究系统时，我们经常会碰到以下问题：系统的一部分发生变化后其他部分会受到什么影响？系统的组成部分是如何相互联系、相互影响的？

大致来说，系统组成部分的相互影响具有完全不同的两种方式，分别为平衡反馈环和加强反馈环。

平衡反馈环中的物体趋向于保持平衡状态。捕食者和被捕食者就处于平衡反馈环中。如果老鼠数量增加，那么老鹰的数量也会因为食物充裕而大量上升。反过来，老鹰数量的增加会减少老鼠的数量，所以也就抵消了老鼠数量的增多。参见上图，大家就可以看出一个物种数量的改变是如何影响另一物种数量的。

平衡反馈环在现实生活中的应用也是非常普遍的，动调温器就是这样的例子。当房间温度较低时，触发调器打开加热器。而当室温达到预设温度值时，调温器就自动关闭加热器。这样，室温就始终保持在平衡状态，会在预设温度值附近上下浮动。

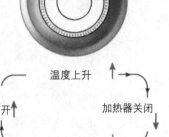

而在增强反馈环中，一个方向上的改变会引起同一个方向上更剧烈的变化。例如，把 10 只兔子放养在一个新大陆上，在那里它们有充足的食物且没有天敌。平均每只兔子都可以繁殖 10 只小兔子，这样兔子的数量很快就增加到了 110 只。同样，下一代兔子也会以一样的速度繁殖，兔子的数量就增长到 110 + 1100 = 1210 只。这种增强型反馈环（即不断生出更多兔宝宝的循环）导致兔子数量爆炸性地增加，总量甚至相当于整个澳大利亚的兔子数量。

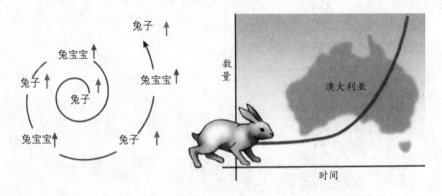

在日常生活中，产生恼人高音调噪音的麦克风就是增强型反馈环的一个例子。麦克风能捕捉到微小的噪音反馈到放大器进行放大，最后通过扬声器把放大后的噪音播放出来。而放大的噪音又会被麦克风接受，继续放大，再由扬声器播出。这种增强型反馈环的不断反复就产生了恼人的尖锐噪音。

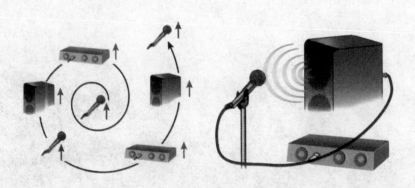

像生态系统这样复杂的系统
中包含有多个相互关联的部分，
一个部分的改变会引起其他部分
的变化。而当其中一些变化被加
剧时，另一些变化则会获得平衡。所有的
这些影响相互作用，最终会引起系统级别上意
想不到的结果。你们可能也遇到过不少由小动作或小
扰动引发意想不到结果的状况。

"把猫空降到婆罗洲"就是一个著名的例子。世界卫
生组织（WHO）于 20 世纪 50 年代在婆罗洲喷洒杀虫剂
DDT 以抵制疟疾的传播，
那是一种由蚊子传
播的疾病。最终，疟
疾被控制住了，但人们居住的茅草屋屋顶却在
突然之间全都坍塌了。这是为什么呢？

原来 DDT 除了消灭蚊子，也杀死了以毛
毛虫为食的寄生黄蜂，而这种毛毛虫以屋顶上的
茅草为食。没有了天敌，毛毛虫繁殖加速，失去了控制，最
终毁坏了屋顶。同时，一种本地壁虎也因为吃了体内含有
DDT 的昆虫而丧命。
垂死的壁虎又被家猫
捕食，因此很多家猫
也都死于 DDT。

这下可好，猫的大量减少引起了老鼠的大量
增加，而鼠患又有可能会引起黑死病的爆发。因
此，世界卫生组织决定把猫空投到婆罗洲去控
制鼠患。显然，世界卫生组织最初在决定喷洒
DDT 时肯定没有想到事情会变成这样。

因此，我们要汲取这个深刻的教训。系统中
所有的组成部分都通过反馈环相互联系。在试图
改变生物网的组成部分时，我们往往很难预测到
可能产生的后果，我们根本就没有想到屋顶会坍
塌、老鼠会成灾……

停下来，想一想

有一种阅读技巧叫作 RAFT，使用它既需要读也需要写。在你们读完一部分或一课内容之后，试着用一种有趣的书写形式来解释阅读内容的主要意思，如歌曲、书信、商业广告、诗歌或小故事。

RAFT 四个字母分别代表角色（Role）、听众（Audience）、形式（Format）和主题（Topic）。但称之为 TRAF 更确切，因为我们一般会首先从主题开始。比如说，这段内容的主要思想是什么？一旦总结出主题思想，我们就可以设计出一种创造性的方法向别人传达这些思想。

例如，在学习完光合作用后，如果想做一次 RAFT，我们首先要找到其中心思想，然后再选择陈述者的角色、听众的角色以及陈述的形式。下面的表格给出了一些例子。

角色	听众	形式
作为旅游代理商的光线	其他光线	冒险型商业
植物	光线	爱情歌曲
二氧化碳分子	其自身	莎士比亚关于即将产生变化的演讲
糖分子	糖果吧	一首关于糖分子由来的Rap

单独一个人做 RAFT 会很枯燥无聊，因此，若把它作为一项团体活动，则效果最佳。以大家刚结束的这一课内容为例，试试 RAFT 阅读方法吧。如果人数众多，就分别指定一个人或一个组为本课的每一个部分做一次 RAFT。如果有六个组，就把"生态系统如何发生变化"这一部分分成"反馈环"和"婆罗洲的猫"两个小部分来完成。各个小组在完成自己的 RAFT 之后，再向整个大组进行陈述。

很多人都认为阅读是个体行为，而 RAFT 阅读技巧的使用则证明了阅读是一种社会活动。RAFT 表明我们可以通过与其他人一起分享阅读来获得乐趣，并学到更多的知识。

生命过程

生命化学

生命依赖以一种可控方式实现能量转换，这包含了大量微小的步骤，每个步骤都释放能被获取或用于其他目的的少量能量。动物利用不同的能量：利用化学能建造身体结构；分解食物释放出热能；利用机械能动物能举起重物；电能用于在全身传递神经信号；利用光能感知外部世界。生物体内的能量转换统称新陈代谢。

结构倾向于分解成它们最小的组成成分（即最低的能量存在状态）是一个基本的物理规则。为了构建复杂分子，必须有能量供应，以在成分原子之间形成化学键。化合物分解时，化学键中的能量就以热能、光能或者机械能（用于做功，比如做肢体运动）的形式释放出来。叫作酶的蛋白质能够减少启动化学反应需要的能量，从而可以加快新陈代谢。酶通过暂时把反应物结合在一起，改变反应物的电荷数，或者改变分子形状，使反应物更容易发生反应。

生命的基础是植物吸收太阳光能，把光能转化为构成植物体的化合物中的化学能。植物从大气中吸收二氧化碳，从土壤中吸收水分和各种矿物质，然后这些物质形成一个巨大的有机化合物（含碳有机物）排列被结合进植物，这个过程叫作光合作用。动物以植物为食，把植物体内的化合物分解或重组合化合物的成分，制造出动物身体生长和修复所需的不同化合物，然后，这些动物成为食肉动物的食物和能量源。

食物和存储化合物的分解需要消耗氧，它们与最终的分解产物结合，释放二氧化碳和水，这个过程叫作呼吸作用。

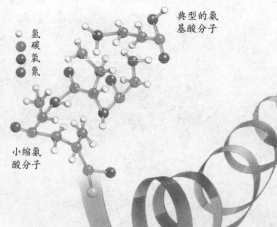

蛋白质由小的氨基酸单元构成的长链组成。氨基酸的特定序列形成某种代码，从而确定了蛋白质分子的形状、性质及其扭曲和折叠的方式。

氢
碳
氧
氮

典型的氨基酸分子

小缩氨酸分子

多肽的折叠或扭曲构成了蛋白质的次级结构。

新陈代谢的反应率与动物的生活方式有着密切联系。树懒过着慵懒的生活，行动极缓慢，睡眠时间比较长，所以新陈代谢率低，消耗的能量很少，不需要大量进食。这样，这些生活在南美洲热带雨林中的树懒只靠吃硬且几乎没有营养的树叶就可以维持生活。由于这些树叶很少有其他动物吃，所以树懒面临的竞争对手并不多。

化学键能用于在分子之间传递能量。ATP（三磷酸腺苷）是一种小型化合物，含有两个高能磷酸键（连接磷酸基团与腺苷化学键），用于携带细胞周围的能量。在需要能量的地方，ATP失去一个磷酸基团，形成ADP（二磷酸腺苷），同时释放能量。糖用于细胞之间长距离运输能量。呼吸作用分解糖时，释放出的能量用于形成ATP和ADP。

由六种元素形成的化合物构成了细胞99%的干重，这六种元素分别是：碳、氢、氮、氧、磷和硫。水是大多数细胞的化学反应发生的介质，大约占了活细胞重量的70%。其余大部分化合物都含有碳元素，属于有机物。

有四个主要的小有机分子组——糖、脂肪酸、氨基酸和核苷酸。糖是主要的能量来源，但是也存在于细胞的遗传物质中。附着在细胞膜上的糖对于识别例如激素分子和包括入侵细菌在内的其他细胞具有重要作用。长的糖链构成致密的不溶性存储化合物，例如淀粉和葡萄糖，以及植物细胞壁的纤维素。脂肪是重要的食物，包含的能量甚至比糖更高，它也可用于能量储存、绝热。细胞膜主要由脂肪酸构成，其他种类的脂肪包括具有防水作用的蜡和油，类固醇激素和一些具有隔离作用的神经细胞鞘。

氨基酸是蛋白质的主要成分，形成细胞的主要结构，控制细胞内的化学过程。维持生命的复杂的化学反应形成了一系列新陈代谢通路——酶控制的相互关联的化学反应的顺序。其他蛋白质形成了富有弹性的肌肉纤维和韧带、抗体、凝血介质、角质、皮肤和指甲、携带氧气的血红蛋白、新陈代谢过程中的带电物质、润滑黏液、胰岛素之类的激素，以及细胞核内遗传物质的保护性"衣壳"。

核苷组成了所有生物的遗传物质，重复出现的核苷单元模式形成新的生物结构、修复老化的生物体，以及控制生物体的生长和发育的机体过程。

植物的物质运输

浮游的单细胞植物的生命形式简单，营养物质透过细胞壁就可以被吸收。但是，对于生活在陆地上的大型植物来说，这种营养物质的吸收方式不再有效。

苔藓、地钱、金鱼藻以及更高等的植物被称作维管束植物。这些植物拥有两套导管——木质部和韧皮部——把营养物质和水分沿着茎输送到植物的每一部分。

最初生有木质部组织的植物的细胞和现在的针叶树的细胞十分相似，这些细胞叫作管胞，长且尖端细，相邻细胞的末端重叠排列。重叠处的孔便于水从此流过，因此管胞的一个序列形成了连续的管道。

大部分开花植物有从管胞进化而来的稍短稍宽的细胞，被称作导管元，中空、圆柱形，细胞末端相连。末端的细胞壁分解并消失，因此，这些细胞形成一个连续的管道，比起管胞输送水分的效率更高。

管胞和导管元的细胞壁均含有坚韧的木质素，起加固作用。细胞未成熟时的细胞壁组织叫作原生木质部——木质素呈环形或螺旋形排列，因此细胞能够生长，但是，木质素之后会膨胀，此时的细胞壁不再具有渗透性，细胞死亡。然而，细胞的两端仍保持开放，因此水分仍然可以沿着管胞或导管元流动。

木质部是由死亡的木质材料形成的。某些裸子植物和所有的被子植物都有纤维细胞，有厚的木质化细胞壁。这些纤维细胞是从木质部细胞进化而来的，用于支撑木质部。木质部把水分从根部携带到植物的其他部位——向上传导。在一棵高大的红杉体内，木质部可以把水分传导到 100 米或更高的高度。这个过程的驱动力不是来自根部，而是来自叶片上的气孔。

气孔张开，让二氧化碳进入植物体内进行光合作用，释放出氧气，在这个过程中，水分不可避免地蒸发散失。水分从每个气孔下面的单个细胞中蒸发出去，这降低了细胞内水势（水产生的压力），通过渗透作用，水从相邻的细胞进入，这样，相邻细胞的水势也降低了，利用这种方式依次向下，直到根部。

但是，这样还不足以使水从根部上升到顶部。水自身能够协助水流传导，水分子通过一个分子中的氧和相邻分子中的氢之间的氢键相互连接，只要植物体内有一股连续的水柱，氢键就可以把从木质部导管一个末端的水分流失而产生的张力转移到导管的其他部分，从而把水分向上拉。此外，由于相反电荷相吸的作用，水分子与导管壁

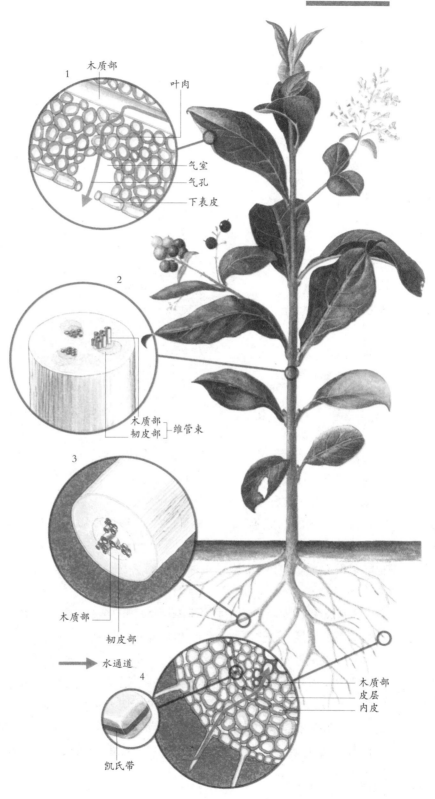

上的分子紧紧黏合在一起。这种黏合力阻止水从它接触的表面沿着导管回流。

　　木质部把从土壤中吸收的水和营养物质转运到植物的各个部位。韧皮部形成一个运输系统，把在叶子中制造的碳水化合物运送到植物的各个活细胞。有机化合物溶液的运输叫作移置。

　　韧皮部由筛管组成。筛管是由圆柱形的筛管元末端连接而形

水分从根部流到叶片，通过叶片上的气孔（1）蒸腾出去。因为水分的散失，需要从茎的木质部和根部吸收更多的水来弥补，这样，植物体内就有一股连续的水流。水从植物的根须进入木质部。由弹力物质组成的凯氏带保证水分流经细胞的每一个活性部分，但阻止水分穿过内皮层的细胞壁。

1 木质部
叶肉
气室
气孔
下表皮

2
木质部
韧皮部 } 维管束

3
木质部
韧皮部
水通道

4
木质部
皮层
内皮
凯氏带

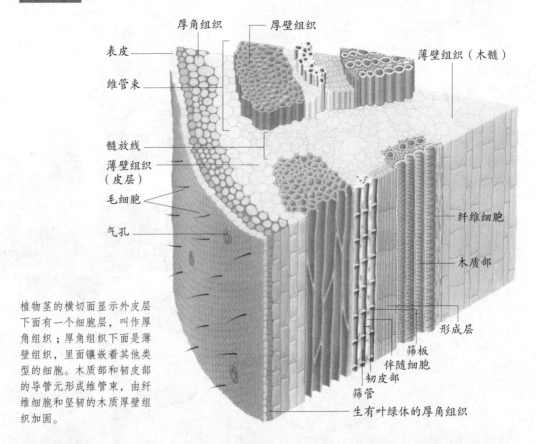

表皮
维管束
髓放线
薄壁组织
（皮层）
毛细胞
气孔

厚角组织
厚壁组织
薄壁组织（木髓）

纤维细胞
木质部

形成层
筛板
伴随细胞
韧皮部
筛管
生有叶绿体的厚角组织

植物茎的横切面显示外皮层下面有一个细胞层，叫作厚角组织；厚角组织下面是薄壁组织，里面镶嵌着其他类型的细胞。木质部和韧皮部的导管元形成维管束，由纤维细胞和坚韧的木质厚壁组织加固。

成的，成熟的筛管元没有细胞核，细胞质被推到侧边，紧贴细胞壁。每个细胞末端与其相邻细胞连接，该处有开口的孔，胞间连丝（许多原生质形成的丝）从侧边引出，交叉经过该孔。这种结构叫作筛板。

与木质部的细胞不同，韧皮部的细胞是活细胞，但是，这些细胞必须依赖伴胞才能维持生命。呈圆柱形，位于筛管元之间，有细胞核和大量线粒体（产生细胞能量的物质）。伴的细胞壁很薄，并且有许多胞间连丝穿过它们，将伴胞连接到筛管元。

木质部和韧皮部组织把物质运输到植物的全身。植物细胞的外壁由膜组成，称为细胞膜或质膜，是选择性透膜，也就是说，如果细胞内的浓度低于细胞外的浓度，某些分子就能够穿过它们进入细胞，但是其他分子被挡在外面。某种程度上，溶解的物质以扩散穿透细胞膜的方式进入细胞，这是被动传输。被动传输可以转运物质，但是速度比较慢，而主动传输的速度比较快。主动传输利用细胞壁上的特殊蛋白质，这些蛋白质能够绑定分子，将其携带穿过细胞膜，或者，这些蛋白质形成通道，允许某些分子穿过。物质进出木质部和韧皮部，通过主动运输和被动运输在细胞间穿梭。

叶与根的结构及作用

维管植物（有木质部和韧皮部的植物）通过叶和根吸收营养物质。叶通过进行光合作用制造碳水化合物，根从土壤中吸收水和矿物质。

叶子的形状和大小的多样性令人惊讶。开花植物一片典型的叶子由扁平的叶片组成，叶片通过叶柄与植物的茎相连。叶柄支撑着叶片，并让叶片尽可能展开，以获取阳光。叶脉是营养物质传输的通道，成束排列，木质管和韧皮管并排排列。双子叶植物，例如橡树和玫瑰的叶子上有一条主叶脉，沿着叶的中心线一直延伸到叶柄，侧叶脉从主叶脉发散。大部分单子叶植物，例如草、洋葱、玉米和百合的所有叶脉都纵贯整片叶子，所以叶脉相互平行，但是叶脉之间有小叶脉连接。单子叶植物的叶子没有叶柄，叶基围绕茎生长，形成一个鞘。草叶就是典型的例子。仙人掌和其他沙漠植物利用叶子储存水分，因此它们的叶子一般很厚，并有蜡质外层覆盖，以减少水分的散失。针叶植物的叶子很细，呈针形，上面覆盖着鳞苞，以阻止水分蒸发。

尽管植物的叶子极多样，但所有植物叶子的构建基本相同。一片叶子的大部分

根的形状千差万别，但是主要可以分为两大类：主根垂直向下生长，侧部长有细根的；形成了一个由细的根部纤毛组成的垫子的纤维根。根也能够从不太可能长根的地方长出来，这些根叫作不定根。

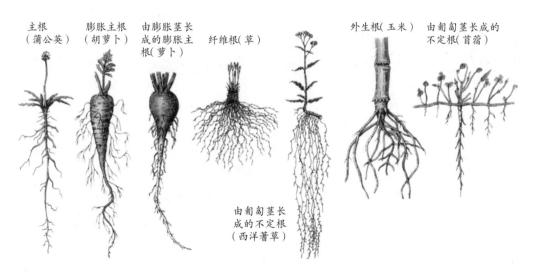

主根
（蒲公英）

膨胀主根
（胡萝卜）

由膨胀茎长
成的膨胀主
根(萝卜)

纤维根（草）

外生根（玉米）

由匍匐茎长成的
不定根（苜蓿）

由匍匐茎长
成的不定根
（西洋蓍草）

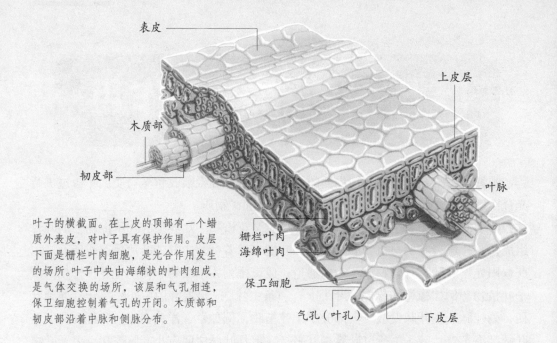

表皮

上皮层

木质部

韧皮部

叶脉

栅栏叶肉
海绵叶肉

保卫细胞

气孔（叶孔）

下皮层

叶子的横截面。在上皮的顶部有一个蜡质外表皮，对叶子具有保护作用。皮层下面是栅栏叶肉细胞，是光合作用发生的场所。叶子中央由海绵状的叶肉组成，是气体交换的场所，该层和气孔相连，保卫细胞控制着气孔的开闭。木质部和韧皮部沿着中脉和侧脉分布。

由薄壁组织细胞组成，这些细胞没有特别的功能，可能所有其他植物细胞都由该种细胞进化而成。它们有细胞核、细胞质和细胞壁，且含有大小不一的液泡。

叶子内的大块物质是由薄壁组织细胞形成的。在叶子的中央，即叶肉层，薄壁组织细胞形成海绵状组织，有腊肠形或圆形细胞，细胞内含有叶绿体——植物进行光合作用的场所。这些细胞松散地集结排列，细胞间有空隙，与气孔相通，主要功能是为气体交换（二氧化碳和氧进出叶子的运动）提供场所。

在上表面正下方，薄壁组织细胞形状不同，被称作栅栏细胞，这些细胞紧密排列在一起，犹如围栅栏的圆木。因为含有叶绿体，所以这些细胞呈绿色。叶绿体能够在细胞内四处移动，当光照弱时，叶绿体聚集在一起向细胞顶部移动；而当光照强烈时，叶绿体向细胞底部移动。

叶脉被厚角组织细胞和厚壁组织细胞包围着，这些细胞坚韧，起着支撑作用，也可见于叶尖。厚角组织细胞长，细胞壁的厚度不一致，被硬的木质素支撑。有些厚壁组织细胞长，可以发育成纤维，有些厚壁组织细胞呈大致的球形，可以发育成硬化细胞。木质素最终将厚壁组织细胞完全包围，致使细胞死亡。

厚角组织、厚壁组织以及叶脉共同构成叶子的维管组织；海绵状的叶肉和栅栏细胞共同构成基本组织；表皮组织，叶子的第三种组织，形成外保护层。

上皮细胞大体呈砖形，上皮由一层或多层砖形细胞组成。陆生植物的上层细胞分泌一种蜡状物质，覆盖在叶子的表面，形成外表皮，具有防水作用，能够减少水分流失。水生植物不需要这样的外表皮。

上皮有小的开口，即气孔，是气体交换和水分散失的通道。每个气孔的两侧各有一个保卫细胞调节气孔开口的大小，当植物缺水时，保卫细胞将气孔关闭。叶子上表面的气孔数量通常比下表面的少，这是因为上表面通常正对太阳，与下表面相比，温度偏高，水分更容易散失。但是上、下表面的气体交换没有差别。

　　根也有一个上皮层，由薄壁的细胞构成，没有蜡质外表皮。在根毛层（一条从根尖向上的反向通路），上皮有特殊的细胞，这些细胞向外生长，长成薄壁的管状根毛。根毛与土壤密切接触，极大增加了根吸收水分和矿物质的表面积。

　　在根的内部，上皮下方，有一个由薄壁组织细胞构成的皮层。薄壁组织细胞之间有许多空隙，便于呼吸作用中的空气进入根部的所有细胞——如果不接触空气，根就会死亡。生长在沼泽地里的植物，例如红树，它们的根呈环形或节瘤状，伸出水面之上与空气接触。

　　皮层中央是内皮层，仅有一个细胞的厚度，环绕着中心维管组织束。在维管组织和内皮层之间是一层厚壁组织细胞，形成中柱鞘，提供额外的保护和支撑。维管束（可以形成维管柱）是木质部开始的部分。内皮细胞的侧面和顶端与一种叫作软木脂的脂肪状物质排列在一起，形成凯氏带。当水从根部皮层流出，经维管柱流进木质部时，凯氏带对水分具有导流作用。

　　根系可以分为两种。如果一粒种子发芽，胚根长出来并向下生长，扎入土壤，形成第一种根；如果胚根不向地下继续生长，而是在它的侧部长出许多小根，这种植物的根将发育成主根系，即有一个主根几乎垂直向下生长。其他植物的胚根很快死亡，但是还有其他根即不定根从幼年植物的茎的基部或叶子上长出，这些根的尺寸大体相同，从各个方向扎入土壤，形成一个根垫，接近地表。这样的根是纤维根系。蒲公英和橡树生有主根系，而草生有纤维根系。

草根在地表下面形成浓密的纤维团，有助于聚集土壤颗粒。细长且具有平行叶脉的叶子是单子叶植物的典型特征。

动物体内的食物加工

任何动物都以持续的食物供给来维持生命。食物分子被分解，产生能量和更小的分子，这些小分子又可以与其他物质构建动物身体的组成成分。

因为动物的食性和身体需要各不同，所以动物摄取、分解、吸收食物的方式也存在很大差异。有一部分动物，例如蜘蛛和苍蝇，在摄取食物之前先把食物部分消化，它们把消化酶分泌在食物上，然后吮吸被消化的溶解产物。但是大部分动物摄取由大的、不溶解的有机分子构成的食物，这些食物分子在消化过程中被分解成小的、结构简单的分子，这些分子可以扩散到溶液中并被身体吸收。未被消化的物质排出体外。

动物需要将消化系统中的酶与身体的其他部位隔离开。动物有肠，食物经过肠，受消化酶作用。肠的不同部位可能因特定的消化类型而特化，形成胃、腺体、储存

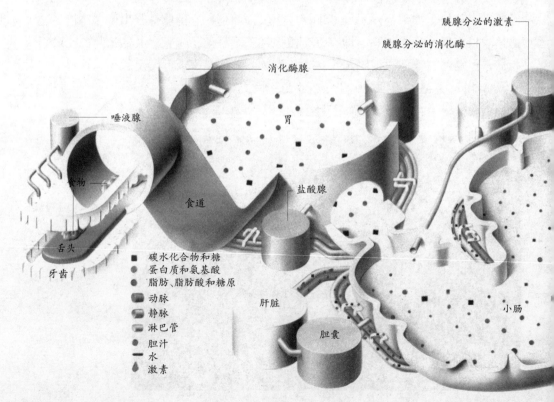

秃鹰大量进食之后，明显可以看到它的嗉囊膨胀起来。嗉囊是食管的一个膨胀部分，储存鸟囫囵吞下的食物，这样可以减轻胃的负担。

大量白蚁正在蚕食木头——最坚韧的食物之一。白蚁的消化系统内生活着细菌以及其他单细胞生物，能够将木质纤维分解成可以吸收的营养物质。

共生细菌的囊，以及其他各种肠。有些动物，例如蚯蚓和某些鸟类，体内长有砂囊——一种坚韧有力的肌肉组织，里面存有沙砾。砂囊的运动则导致沙砾碾磨食物。植物细胞很难消化，因此食草动物的肠通常比食肉动物的肠长，许多食草动物具有多个肠囊，例如盲肠（阑尾），其中含有能够帮助分解植物物质的细菌。鹿、羚羊和牛等反刍动物具有多个胃，适于消化植物物质。

消化的食物被肠壁血管吸收，一些小分子通过扩散就可以穿透肠壁，其他的则要通过一个能量消耗过程被吸收。食物分子进入血液到达全身各个细胞，有些脊椎动物的淋巴系统也可以携带食物分子。吸收已消化的食物并融入体内化合物的过程称为同化作用。

消化、吸收和同化作用都由激素和神经控制。感觉细胞告知大脑，消化道内存有食物，激素刺激消化酶和其他物质的分泌，肠壁神经协调肌肉波状蠕动。剩余的食物被储存起来，通常以碳水化合物——糖原的形式储存在肌肉和其他身体部位，或者以脂肪球的形式储存在脂肪组织里。根据血液成分的变化，激素控制着食物的储存和贮存化合物的分解，释放养料。

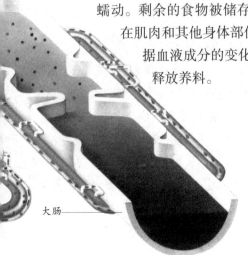

大肠

在人的消化系统中，食物在口腔里被分解。唾液有润滑作用，帮助食物进入喉咙，唾液中还含有淀粉酶，可以开始消化碳水化合物。胃酸可以杀灭细菌，酸化食物，胃酶开始把蛋白质分解为多肽。食物进入十二指肠和小肠，螺旋的肠壁和排列的茸毛增加了消化和吸收的表面积。胆囊分泌的胆汁从肝脏中流出。胰腺的胆汁盐和重碳酸盐帮助把脂肪分解成脂肪颗粒。胰腺和肠壁的酶分解蛋白质、脂肪、碳水化合物与核酸。可溶产物被茸毛中的小血管吸收。吸收的脂肪酸和糖原在茸毛细胞中再结合，形成脂肪，被淋巴管携带。在大肠内，水被血管吸收，携带到全身各个组织。

身体的废物处理

动物体内新陈代谢过程中发生的数百种化学反应会产生许多身体并不需要的物质，某些这类物质可能会干扰其他细胞的化学反应，甚至具有毒性。动物已经进化出了许多去除身体废物的特殊方法，这些方法即为排泄过程。

动物体内可以产生多种不同废物。身体不需要的碳水化合物通常转化成大的惰性（缺少化学活性）不溶分子，例如糖原，或者转化成脂肪储存在脂肪组织中。然而，蛋白质也可能具有强毒性，不能被贮存，它们必须被转化成弱毒性物质排出体外。蛋白质被分解成基本单位即氨基酸，氨基酸被带入肝脏，肝脏可以把氨基酸的毒性变弱。在肝脏中，氨基酸经历去氨基作用，释放出氨和二氧化碳。

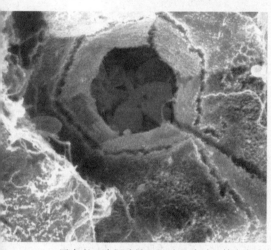

图中所示为肝脏瓣，肝脏细胞（呈棕色）包围着一个窦状隙，血液流经窦状隙时，这些肝脏细胞能够起到清洁血液的作用。胆汁被排到微小的胆汁毛细血管（呈绿色）中。

但是，氨本身具有很高的毒性，易溶于水，在鱼和其他水生动物中，氨以溶液形式融入周围的水中。生活在海洋中的鱼不能把氨排出体内，因为氨的排放会丧失大量的水。相反，有些鱼可以排出一种叫氧化三甲铵的物质，其他可以排出尿素——氨和二氧化碳结合，在肝脏产生。

尿素可溶，但是毒性比氨小，尿素排放需要的水也比氨需要的水少，因此，包括人在内的所有哺乳动物都以尿素形式将氨排出体外。然而，排放尿素的过程仍需要相当量的水，诸如生活在干旱环境中的爬行动物以及能够飞行但不能够承载太多重量的鸟类则把氨转化成略微呈白色的尿酸晶体。节肢动物的身体表面积与容积之比较大，在陆地上面临需要阻止水分从体表蒸发的问题，因此，它们也将氨转化成尿酸晶体，然后排出体外。鸟胚胎在鸟卵内也以尿酸晶体这种方便、紧实的结构储存废物。

动物体内还有其他需要除掉的废物，呼吸作用产生的二氧化碳从细胞扩散到血液中，然后被血液携带到肺或鳃排出体外。肝脏破坏受损红细胞时产生的分解色素储存在胆囊中，然后被释放进入肠，随粪便排出体外。肝脏也能分解许多身体不需要的其他物质，包括激素、入侵细菌产生的毒素，以及从植物食物、药物，还有酒精中吸收的有毒物质。

动物的体液和细胞中含有许多溶解物质。动物细胞被膜包裹，具有部分穿透性，浓缩的细胞溶液通过渗透作用吸水，这可以改变细胞溶液的浓度，打乱细胞中正在发生的反应，甚至可以使细胞迸裂。过多的水也会给细胞的外部环境造成麻烦，如果血液中的水分过多，血量就会增加，心脏泵出血液就更难。

生活在淡水中的动物要将体内过多的水排出，而生活在海水中的动物则需要吸收水分——因为海水的浓度大于动物体液的浓度，所以体液中的水分通过渗透作用向周围的海水移动。这种对水含量的控制叫作渗透调节。因为许多废物都是以可溶的形式排出体外的，所以动物的排泄器官具有双重功能，一个是排泄废物，另一个是控制血液和其他体液中的水和盐的含量。

体型极小的动物，废物可能只是简单地通过细胞膜扩散排出体外，而伸缩泡具有调节水含量的作用。小型多细胞动物如水螅的大部分废物从嘴排出。体型较大的动物通过让体液经过独立的排泄器官如肾排出废物，肾在将废物排出之前调节水和盐的含量。在哺乳动物体内，有探测血压变化、渗透压变化、神经信号变化以及激素变化的感受器，通过这些感受器之间的相互作用来维持体内的水和盐平衡。

欧洲鸬鹚站在它们的排泄物上。鸟类排泄固体废物，这些废物的形成只需要很少的水，因为废物中的水的重量会使鸟飞行的高度变低。

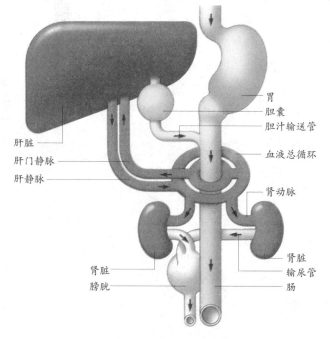

肝脏
肝门静脉
肝静脉

胃
胆囊
胆汁输送管
血液总循环
肾动脉

肾脏
输尿管
肠

肾脏
膀胱

刚消化的食物被吸收到肠道周围浓密的血管网中，各种食物成分从这里顺血液流入肝脏。根据身体的需要，多余的糖以不溶性碳水化合物——糖原形式贮存在肝脏中，或者，糖原转化成糖，提高体内的血糖水平。其他食物被转化成有用的物质如维生素；如果吸收的食物过多，则这些食物可以转化成非活性贮存化合物，对身体的新陈代谢不会产生干扰。同时，肝脏也分解受损的红细胞，被降解的色素进入肠道，排出体外。肝脏还可以把有毒物质如酒精和药物分解成可以被肾脏排出的物质。消化蛋白质的过程中产生的氨基酸可以被肝脏转化成其他蛋白质或者通过去氨基作用脱毒，其中，产生的氨和二氧化碳结合生成尿素。血液系统把尿素携带到肾脏，尿素在那里从血液中移除，并融入尿液，作为废水排出体外。

动物的循环系统

循环系统很可能在生命进化早期就已经出现了，甚至在最早的活细胞中，生命过程所需的化学物质也必须能够从细胞的某部位运输到另一部位。简单的扩散作用对于携带溶解物质穿越单个细胞来说足够快，但是对多细胞动物许多体内运输需求来说则太慢了。扩散作用的另一个弊端是，扩散过程中，化学物可能在与其他化学物质的相互作用中而被摧毁。细胞膜能够把被转运的物质和细胞内的其他部分分开。有些被转运的物质进入小囊，小囊的运动被认为与由能收缩和舒张的弹性蛋白质组成的微管有关。其他化学物质穿透由膜组成的扁平囊，例如内质网和高尔基体。

较大型动物的运输系统与细胞内的运输系统具有很多共同之处，但物质在其体内的运输不是透过膜，而是通过由结缔组织和肌肉纤维形成的管道。血液和其他体液在体内循环，把营养物质、身体产生的废物、氧气、激素以及抗体从单个细胞运输出去和进入单个细胞，或者运进或运出动物身体。

最简单的循环系统包括纤毛和鞭毛——能够摆动的细毛。海绵和许多原生动物摆动鞭毛或成排的纤毛，使含有食物和氧气的水流入体内；在蚌类动物中，水则流经筛状鳃。哺乳动物则利用纤毛使鼻子、喉咙和肺中的黏液进入胃，黏液黏附的异物颗粒可以在胃中进行无害处理。输卵管中的纤毛通过摆

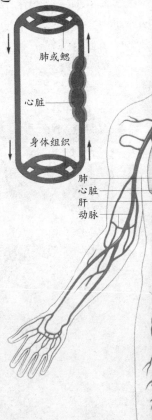

肺或鳃
心脏
身体组织

肺
心脏
肝
动脉

许多无脊椎动物如蚯蚓和节肢动物（包括龙虾），具有开式循环系统，其中血液在低压下流经全身，血液能从血管末端进入体腔。在这种开式循环系统中，含氧血和脱氧血混合在一起，氧气的运输相对效率不高。

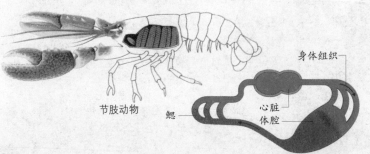

节肢动物　　鳃

身体组织

心脏
体腔

长耳大野兔生活在干旱炎热的沙漠，它们的耳朵很薄，并布满了细血管，因此热量容易从细血管网散失，帮助其降温。

动帮助卵子进入子宫；肾小管上的纤毛有助于液体沿着肾小管流动。

陆生动物把空气吸入体内，然后借助肌肉的吸放运动把空气排出体外。在许多动物体内，心脏是血液循环的泵器官，但是某些无脊椎动物的主要血管也起着同等重要的作用。许多无脊椎动物例如蚯蚓和节肢动物的一个或多个心脏把血液泵入血管，这些血管纵贯全身；然后，血液从血管末端漏进体腔，浸没细胞；最后，在心脏泵力作用下，血液被吸回血管前端。这种开式循环系统在低压环境下运作。

大型动物需要动力更强的循环系统，它们的血液在高压下被泵出，在一系列狭窄的血管中流动且不会溢出血管。细胞需要的物质从供应组织的毛细血管网薄薄的毛细血管壁扩散出来。但是，高压会导致部分血液透过毛细血管壁渗漏出来。渗出来的血液被另一个循环系统即淋巴系统的管道收集，然后在某个低压点流回主循环系统。在这种封闭式循环系统中，仅有 3% ~ 5% 的毛细血管一直处于开放状态，使供给组织的血液处在良好的控制下。

封闭式循环系统还有其他优点：允许血液在肾脏中高压过滤——一种排出废弃物的有效方式。对于那些依赖血液运输氧气的物种来说，开式循环速度太慢，限制了新陈代谢率和动物的活动——昆虫具有一个用于呼吸气体的分离的循环系统，克服了开式循环系统的这种局限性。

哺乳动物和鸟类的高速、高压循环能够使热量在全身传导，对维持其恒定的体温很关键。某些动物，特别是大部分时间生活在冷水中的海生动物，毛细血管的布局十分特殊，其中细动脉（动脉的末端分支）和小静脉（静脉末端的细小分支）平行排列，有利于它们之间进行热量和气体交换，减少热量散失。海生哺乳动物的鳍足和海鸟的脚上都具有这种特殊的毛细血管布局。

脾
肾
静脉

哺乳动物

心脏
肺

身体组织

在双循环系统中，例如人的循环系统，心脏首先把血液泵入肺，然后再在高压下把氧化血泵入身体。具有双循环系统动物的心脏要么有三个，要么有四个腔室，这样可以把从肺中流出的氧化血和从身体流回心脏的脱氧血分开。

动物的呼吸系统

人体平均含有约 300 亿个红细胞，每秒钟有 200 万~1000 万的红细胞被持续地摧毁或替代。如此巨大的数量与如此频繁的新旧更替恰恰反映了红细胞的重要性，它们将肺中的氧气携带到各个身体组织。

动物主要从呼吸作用中获取能量，呼吸作用消耗氧气，释放二氧化碳。许多动物通过肺或鳃完成与空气或水中的氧气和二氧化碳交换。鳃的指状突起以及肺的支气管和肺泡增加了气体扩散的表面积。人肺的表面积可达 100 平方米，而身体其他器官的表面积总和仅为 2 平方米。

鳃和肺的表面被细胞形成的薄层覆盖，厚度不到 5 微米，毛细血管网紧贴这一表面，是肺组织进行气体交换的场所，可以根据局部需氧量开闭。当身体做剧烈运动时，开放的肌肉毛细血管比休息时多 10 倍。

大多数动物的血液中含一种呼吸色素，能大大增加血液的吸收氧的能力。呼吸色素是蛋白质分子，通常与金属离子如铁离子或铜离子结合，这些离子对氧具有很强的亲和力。如果不含血红蛋白，人的血液只能承载体内氧气的 0.3%，但是有了血红蛋白，血液的载氧量可达体内氧气的 20%。

在氧含量高的地方例如肺部，血红蛋白吸附氧气；在氧含量低的场所如组织中，血红蛋白迅速释放氧气。肌球蛋白是肌肉用来储存氧气的色素，只在氧含量低的时候释放氧气。海豹以及其他潜水哺乳动物含有

肺动脉 气管　肺静脉
肺
细支气管
肺泡管
心脏
支气管
细支气管 胸膜
肺泡囊 毛细血管

在人的呼吸系统中，支气管、细支气管以及囊状肺泡为气体交换提供了大面积的潮湿场所。每一个肺泡都被毛细血管网包裹。气管和支气管内的软骨环以及细支气管内的肌肉具有支撑作用，保持肺内通气道处于开放状态。

鲸和海豚会时不时地浮出海面呼气，并从位于头顶部的呼吸孔吸入新鲜空气。当它们潜入海中时，强有力的肌肉将呼吸孔合拢。

美西螈是一种到达成体前保留幼态外鳃的蝾螈。成簇的外鳃使水流经时速度减慢，为气体交换提供了充足的时间。

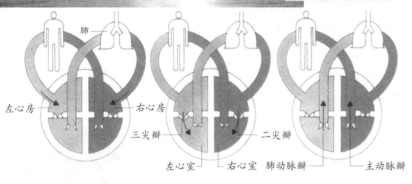

当压力过高，肺承受不了时，鸟类和哺乳动物的双循环系统能够使血液有效地泵入身体，这有助于维持体温，为身体组织迅速供氧，使新陈代谢作用更加活跃。

肺　　左心房　　右心房　　三尖瓣　　二尖瓣　　左心室　　右心室　　肺动脉瓣　　主动脉瓣

1. 脱氧血由身体、氧化血从肺流入心房
2. 三尖瓣和二尖瓣张开；血液流入心室。
3. 肺动脉瓣和主动脉瓣张开，把血液压入肺和全身。

大量的肌球蛋白，以利于在海中长时间潜游而不进行呼吸。

换气（含氧的空气或水进出身体）的方式有多种：鱼利用嘴底部的泵作用在鳃盖有节奏的开合动作的辅助下，使一股水流流经鳃。青蛙闭着嘴巴，用鼻子把空气吸入口腔，关闭鼻孔中的瓣膜，抬高嘴底，把空气压入肺部，升高嘴底，完成呼气动作。口腔壁也可以用来进行气体交换。

大部分爬行动物和哺乳动物向前向上移动肋骨，增加胸腔（身体的上半部分）的体积，而这也降低了胸腔内的压力，致使空气进入肺。在哺乳动物中，这一过程通过完全封闭胸腔的肌肉性横膈膜的收缩得以增强。鸟生有与肺相通的气囊，在呼吸作用过程中，胸骨和肋骨挤压气囊。

大脑的呼吸作用中枢协调换气。一套神经刺激身体呼气，另一套神经刺激身体吸气。肺细支气管中的拉伸感受器告知大脑应该激活哪一套神经。人的呼吸控制高度发达，因此人可以吹口哨、唱歌和谈话。

动物血管和大脑的传感器能够探测体内氧气和二氧化碳的浓度以及血液的酸度，动物呼吸的频率和深浅度根据传感器的信号而发生变化。如果感受器受到黏液、灰尘或者其他异物的刺激，就会引发咳嗽。

身体的化学控制

为了生存，动物必须对各种刺激做出反应，必须能够识别外界信号，例如危险或者潜在配偶发出的信息、提醒其迁徙或冬眠的季节性变化。同时，动物也需要对体内信号做出反应，例如饥饿或缺水，或者血压过高和过低。

对这些刺激做出反应需要一个体内交流系统。体内信号主要有两种：神经脉冲和化学信息。神经脉冲引起快速反应；化学信息引起的反应较慢，但是有更持久的影响。在极小型的动物中，化学物质通过在细胞间扩散传遍全身。在更大、更复杂的动物中，有特定的身体部位发挥特定的功能，以适应细胞间长距离交流的需要。控制产生于身体某一部位并作用于其他化学物质的物质叫作激素。

在具有一个循环系统的动物体内，大部分激素由内分泌腺直接分泌到血流中。脑部的垂体腺、颈部的甲状腺以及肾脏中的肾上腺都是内分泌腺。激素的特定作用依赖目标细胞的膜上的接收器对它们的识别。

神经系统和分泌激素的腺体都受大脑控制。血液中某些化学物质的变化、其他激素的存在，或者神经信号都能引发激素的产生。脊椎动物的大脑内有两个主要的腺体：视丘下腺体和脑垂体。视丘下腺体是神经系统和激素控制系统之间的关键纽带，负责收集从大脑其余部位以及经过该腺体的血管中的传感器发出的信息。视丘下腺体由血管直接与脑垂体相连，血管传递激素，使脑垂体释放或中止释放其他激素进入血流。上述过程也包含了身体局部的一些神经和化学物质的精细调节。

某些腺体，例如视丘下腺体和垂体腺、副甲状

面对危险，内分泌腺就会分泌肾上腺素和降肾上腺素，提高身体的警觉意识并迅速做出反应，即"攻击或者逃避"。血液从消化系统转向，流入肌肉和肺，为呼吸作用供氧。心跳加速，血压升高。肝脏把储存的食物转化成葡萄糖作为附加能量。神经调节能够迅速激发这些反应，但只有在激素的作用下，这些反应才能持续。

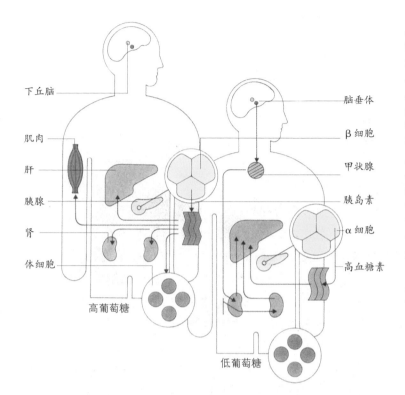

下丘脑

肌肉

肝

胰腺

肾

体细胞

高葡萄糖

脑垂体

β 细胞

甲状腺

胰岛素

α 细胞

高血糖素

低葡萄糖

胰腺中有感受器，能够探测血液中葡萄糖的含量。如果葡萄糖过多，胰腺中的 β 细胞会分泌胰岛素。胰岛素刺激体细胞吸收葡萄糖，增加葡萄糖的消耗或者把葡萄糖转化成脂肪。同时，肝脏把葡萄糖转化成糖原。如果血糖含量水平过低，则停止分泌胰岛素，α 细胞分泌高血糖素，刺激肝脏把糖原转化回葡萄糖，体细胞分解脂肪。这种一个反应的结束激发另一个逆向反应的调节过程叫作反馈控制。

腺、肾上腺髓质以及胰腺的部分部位，能够分泌水溶性激素（多肽或氨基酸），由特殊的蛋白质携带到目标细胞。这些激素可能刺激细胞也可能中止细胞活动。有些激素，例如胰岛素和肾上腺素，直接作用于细胞膜。

　　腺体例如甲状腺、肾上腺皮质、睾丸和卵巢能分泌脂溶性类固醇激素，激素进入细胞，激活某些基因或使某些基因失去活性，从而导致青春期生殖器官生长、脸毛的生长以人类及男性声音变低沉等生理现象的出现。

　　当身体处于焦虑或危险状态时，自主神经系统发出信号，刺激肾上腺激素和降肾上腺激素的分泌，这些激素使身体对威胁迅速做出反应，即"攻击或者逃避"。心跳加速，更多的血液被泵入肌肉，血压升高。血糖升高导致胰腺分泌胰岛素，胰岛素影响一系列的生物化学反应，降低血糖含量水平。

　　激素不仅存在于动物体内，还存在于植物体内。落叶颜色的耀目、树被风吹的形状、藤本植物的缠绕，所有这些现象都是植物激素作用的结果。植物激素是一种化学物质，在植物从种子到成体的过程中协调植物形式的变化，并且使植物根据环境的变化表现出适当的反应。植物具有感受器，能够感知环境信号；激素是植物的效应器，能对环境信号做出反应。植物生长由不同植物激素之间的相互作用控制，有些激素可以促进植物的生长，有些则可以抑制植物的生长。

　　生长素通过告知细胞它们在植物中的位置，控制着植物的生长和形式。生长素也决定着新细胞将分化成哪种类型的细胞。它们还促进侧根的生长和次生木质部的分化。随着生长素从植株尖端向下移动，它会抑制植株尖端附近侧芽的生长，这种作用叫作顶端优势。如果顶芽被切除，那么就会促进侧芽的生长。灌木通常被修剪，目的就是让侧芽生长。顶端优势对植株下部的抑制程度取决于生长素和从根部向上运输的细胞分裂素之间的平衡——细胞分裂素促进侧芽的生长。果实内部发育中的种子能够分泌生长素，促进果实的发育。

　　生长素也能控制植物对光、地心引力和其他刺激做出反应的方式，它们通过促进细胞纵向生长（激活增加细胞壁弹性的酶，因此细胞能吸收水分而膨胀）完成这一控制。当草或者谷类植株秧苗趋光生长时，一种叫作趋光蛋白的黄色蛋白质探测光，在植株尖端合成的生长素优先向植株背光的一侧运输，导致该侧的细胞伸长，所以植株朝向光线弯曲。植株的这种向着刺激来源的方向生长的反应叫作向性运动。植株具有正趋光性，即向光生长。植株也表现了背地心引力的特征，即向着与地心引力相反的方向生长。但是，植株的根却具有向地心引力和向水生长的特征。

　　因为生长素能够导致另一种植物激素——会抑制根伸长的乙烯气体的产生，所以根总是向背光弯曲。乙烯也能使幼苗穿过土壤中的障碍物，如果幼苗的尖端钻出土壤时遇到了固体物，就会产生乙烯——乙烯能够降低植株的茎伸长率，使茎变粗

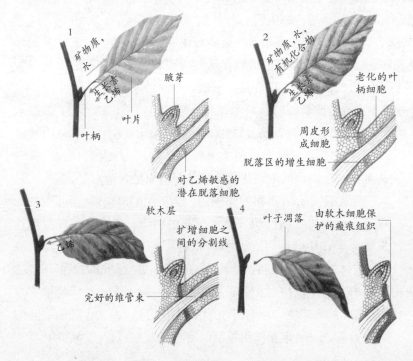

叶子脱落时，叶柄沿着叶基附近的细胞层即脱落层剥离。脱落层细胞的细胞壁极薄，没有纤维，酶就分解细胞壁，直到叶子的重量使脱落层分离。这些变化是生长素和乙烯之间的平衡发生变化的结果：老化的叶子产生的生长素越来越少，使得脱落层的细胞对乙烯更加敏感，这又导致酶的合成，分解细胞壁。

不同植物激素之间的平衡发生变化导致叶子在秋天脱落。生长抑制激素例如脱落酸加速植物的老化和叶子的脱落。

并沿水平方向生长，时间久了，植株的尖端便向上弯曲。仍然探测到固体障碍物时，另一种乙烯作用使植株侧向生长。一旦越过障碍物，植株便不再产生乙烯，重新向上正常生长。乙烯也能催熟果实，在秋天促使叶子凋落。乙烯是一种气体，所以催熟信号能在果实之间迅速传播。

一种叫赤霉素的植物激素促进茎中细胞的伸长和分裂，例如卷心菜在第一年形成莲座型，第二年大量分泌赤霉素，使结间部迅速伸长，花则高于地面。许多植物果实的发育同时需要赤霉素和生长素的参与。某些种子发芽时，例如玉米，胚芽分泌赤霉素，使储存在种子中的食物释放出来。如果生长组织里有生长素，细胞分裂素就能促进细胞分裂。赤霉素和生长素之间的比例控制着细胞的分化，如果赤霉素的含量高于生长素的含量，芽生长；如果生长素的含量稍高，根便形成。

脱落酸通常延缓植株生长，反作用于促生长激素。随着种子成熟，脱落酸的含量可以增加100倍，从而抑制种子发芽。许多休眠的种子只有当脱落酸被雨水冲刷掉，或者由于其被光照或者长时间处于寒冷环境中而失去活性时，才能够发芽。通常，赤霉素和脱落酸之间的平衡决定了种子发芽的时间。当种子成熟时，脱落酸有助于保护种子免于脱水；当根部缺水时，在脱落酸的作用下，叶片气孔关闭，防止植物枯萎。当植物受到真菌、细菌或病毒攻击时，一种叫寡糖素的激素能激活植物的防御系统。

植物激素在低浓度时具有显著的作用。像动物的激素一样，植物激素附着在细胞膜上的特殊感受器上，在细胞表面发挥作用，影响新陈代谢通路，激活基因或使基因失去活性。有些激素被携带到木质部或韧皮部，乙烯通过扩散移动，生长素被一种包含特殊携带蛋白质的主动过程从一个细胞携带到另一个细胞——这个过程需要消耗能量。

某些植物能够缠绕着支撑物生长，当植物的茎触碰到固体时，生长素便在茎的背面聚集，加速细胞伸长，使茎和卷须缠绕在支撑物上。

213

动物的神经系统

人类神经系统传递信息的速度达每秒钟 120 米，有一个控制中枢指引几亿条信号路线的活动，这个巨大的协调中枢就是大脑。大脑不仅能够接收来自感觉细胞和器官的信息并做出反应，而且能够把接收到的信息和储存的信息（记忆）进行比较，做出适当的反应，并学会用新方法解析信息。

细胞内的空间非常小，因此电信号有效，如果需要长距离传输，电脉冲必须与周围环境绝缘，才能快速传输。当脉冲沿着神经纤维传导时就发生上述情况。

两个或多个神经细胞（神经元）相连形成一个通路。两个神经细胞之间的微小空隙即突触分泌化学物质，激发下一个神经元产生新的神经脉冲，这个系统对信号进行控制和导引，协调大量神经元的活动。例如，除非一系列神经脉冲到达突触，否则脉冲不会传导至第二个神经元，或者受到来自其他神经元到达第二个神经元的信号的抑制。

大脑　丘脑　胼胝体　尾状核　视神经　嗅球　额叶　大脑皮层　小脑　垂体　脊索　枕叶　豆状核　杏仁核　颞叶　顶叶　延髓　脑干

人脑的大脑皮层是脑半球的外层，厚约 3 毫米，负责处理大部分的感觉信息。大脑根据信息到达皮层上的某点解析该信息。关联区域联系记忆中曾有的经历解析进入的信号，效应区激发身体特定部位的运动。

在进化过程中，神经元的数量以及它们的连接路径变得越来越大、越来越复杂，这反映了动物身体组织性的增加。独立的神经纤维聚集形成纤维束，通常由一层坚韧的鞘保护着。相邻纤维的细胞体彼此紧挨着排列，形成神经节，神经的其余部分占据较小的空间。中间神经元的复杂集合发展成协调与控制中枢，最大的这种中枢是大脑。

某些动物例如节肢动物的其他协调中枢也非常重要。高等动物大脑的主导作用更加明显，脊椎动物的大脑和脊索是主要的协调中枢，统称为中枢神经系统。从中枢神经系统延伸出两套神经，到达身体的其余部位。身体神经系统（或自发神经系统）

贯穿骨骼肌，主要负责自动的反射活动。自发神经系统也负责身体不同部位的有意识的活动，然而，尽管运动例如行走的方向和速度是受意识控制的，但通常也包含来自肌肉中的伸展感受器、平衡器官等的信息表现出的反射行为。

无意识神经系统（或自律神经系统）通常不受意识控制，它维持着心跳、血压、呼吸、食物沿肠道运动、排泄以及体温控制。

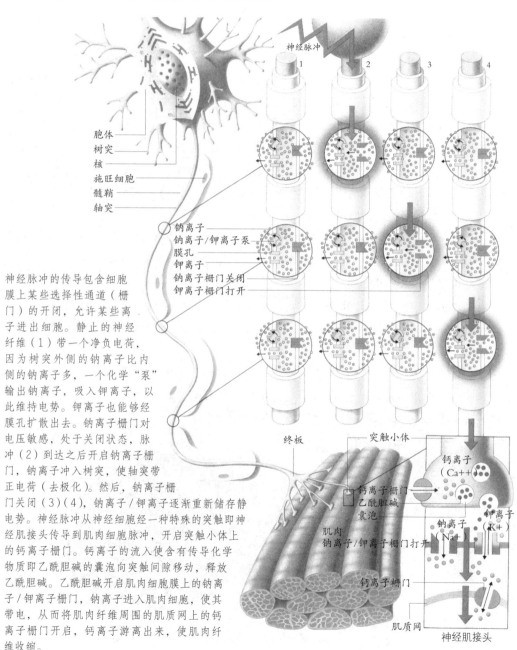

胞体
树突
核
施旺细胞
髓鞘
轴突

神经脉冲

钠离子
钠离子/钾离子泵
膜孔
钾离子
钠离子栅门关闭
钾离子栅门打开

终板

神经脉冲的传导包含细胞膜上某些选择性通道（栅门）的开闭，允许某些离子进出细胞。静止的神经纤维（1）带一个净负电荷，因为树突外侧的钠离子比内侧的钠离子多，一个化学"泵"输出钠离子，吸入钾离子，以此维持电势。钾离子也能够经膜孔扩散出去。钠离子栅门对电压敏感，处于关闭状态，脉冲（2）到达之后开启钠离子栅门，钠离子冲入树突，使轴突带正电荷（去极化）。然后，钠离子栅门关闭（3）（4），钠离子/钾离子逐渐重新储存静电势。神经脉冲从神经细胞经一种特殊的突触即神经肌接头传导到肌肉细胞脉冲，开启突触小体上的钙离子栅门。钙离子的流入使含有传导化学物质即乙酰胆碱的囊泡向突触间隙移动，释放乙酰胆碱。乙酰胆碱开启肌肉细胞膜上的钠离子/钾离子栅门，钠离子进入肌肉细胞，使其带电，从而将肌肉纤维周围的肌质网上的钙离子栅门开启，钙离子游离出来，使肌肉纤维收缩。

突触小体
钙离子（Ca++）
钙离子栅门
乙酰胆碱
囊泡
钠离子（Na+）
钾离子（K+）
肌肉
钠离子/钾离子栅门打开
钙离子栅门
肌质网
神经肌接头

人脑

大脑是人体的中枢，赋予我们意识、理解并对周围世界做出反应、记忆、感情，以及控制所有的身体功能。大脑实际上是高度褶皱的脊髓延伸，脑室里充满了脑脊髓液，与脊髓中的脊髓液相连。脑中 85% 是水，液体能帮助缓冲大脑遭受的伤害例如震荡。

人脑的平均重量为 1.5 千克，比大象和鲸鱼的脑小，但是人脑重量与体重的比例比其他动物的都大。人脑的大脑皮层也最发达，大脑皮层负责处理学习、行为和智能，各个感觉器官接收到的信息都集中到大脑皮层，大脑皮层把新输入的信息与记忆的信息比较。脑和脊髓统称中枢神经系统，大约含有 1000 亿个神经细胞，以约 275 千米/小时的速度传递神经脉冲。

大脑由两个高度褶皱的脑组织即两个半球构成，主要功能是接收并处理感觉信息，解释信息，从而产生意识，控制行为。大脑的外层即大脑皮层，是哺乳动物大脑最大的部分（人的大脑皮层大于占据了人脑的 80%）。脑回使大面积区域能被容纳在相对较小的空间里。大脑皮层主要负责认知、技能和复杂行为。大脑的四个叶具有明确的分工，额叶负责控制运动；顶叶分析感觉信息；枕叶处理视觉信息和语言；颞叶与听、说、识别并命名物体等行为有关。

在额叶和顶叶之间的分界线周围是十分重要的运动皮层和感觉皮层。运动皮层对感觉信号做出反应，把信号传导到骨骼肌；感觉皮层接收并处理来自全身的触觉感受器、疼痛感受器、压力感受器以及温度感受器的信息。大脑皮层的特定区域处理来自或到达身体特定器官的信息。各个区域所占大脑皮层的面积大小与其处理信息的重要性有关。

语言——包括读、写、说——显示了大脑中信息处理的复杂性。左右脑间

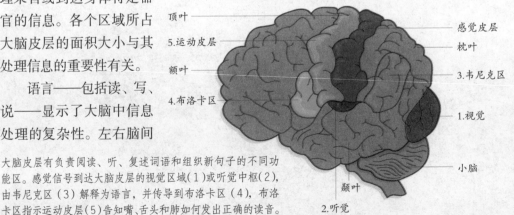

大脑皮层有负责阅读、听、复述词语和组织新句子的不同功能区。感觉信号到达大脑皮层的视觉区域（1）或听觉中枢（2），由韦尼克区（3）解释为语言，并传导到布洛卡区（4），布洛卡区指示运动皮层（5）告知嘴、舌头和肺如何发出正确的读音。

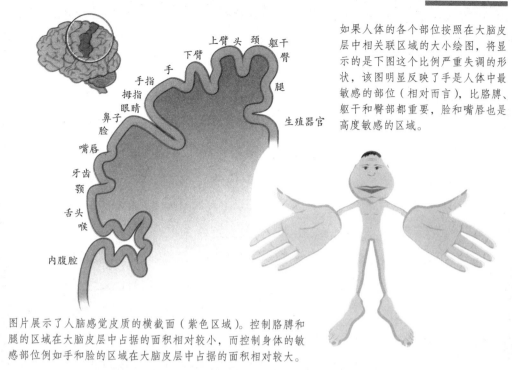

如果人体的各个部位按照在大脑皮层中相关联区域的大小绘图，将显示的是下图这个比例严重失调的形状，该图明显反映了手是人体中最敏感的部位（相对而言），比胳膊、躯干和臀部都重要，脸和嘴唇也是高度敏感的区域。

图片展示了人脑感觉皮质的横截面（紫色区域）。控制胳膊和腿的区域在大脑皮层中占据的面积相对较小，而控制身体的敏感部位例如手和脸的区域在大脑皮层中占据的面积相对较大。

的差别非常重要。大部分人（但不是所有）的语言主要由左脑控制，语言的使用依赖信息在大脑皮层各个器官之间的"流动"。左脑负责发现和理解单词，但是要准确理解单词更宽泛的含义（即语言的细微差别和感情色彩）需要从右脑输入信息。视觉中枢的信息对于阅读和应用面部表情辅助解释话语具有重要意义。从听觉中枢输入信息也是必要的。

左脑中有两个重要的控制中枢：布洛卡区负责语言的表达；韦尼克区负责语言的理解。布洛卡区受损会导致语言障碍或完全失语，但是患者仍然能够阅读和理解语言。韦尼克区受损的患者能够发声、说话，但是话语不表达意义，不能理解话语和文字。

大脑的许多功能需要大脑不同部位的相互作用。例如，解释视觉信号时，眼睛中的神经细胞传递视网膜上特定区域的信息。大脑皮层的视觉区域含有数十亿个神经元，但是每一个视网膜上只有100万个神经元把信息传递给大脑。视网膜接收的信号被传递到几百个大脑皮层细胞，每一个脑皮层细胞对视网膜反射的相对光线的方向、位置和运动组合模式做出反应。两个大脑半球的皮层视觉区域共享信息，分析深度和距离。

视丘下部位于大脑基部，是主要的协调中枢，通过自主神经系统或内分泌（激素）系统激发反应，从而对信息做出响应。视丘下部也负责检查体温调节等基本身体功能。脑干的部分区域——网状系统控制睡眠和觉醒，以及平衡和协调的活动循环。脑皮层的另一部分——边缘系统主要功能是控制感情、生理活动和本能，负责学习过程以及短期记忆向长期记忆的转化。

停下来，想一想

　　生命依赖于体内化学物质的相互作用、能量的转化为，以及身体各部位之间的迅速交流。在从细胞到器官的每一个层次上，动物和植物的身体为各种生命过程提供了特化的环境。线粒体高度褶皱的膜、每一个动物细胞的"动力房"，以及植物叶绿体的类囊体膜为各种反应中的化学物质（包括释放能量和获取能量的反应）提供了大的表面积。许多脊椎动物弹性的肺扩张和收缩，把空气吸入身体，扩散入溶液，再进入到肺周围的血管，然后进入身体的所有细胞。叶片上微小气孔的开闭控制着气体交换。

　　因为不同的生命过程在身体不同的特殊部位进行，所以化学物质需要从一个部位转运到另一个部位，信号必须经过全身以协调这些活动。多细胞的动植物利用化学信号和电信号交流，在较大的物种体内有复杂的运输系统，例如心脏和韧皮部，负责运输营养物质和气体。所有生命过程和结构都经过了多次进化，与特殊的生活方式和栖息地相适应。

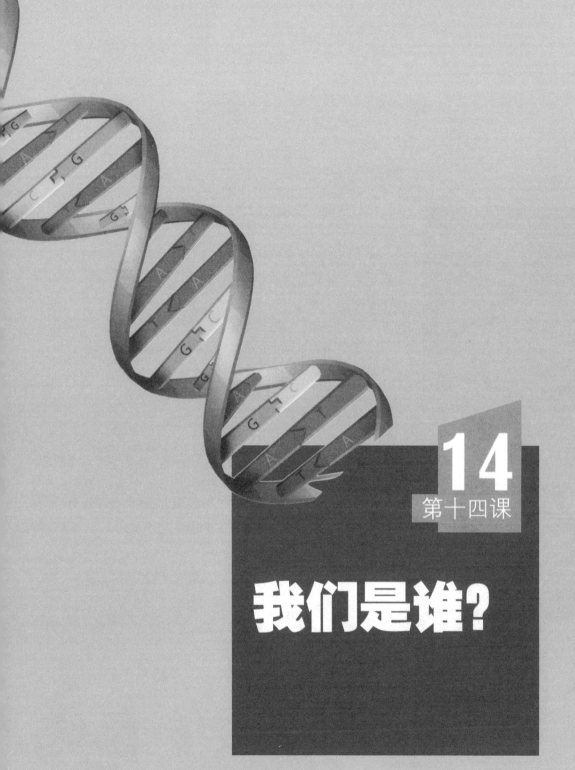

14

我们是谁？

生命究竟是什么?

我们是谁? 这是我们在人类历史长河中不断自问的一个问题。

这个问题最简单的回答就是:我们是生物,是生命的一种形式,是地球生物网的一部分。但"生命的一种形式"又究竟意味着什么?

仔细比较以下几种事物:

湖泊—建筑—松树—岩石
马丁·路德·金—蚂蚁—你自己—太阳
银河系—悬于岩洞中的水晶

绝大多数人可能都会认为树、蚂蚁以及人类都是有生命的,而与此相反,湖泊、建筑、岩石、太阳、岩洞水晶以及银河系都是没有生命的。事实上,我们大致可以把物体简单地分成"生命体"和"无生命体"两大类,但如果要给生命下一个简洁的定义却非常困难。

希腊哲学家苏格拉底曾说过:"认识你自己。"

以悬于岩洞中的水晶为例，其实它们和我们人类一样，也通过与周围环境交换物质和能量来达到成长的目的。即使是无生命的水晶，似乎也仍然可以进行精确的自我复制。例如，岩洞中的一块小水晶断裂并掉落在一个新的地方，一段时间以后，这块小水晶会长成大水晶。

再以恒星为例，从人类的时间观来看，我们并不认为恒星是有生命的。但当足够多的氢气聚集在一起发生核聚变时，恒星就"诞生"了。于是，当恒星与周围环境交换物质和能量而使其自身大小发生改变的时候，它就有了"生命周期"。在其生命周期的某个时刻，恒星也许会爆炸（死亡），喷射出大量物质，最终可能又会以一个新的恒星或者行星的形式出现。

所以，如果我们就这样简单地将生命定义为活的有机体（例如蚂蚁、树和人），而不包括水晶或已经死去的有机体，就显得有点儿不太客观了。在定义"元素"和"能量"时，我们也碰到了类似的问题。在这种情况下，勉强给出一个定义比定义所体现的价值更易引发问题。因此，本书比较倾向于对某一主题进行研究，并根据我们的理解不断展开。虽然我们可能永远都得不到一个确切的定义，但我们却会十分清楚自己正在研究的问题。

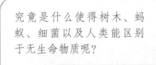

究竟是什么使得树木、蚂蚁、细菌以及人类能区别于无生命物质呢？

生命的系统观点

为了加深对生命的理解，我们将主要把注意力集中在刚划分出的活着的有机体上。究竟是什么使得树木、蚂蚁、细菌以及人类能区别于无生命物质呢？

"生机说"是试图解释生命本质的早期理论之一，它指出生命体与非生命体的本质区别在于生命体由特殊材料构成。不过，这个理论已被证明是错误的。生命体与非生命体有着同样的原子构成（即碳、氢、氮、氧、磷、硫）。任一人体内的碳原子，与空气、岩石或者发酵粉中的碳原子都是一样的。更进一步来说，我们甚至可以在实验室中利用保存在瓶子里的非生命化学成分制造出生命体内的分子。

"生机说"的错误在于，它误认为生命体中必定存在某种特殊成分，这种特殊成分要么其本身就有生命，要么可以把非生命体物质的聚集体转化为生命体。现在，我们用生命的系统观点代替了"生机说"理论。这种系统观点告诉我们，并不是生命体的某个组成部分使其具有生命，而是系统作为一个整体（例如一棵树、一只蚂蚁、一个人）有着生命的属性，这种属性是独立的化学成分所不具备的。

生命

在研究生命的过程中，我们又用到了第二课中令人惊叹的系统观点。系统由部分构成，但又与部分有着本质上的区别（即"二加二等于 Hip-Hop"）。生存与否是系统的属性，取决于各个组成部分的协同工作。因此，生命是属于系统整体的一个基本属性。

并不是生命体的某个组成部分使其具有生命，而是系统作为一个整体有着生命的属性，这种属性是独立的化学成分所不具备的。

细胞

地球上的所有生物要么只由一个单细胞构成，要么就由许多细胞协同工作组合而成。正如原子可以作为物质的基本单位一样，细胞也可以被认为是生物的基本组成单位。因此，生活在地球上的任一生命体要么是一个单细胞体（如细菌和变形虫），要么就是一个由多个细胞组成的多细胞体[①]。

单细胞生物是地球上最简单的生命形式。细胞各部分协同工作，整个细胞就是一个生命系统。细胞膜是细胞结构中最重要的组成部分，是把细胞内部与周围环境分隔开来的弹性屏障。

虽然细胞有外部屏障的保护，但它们却不会与外界环境完全隔离。因为细胞本身需要通过吸收或释放物质与能量来维持自身的生存与发展。

例如，细胞一方面从环境中获取食物，同时也会向环境排泄废弃物。

在前几章中，我们从物质、能量以及生命的角度把

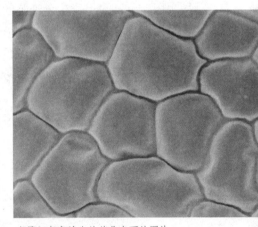

这是一只被称为单细胞生物的草履虫。

这是经高度放大的花朵表面的图片。

肌肉细胞

神经细胞

树叶细胞

地球作为系统进行了分析。与地球是物质的封闭系统不同的是，细胞却是物质的开放系统。当然，对于能量而言，地球和细胞都属开放系统。能量可以在系统中自由进出。

①病毒可看作一个特例。它们虽然不是细胞，但却依赖于细胞进行繁殖和自我复制。

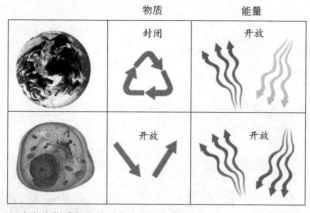

	物质	能量
	封闭	开放
	开放	开放

细胞内的物质与能量系统都是开放的。

细胞与地球一样，也是一个生命的网状系统。同样，细胞之间也会互相联系，互相影响。细胞网络最重要的特征之一就在于，它们的亲密协作共同形成了同一生物体的某个部分。植物和动物都属于多细胞生物，都是由协同工作的细胞组成的集合体。

我们每个人都由 200 多种不同类型的细胞构成，且细胞总量达到 100 万亿个。这些细胞之间相互协作，而非各自为政。我们人类最恐惧的疾病之一癌症，就是由于某个细胞突然停止协作并脱离整个机体的控制进行自我繁殖所引起的。

癌细胞违反了多细胞合作协议，它们大量繁殖，并入侵到不属于它们的其他身体器官中去。可怕的是，这种细胞的违规通常会导致严重的疾病，甚至引起机体的死亡。

我们现在可以回答"我们是谁"的问题了，而答案就是"我们是生物，是多细胞生物体，是地球生物网的一部分"。人类由协同工作的多种不同细胞构成。这些不同种类的细胞共同组成了我们的器官，包括心脏、胃、小肠、胰腺、大肠以及大脑。不同的器官在体内也协同工作，组成了循环系统或消化系统。最后，身体内部的各个系统又综合形成一个完整的生物体，也就是我们人类。

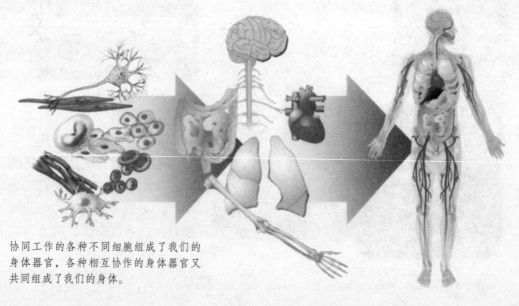

协同工作的各种不同细胞组成了我们的身体器官，各种相互协作的身体器官又共同组成了我们的身体。

大分子

生化学家的工作就是研究生命体内的分子。生化学家已经发现生物体与非生物体由相同的原子构成。但是，由这些原子构成的分子是否仍然相同呢？

刚开始，科学家认为生物体内可能包含有某些特殊的分子，这些分子只能在有生命的动植物体内才能生成。例如，尿液中的尿素，就是一种只会在生命体内出现的分子。然而在1828年，一位德国化学家却在实验室里用标准实验化学药品合成了纯尿素。他异常激动，以至于跑到大街上大喊："找到尿素了！找到尿素了！"

我们能合成出生物系统中的任何一种化学成分。

这样看来，生化学家的工作似乎就是从细菌、植物以及动物体内提取并辨别不同种类的分子。他们已发现了许多中等大小的分子，比如糖或氨基酸——它们通常由10～50个原子构成。尿素是机体内最小的分子之一，它由8个原子构成（即1个碳原子、1个氧原子、2个氮原子和4个氢原子）。大多数分子都和尿素一样，能够由生化学家在实验室里相当容易地合成出来。

在所有的分子当中，碳元素起着极其重要的作用。碳元素具备自我结合的特殊能力，可以形成长链或封闭链结构，比如五角形或六角形，而其他任何原子都不可能具备这种能力。因此，与碳元素相比，其他91种基本元素在自我结合的方式上都有着极大的限制。正是由于碳元素的这种可形成多种不同形状大分子的独特能力，科学家们怀疑宇宙中的任何生物体都像人类一样，全部以碳元素为基础。

虽然在辨别、合成动植物体内的中等大分子方面，生

225

化学家已取得了极大的成功，但他们在早期发现的超大含碳分子，似乎都超过了他们的研究能力。其实，这些超大分子也都是由普通的碳、氧、氮、氢、磷、硫 6 种原子构成，只不过其单个分子中的原子数达到了几千甚至几百万。在研究大分子的结构形状过程中遇到了不少困难，生化学家们在过去几十年里一直都无法取得突破。当时，他们甚至都不敢想象能在实验室里合成出这些分子。

但是，今天我们不仅仅知道了这些超大分子的形状，甚至还可以在实验室里把它们合成出来。科学家对这些超大生命分子的成功研究，给现代医学提供了非常有价值的实践基础。

蛋白质

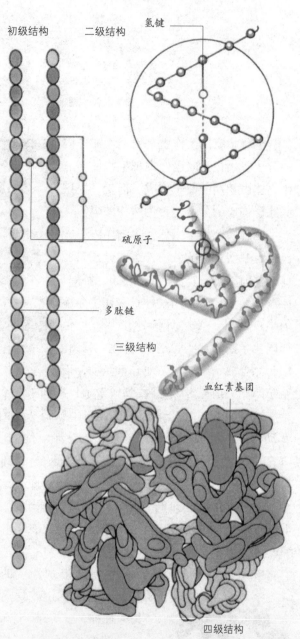

初级结构　二级结构　氢键

硫原子

多肽链

三级结构

血红素基团

四级结构

在接下来的内容中，我们将研究最重要的两种大分子——蛋白质和 DNA。因此，学习完这些内容之后，你们就可以从一个全新的角度更深刻地认识到自己是谁了。

生命的基础——蛋白质

至今为止，你们已经有多少次听说过食用蛋白质？你们有没有想过人类为什么需要食用蛋白质？

我们人体需要食物中的蛋白质，是因为蛋白质在人体内起着非常重要的作用。蛋白质由氨基酸组成。我们的身体首先把食物中的蛋白质消化（分解）成氨基酸，然后再把这些氨基酸重新组合，形成人类自身的蛋白质。

那么，这些蛋白质分子可以为我们做些什么？它们可以做任何事情！这是在开玩笑吗？当然不是！

实际上，人类或地球上其他任何生物体所做的事情，在分子级别上都是由蛋白质完成的。一种被称为酶的特殊蛋白质，控制并催化了生物体内所有的化学变化。不过，不同的蛋白质其功能也不同：

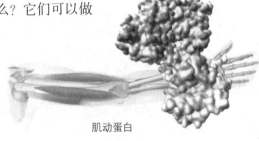

肌动蛋白

- 消化食物（一种被称为蛋白酶的蛋白质在我们的小肠内活动，来消化我们所吸收的蛋白质）；

- 从一个地方运动到另一个地方（肌肉也是蛋白质）；

食物中的蛋白质来源

227

● 燃烧糖获取能量（酶控制着细胞的化学反应，而所有的酶都是蛋白质）；

● 传输氧气和二氧化碳等气体（血液中的血色素也是一种蛋白质）；

● 与病毒等传染体做斗争（抗体也是蛋白质）；

● 作为一种在血液中传播的化学信息，并帮助协调机体的活动（一种被称为胰岛素的蛋白质调节着血液中的血糖浓度）；

● 对生物体内现存的所有分子及其结构进行精确的复制（新蛋白质合成的过程离不开一些特殊蛋白质的参与）。

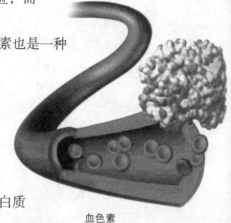

血色素

任何生物体都依赖蛋白质完成以上所有的生命任务。一个细菌可能需要5000种不同的蛋白质来寻找食物、排泄废物、与敌人斗争、协调自身活动以及进行自身繁殖等，而我们人类则大约需要4万种不同的蛋白质来完成我们所做的每件事。

蛋白质之所以能完成所有这些工作，是因为：

抗体

● 它们是非常大的分子

● 它们能够折叠成许多不同的形状

● 它们含有具备不同化学特性的多个组成部分

每个蛋白质分子都具备其各自的形状、大小以及化学特性，来协助完成特定的某个或某些任务。比如，肌肉蛋白质主要负责肌肉的伸展和收缩，却不具备携带血液中的氧气以及对抗病毒或消化淀粉的能力。

为什么蛋白质分子这么大？它们究竟是如何折叠成多种不同形状并同时具有多

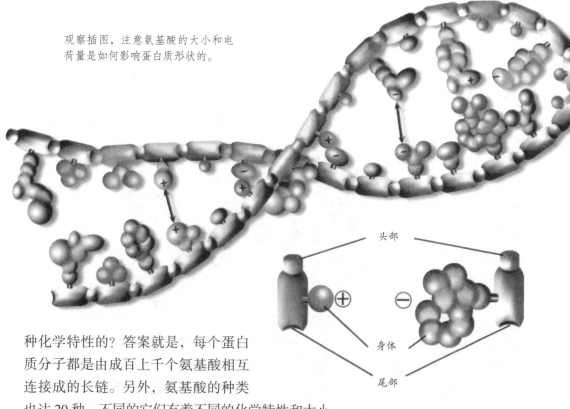

观察插图，注意氨基酸的大小和电荷量是如何影响蛋白质形状的。

头部

身体

尾部

种化学特性的？答案就是，每个蛋白质分子都是由成百上千个氨基酸相互连接成的长链。另外，氨基酸的种类也达 20 种，不同的它们有着不同的化学特性和大小。

蛋白质分子可以这么大，就是因为这些氨基酸可以链接成长链，而氨基酸链的长度则决定了蛋白质的种类。另外，组成蛋白质的 20 种氨基酸数量不同或在链中的位置不同，也是形成不同蛋白质的原因。

为了更好地理解蛋白质的结构，我们可以把氨基酸想象成一个塑料水珠。水珠的头部有一个结节，称为"头"；尾部有一个小洞，称为"尾"。这 20 种不同的氨基酸有着相同的头和尾，而区别就在于"身体"不同。

当然，由于氨基酸分子比较小，实际上它们并非完全具备头、身体和尾的形状或特性。我们使用这些词语只是为了更清晰地阐述氨基酸是如何相互区别以及互相连接的。

氨基酸一般通过头尾相连进行连接。在我们的水珠模型中，结节与缺口是完全吻合的。

就这样，氨基酸头尾相接、不断重复，最后形成一个很长的氨基酸链。每个氨基酸的头和尾分别与前面氨基酸的尾以及后面氨基酸的头对应连接。

氨基酸的"身体"是不同氨基酸的区别所在。所谓"身体"，指的就是氨基酸头部和尾部之间的部分。不同氨基酸的"身体"有着截然不同的属性：有些"身体"

避免与水接触，而有些则很需要水；有些"身体"体积很小，而有些则占据了很大的空间，其中还可能包括相互连接成五角形或六角形的原子团；有些"身体"带正电，有些带负电，而更多的则不带电。

这20种不同的氨基酸有着不同的物理性质和化学特性，这就使它们可以组成大量不同的蛋白质。如果我们只用4个氨基酸，那么经排列组合之后就会得到16万种不同的蛋白质。这是因为

由4个氨基酸组成的蛋白质共有16万种不同的组合。

第一个氨基酸有20种不同的选择，同样第二个氨基酸也有20种选择，这时就要乘以20，依次类推，加上第三个及第四个氨基酸时再乘以20，最终就达到了16万。由于实际的蛋白质由连接在一个长链上的成百上千个氨基酸组成，这样组合出的可能蛋白质种类数目其实是无限大的。同时，因为不同的氨基酸有着不同的大小、化学属性及电荷数，所以由氨基酸构成的蛋白质也有着不同的大小、形状和化学特征。

任何一种蛋白质（比如血红细胞中携带氧气的血色素，以及调节血糖浓度的荷尔蒙胰岛素）都是由特定的氨基酸按照一定的顺序连接而成的。氨基酸的种类以及连接顺序的不同都会形成不同的蛋白质，从而完成不同的功能。因此，只要拿掉或改变其中任何一个氨基酸就会彻底改变蛋白质的正常功能。

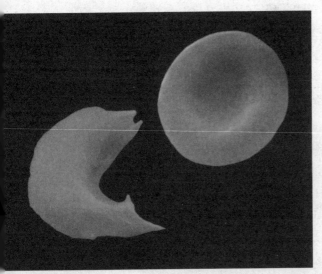

镰刀形红细胞贫血症就是由于组成血色素链的177个氨基酸中有1个发生了变化所引起的。尽管其余176个氨基酸不管是链中的位置还是结构都和正常的血色素完全一样，但是1个氨基酸的改变，就导致了血红细胞把氧气送给机体细胞的能力大大减弱。因此，只要这种血色素蛋白质内任何一个氨基酸发生改变，就会引发人体严重的疼痛、慢性贫血和严重感染等症状。

一个氨基酸的改变就引起了镰刀形红细胞贫血症。

神奇的DNA

在生物体所能做到的众多奇妙事情中，最令人惊讶的或许就是生命体的自我繁殖。例如，一个细菌可以在20分钟内不断变大，复制出自己最需要的分子，并分成两半。这样，原先只有一个细菌的地方现在出现了两个同样的细菌。按照这种速度，只要7个小时，一个细菌就可以繁殖出100万个细菌。

一个多细胞生物体内的细胞也进行着同样的自我繁殖。因此，单个受精卵细胞就是这样逐渐成长、繁殖，最终变成老鼠、鲸或人的。

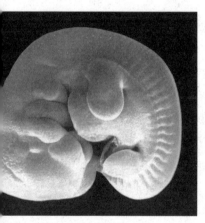

受精10天的老鼠胚胎

但是这些细胞是如何获得信息，从而知道自己是要变成一个细菌，还是老鼠的鼻子细胞，又或者是人类大脑的细胞的呢？它们又是如何拷贝复制这些信息，以使每个新细胞都知道该怎样工作，当然也包括如何进行自身繁殖的？

到20世纪50年代，科学家已经证实了众所周知的极大分子核酸在存储信息和给下一代传递信息方面都扮演着主要角色。在本书中，我们将主要研究一种被称为DNA的核酸。

类似于蛋白质，核酸也是由长链上头尾连接的较小部分组成的。对于核酸而言，我们把那些较小部分称为碱基核苷酸，或者直接简称为碱基。DNA由4个碱基（分别为A、T、G和C）构成。同样，我们将每个碱基都描绘成包含有头部、尾部和身体的部分，这对于我们下面的学习是很有帮助的。

4 个 DNA 碱基的头部和尾部都是一样的，而"身体"的差异则使得碱基相互区别。请仔细观察本页边缘示意图中各个碱基间的联系，它们形成了一条带有每个碱基"身体"的长链，并纵向展开。

一个 DNA 分子由两条碱基链以双螺旋的形式相互缠绕而成。一条链上的任何地方出现一个 A，则会在另一条链上相对应的地方伴随一个 T。类似的，T 也总是与 A 相配对，G 与 C 相配对，C 与 G 相配对。

现在让我们看一下 DNA 分子是怎样进行复制的。在下一页的示意图中，给出了一个由两条互相靠近的垂直链形成的 DNA 分子。这种显示方式可以让我们很容易看清楚 DNA 是如何进行自我复制的。同时，大家也应该注意到这里 A 始终与 T 配对，G 始终与 C 配对。

每条链纵向的上下连接是十分稳定的，而链之间水平方向上碱基对的连接则显得较为薄弱，这样两条链彼此分离就相对容易得多。

随着两条链的彼此分离，细胞能够沿着原来分开的链形成一个新的伴随链。伴随链的产生遵循同样的配对规则（即 A 和 T，T 和 A，G

一个 DNA 分子看起来像梯形双螺旋结构。注意，这里的 DNA 分子有两条链。两条链之间靠碱基相互连接。你们注意到碱基之间的配对类型了吗？

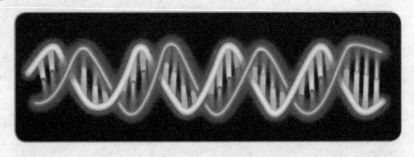

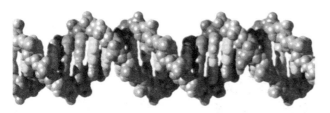

DNA 的结构解释了它的复制过程。

和 C，C 和 G）。复制完毕后，将会产生两个与原来 DNA 分子一模一样的双链 DNA 分子。之后，细胞分裂成两半，每个新细胞中的 DNA 都是原来细胞中 DNA 的复制品。

这样，DNA 的结构以及碱基配对规则都向大家展示了 DNA 自我复制的方法。父亲精细胞内的 DNA 与母亲卵细胞中的 DNA 结合后，形成的受精卵细胞就有了来源于父亲和母亲的一整套 DNA 分子。这个受精卵细胞会成长并分裂成上万亿个细胞，最终形成新的人类。这些分裂细胞中的每一个都复制了最初受精卵细胞从父亲和母亲那里继承来的一整套 DNA 分子。

以上这种复制过程使得孩子拥有与父母亲相同的碱基序列成为可能。但是，我们仍有一个很大的疑问：究竟 DNA 分子是如何工作的？DNA 分子的碱基序列有什么特别的地方？这些分子是如何提供信息，指示形成新的人类而不是老鼠、果蝇或者向日葵的呢？

DNA 是如何拥有使女儿看起来有点儿像自己的母亲这种信息的？

开始

DNA解开螺旋

开始复制

结束（得到两个完全相同的DNA）

233

地球生物的另一套遗传密码

人类以及其他生物体所做的任何事情都是通过蛋白质完成的。蛋白质的存在使得生物体内部化学变化的进行成为可能。同时，蛋白质还协助形成机体的各个组成结构。因此，如果有某个程序或指令可以告诉生物体细胞应该如何合成自身所需的蛋白质，那么生物体就拥有了自己所需的信息。并且，这种指令只需告诉细胞合成蛋白质的方法，其他事情则由蛋白质自己完成。我们现在知道，核酸就是这种指令程序。

发现 DNA 结构之后，我们下一步的研究就是要找出通过 DNA 指示细胞合成特定蛋白质的遗传密码。任一给定的蛋白质都是由按照特定顺序排列的氨基酸链组成。因此，要合成一种特定的蛋白质，细胞需要一些指令来告诉它们从哪个氨基酸开始，第二个氨基酸是什么，第三个又是什么，直到蛋白质链中的最后一个氨基酸排好为止。

其实，我们可以采取一种有趣的方式来思考这个问题：把蛋白质看成一种含有 20 个不同字母的语言，每个字母代表一种不同的氨基酸。每种蛋白质就像是一个由不同字母相

就某种程度而言，DNA 内含有一些重要的信息。这些信息可以使蛋白质中正确的氨基酸放置在相应的位置上。

串联成的特定文本，拼写出了一个非常长的"词汇"。

同样，我们也可以把DNA看成包含有4个字母的另一种语言（即A、T、G和C）。就某种程度而言，DNA语言能够决定蛋白质中的字母序列。换句话说，DNA中某一部分的碱基序列就是一个密码，该密码在一定程度上与某种蛋白质中氨基酸的排列次序有关。

那究竟是一种什么样的密码呢？会不会是单字母密码？如果这样的话，碱基A可表示一种氨基酸，T表示第二种氨基酸，G表示第三种，而C则表示第四种。这样说来，若使用这种单字母DNA码，细胞就只能合成含有4种不同氨基酸的蛋白质。而实际上，蛋白质却包含了20种不同的氨基酸。

那会不会是双字母的DNA码呢？大家可以计算出，4个DNA碱基对总共可形成16个不同的双字母组合。这离20种组合的要求不远，因此，一个双字母DNA码几乎就可以工作了。但对于生物体而言，"几乎"还远远不够。

AA AT AG AC
TA TT TG TC
CA CT CG CC
GA GT GG GC

与此相比，一个三字母的DNA码有64种组合，这对于20种氨基酸的要求已经足够了。即使算上用于标记的DNA码，诸如"由此开始"以及"到此结束"之类也绰绰有余。所以说，生物体使用的是三字母的DNA码，这也就是大家口中的遗传密码。

地球上所有的生物体都是双语的，并使用着同一套遗传密码。

你们知道这些密码是如何工作的吗？细胞以三个字母为单位"读"出DNA碱基序列。每三个字母组合会暗示细胞使用哪种氨基酸合成蛋白质。例如，AAG这三个字母组合就表示赖氨酸[①]。

---

① 因为三字母的组合方式大大超过了氨基酸的种类，所以实际上大多数氨基酸都对应着不止一种三字母组合。举个例子来说，AAA和AAG都是赖氨酸的遗传码。另外，还有一些三字母组合表示"由此开始"和"到此结束"的意思。

地球上所有的生物都使用了同一套遗传密码。例如，AAG 这三个字母组合就表示了包括细菌、果蝇、红杉、蘑菇、水母以及人类在内所有生物的赖氨酸。科学家们从人类蛋白质中提取出基因指令，并注入老鼠、果蝇或细菌体内，它们竟然也能合成出人类的蛋白质。因此，在分子级别上，人类和其他所有生物都有着令人难以置信的联系。

我们在前面讨论了镰刀形红细胞贫血症，它是由于血色素蛋白质中某个氨基酸的变异所引发的一种严重疾病。一般来说，这种病的病因，归根结底是指导血色素蛋白质合成的 500 个 DNA 碱基序列中的某个字母发生了改变。

正常的血色素 DNA 序列从第三个到第九个的氨基酸位置为：
……CTG ACT CCT GAG GAG AAG TCT……
镰刀形红细胞的 DNA 序列从第三个到第九个的氨基酸位置为：
……CTG ACT CCT GTG GAG AAG TCT……

上述序列中，第六个氨基酸中的 "T" 取代了 "A"（即三字母序列由 GAG 变成了 GTG），结果一个原本带负电、具有亲水性的氨基酸就变成了不带电、没有亲水性的氨基酸。由此可见，仅仅一个碱基的改变就会引起氨基酸的变化。结果，发生了变异的血色素蛋白质折叠成不同的形状，这就导致带有变异血色素的血红细胞变成了异常的镰刀形，而且不能携带氧气。因此，人就生病了。

下表比较了蛋白质和 DNA 的异同，并总结出了它们之间的区别和联系。

蛋白质和DNA的对照表		
特征	蛋白质	DNA
在细胞中的功能	完成细胞所承担的任务,是细胞结构的一部分	存储和传送信息;告诉细胞要做什么以及怎么做
基本单位	20种不同的氨基酸	4种不同的核苷酸碱基
构成链	氨基酸头尾相连	核苷酸碱基头尾相连
链的数量	一个蛋白质可能含有一个或多个链,链间的连接作用力有强有弱	每个DNA分子由两条链以双螺旋形式组成,两条链之间存在着碱基对的弱连接作用
实现自身功能的方式	每个蛋白质都会形成一种基于氨基酸序列链的特殊三维形状。氨基酸的形状和化学性质则赋予了蛋白质实现自身功能的能力	一般地,所有DNA分子形状相同。DNA碱基的顺序则指定了氨基酸在蛋白质链中的排列次序。并且,每个三字母碱基序列都代表着一种特定的氨基酸

细胞核中的具体结构。一个双层膜分隔开细胞核的内部物质和细胞其余部分，创造出一个遗传物质（DNA）能够为细胞活动产生指令的特殊环境。核膜上的小孔允许信使分子（mRNA）向细胞质中的核糖体穿出，在那里它们指引蛋白质合成。DNA是染色体形式：由特殊组蛋白环绕的DNA长螺旋。这些DNA的特定段（基因）包含了合成特定蛋白质或核酸的指令。核膜的外部和内质网相连——部分内质网上覆盖有核糖体。

染色体上的DNA被叫作组蛋白的蛋白质核心围绕，组蛋白尾被认为和遗传调节分子相互作用。当一个基因活跃时，染色体不卷曲，一些组蛋白脱落。接着酶以暴露的DNA作为模板，产生信使分子（mRNA）——信使分子去往合成反应的位点。DNA本身太大，无法穿越核膜；即便它能够穿越，也很可能会被细胞质中的化学物质摧毁。

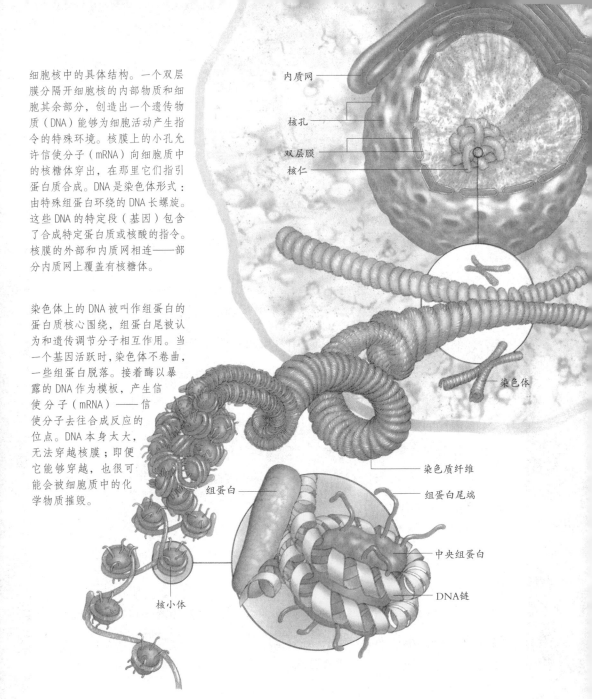

内质网

核孔

双层膜

核仁

染色体

染色质纤维

组蛋白

组蛋白尾端

中央组蛋白

核小体

DNA链

本课内容给出了虽然简单但却相当准确的描述，解释了多分子有机体在分子水平上的工作方式。这里唯一担心的是这可能会给你们留下以下印象：DNA是生物体的"老板"。而实际上，细胞是一种系统，不存在什么"领导分子"，因为细胞内部所有分子都是相互影响、相互作用的。

停下来，想一想

本课给出了很多插图解释蛋白质和 DNA 的形状以及它们的工作方式。

有经验的读者会灵活运用这些插图。这儿有另一种阅读技巧，你们在阅读时可以用得上。阅读每一页内容时，可以将它与图表联系起来，并试图搞清楚每个图表的意思，以及作者以这种形式组织所有细节内容的原因。

图表的作用很大，可帮助读者用自己的语言阐释新概念。另一方面，读者也可以自己画图表达出每一页内容的主要思想。如果你们和其他人一起阅读，你们还可以共享各自的图画，并比较各个图在主题表达方面的优缺点。

同样，读完一课内容后，你们也可以利用图表进行复习。观察每一幅图表，并写一两句话突出其中最有用的信息。比如，了解蛋白质结构的图片不仅表明各氨基酸含有相同的头部和尾部，还显示出它们在"身体"上的区别。而在这些内容下面的图片则表明了什么？

至此，你们可能已经注意到各种阅读策略中的一个关键点。一般来说，阅读技巧能让你们关注自己的思考，就像善于发现的科学家一样留意自己的思维。如果发现自己走神了，你们可能会说："哎呀！我并没有理解刚才读过的那些内容。我只是将它们机械地读出来而已，而那个时候我却想着晚饭吃什么。那我还是再读一遍吧。"

对照图表进行阅读时，你们内心那个善于自我观察的科学家可能会说："我理解了蛋白质链安置氨基酸插图的含义，它描述了 DNA 码如何选择蛋白质链各个位置上的氨基酸种类。而且，我还能画出比书上更好的示意图。看看这个！"

人类遗传学

基因中的疾病

大约60%的人可能在一生中遭受遗传疾病或部分遗传疾病。所有死产儿中几乎有一半是由于遗传缺陷。很多遗传异常继承自遭受或携带这种疾病的父母，但它们也可能由于减数分裂和配子形成期间的错误而自发产生，或在受精作用之后的细胞分裂期间产生。一些在生命后期中的普通细胞里出现——很多癌症如此发生。遗传基因可能导致某些遗传疾病的诱因，例如使女性易得乳腺癌的基因。只有当这些突变影响性细胞时，它们才能传递到下一代。

已知有多于5000种疾病是来自单个基因上的改变——往往是在DNA上的单个碱基中。例如，镰刀形细胞贫血症是由于单个碱基的替换造成的，这导致血红蛋白分子上特定位点的谷氨酸被缬氨酸取代。镰刀形细胞贫血症由隐性突变等位基因引起——杂合子不显示症

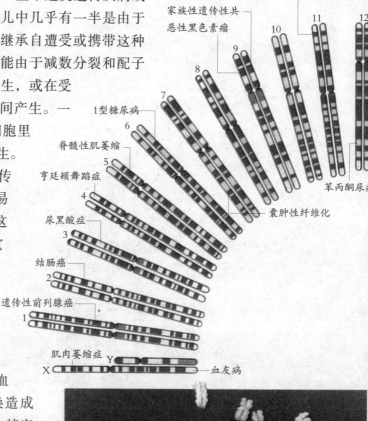

人类的染色单体对能见于显微镜下，小图显示一个未分裂的细胞核球体。染色单体对通过染色体长度、着丝粒位置以及染色产生的条带图案来鉴定。

240

人类中一些最常见的遗传疾病可以和特定的成套染色体联系起来，导致其中一些疾病。

乳腺癌
泰氏-萨氏病
胰腺癌
唐氏综合征
α-地中海贫血症
阿尔茨海默病
13 14 15 16 17 18 19 20 21 22

状，但作为疾病携带者。其他常见隐性突变导致白化病、半乳糖血症、苯丙酮尿症和囊肿性纤维化。在很多情况下，突变基因编码有缺陷的蛋白质，或根本不编码蛋白质。大约3000个男孩中就有一个患有杜兴肌营养不良（DMD），导致肌肉消蚀。DMD基因编码一种关键蛋白质——抗肌萎缩蛋白——参与肌肉构建。囊肿性纤维化是由于细胞膜中缺少氯化物运输蛋白质造成的，导致肺中产生黏液。家族性高胆固醇的病人缺少一种允许胆固醇进入细胞的膜受体，胆固醇就堆积在血液中。

当缺陷基因位于性别染色体上时，遗传模式就会不同。尚无已知的人类疾病和Y染色体有联系，但有很多，如血友病，跟X染色体相关。如果一个女性携带该基因，她的儿子平均有一半继承缺陷X染色体。这些儿子都受到疾患的困扰，因为没有第二个染色体来掩盖缺陷等位基因。

女性患者必须从父母双方都继承缺陷基因。遗传疾病也会由染色体自身的改变而导致。如果损害发生在基因内部而不是基因之间的话，重复、插入和移位都能改变基因。染色体上的部分缺失也往往是灾难性的。

重排也会将基因与控制它们的DNA序列分开，带来严重后果。核苷酸序列的复制或多次重复意味着多种疾病，包括亨廷顿舞蹈症、脆性X染色体综合征以及肌强直性营养不良。亨廷顿舞蹈症影响神经系统，导致无意识的肌肉运动和精神衰退。这是由于4号染色体上三联体碱基CAG的重复引起的。只有当重复数目超过34个时，病人才显出症状，且在生命中越早发生，重复就越多。到患者显出症状的时候，他们可能已经有了孩子，所以早期的遗传检测很重要。亨廷顿舞蹈症这种疾病是由显性等位基因的突变引发的，因此平均两个孩子中就有一个继承。

还有疾病是由于染色体数目的改变造成的。这些发生于减数分裂期间，染色体没能恰当分离；或当新核膜形成时，一个染色体被留了下来的状况下。唐氏综合征，由额外的染色体导致，在母亲超过35岁时概率大增。如果孕妇暴露在离子辐射等会伤害DNA的条件下，胎儿也会发生突变。严重的染色体异常往往导致自发流产。

有些改变影响X染色体和Y染色体之间的数目平衡。特纳氏综合征，病状包括

唐氏综合征是减数分裂期间的一个错误引起的，导致细胞含有21号染色体的3个副本。胚胎常常会流产，但每1000个患有唐氏综合征的孩子中就有1个出生。这种情况最初由英国医生J.兰顿·唐（1928—1996）所描述。

不育和生命缩短，是由于缺乏第二个性别染色体造成的：这种病人是XO的。克莱恩费尔特综合征（全是男性）的患者是XXY，甚至XXXY或XXXXY，他们在青春期发育出一些女性特征，他们不育，还可能有智力迟缓。XYY个体则多少正常些。

一些疾病——很多癌症、糖尿病、癫痫症、风湿性关节炎以及多发性硬化——都源于很多不同缺陷的基因，且可能涉及环境因素。因此，这些疾病的影响包括了从较轻的到严重的。

对于有些疾病，病源被认为是蛋白质，而非基因，如家畜中的疯牛病（BSE）和人类中的克—雅氏病。朊病毒是正常脑蛋白的错误折叠版本。当朊病毒遇上正常蛋白质，它会诱导正常蛋白质以异常方式折叠，产生更多的朊病毒攻击更多的脑蛋白，导致脑部恶化。

癌症遗传学

癌症是由于分裂失控的细胞而造成的——这些细胞还获得了侵染周围组织并最终扩散到身体其他部位的能力。成熟组织中，大部分细胞只在响应激素等化学信号时才分裂。良性肿瘤是缓慢生长的细胞团，和其亲本组织相似，它们不会扩散到其他组织和器官中——虽然它们会对邻近器官产生压力或打扰其功能。恶性肿瘤要危险得多：细胞往往变为不规则形状，甚至可能有不止个细胞核。它们分泌化学物质刺激血管在肿瘤中生长，为其提供养分和氧气，并且分泌酶，在入侵前消化周围组织。其细胞表面的改变，降低了肿瘤细胞之间以及和它们邻居之间的附着力，使蔓延更容易。一旦它们进入血液和淋巴系统，就开始扩散到身体其他部位，该过程叫作转移。

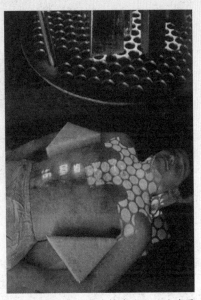

一个病人正在经受放射疗法，以治疗霍奇金氏病——一种由基因突变引起的淋巴系统癌症。

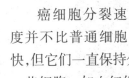
癌细胞分裂速度并不比普通细胞快，但它们一直保持分裂。细胞死亡是生命的正常部分。一些细胞，如血红细胞，在一段时间后就程序化地死亡，这可能因为它们的作用太关键，以至于身体不能承受其突变，或者是损坏造成了功能的丧失。受损的、受感染的，或者一些癌化的细胞，都被某些基因引发而自杀，这是一个重要的保护机制，称为细胞凋亡。癌症的一个关键因素可能就是丧失了这种让细胞在该

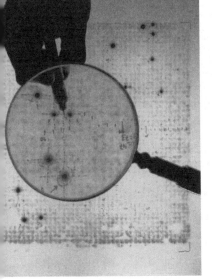

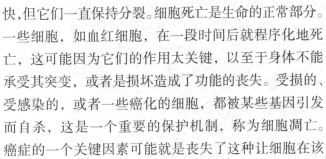
一副网格，含有在滤纸上标点用的来自17号染色体的20736（144×144）个DNA片段。一块X射线板放在网格上，显示出一些黑点，是用放射性标记标注的片段，它们能响应包含在乳腺癌中的基因。

243

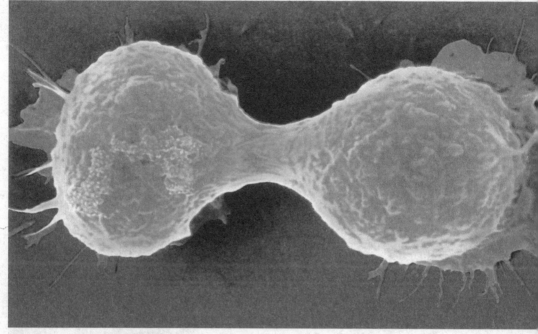

扫描电子显微镜下察看到的一个子宫癌细胞（下图），用电脑上色，显示出大量长长的细胞延伸，这些被认为能助其活动以侵入周围组织。这两个圆锥形癌细胞（上图）几乎完成了分裂——快速且持续的细胞分裂是所有类型癌细胞的特征。

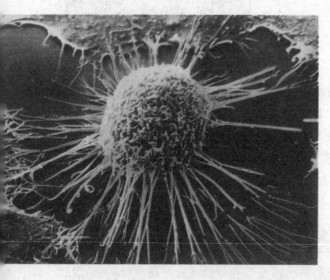

死时死亡的信号，或者丧失了响应这种信号的能力。例如，当参与选择细胞是增殖还是"自杀"的基因 c-myc 打开时，细胞能够分裂；当它关闭时，细胞自杀。c-myc 处于生化生长因子（激素）的控制下。c-myc 上的突变使它无法响应关闭的信号，因此分裂不受抑制地进行，细胞自杀则被阻止。

1/3 ~ 1/2 的癌症是由于基因 p53 上的变异，事实上这个基因通过命令受损的或潜在恶性的细胞停止分裂并修复损伤，或者自杀抵抗癌症。很多肿瘤抑制基因编码转录因子，那些蛋白质刺激某些基因转录，编码抑制细胞分裂的蛋白质。其他一些结合，并促进细胞分裂的转录因子失活。有些编码蛋白质，使细胞能互别并附着，阻止肿瘤细胞的转移。还有些单纯编码参与 DNA 修复的酶。

一个突变是否导致癌症可能取决于致癌基因和这些肿瘤抑制基因之间的活动的

平衡。一些遗传性癌症是由于编码肿瘤抑制基因的基因中突变等位基因造成的。一个个体需要两个无法肿瘤抑制的突变等位基因，但如果他（或她）已经继承了1个这种等位基因，只要再有1个就能中止抑制。这就是"双击"假说。这种癌症遗传形式的例子是儿童时期的癌症眼癌（一种眼肿瘤），以及乳腺癌和前列腺癌的遗传倾向。继承了基因 BRCA1 的一个突变副本（等位基因）的女性，有 60% 的概率在 50 岁患上乳腺癌；而有两个正常等位基因的女性，只有 2% 的概率得上癌症。

导致癌症的基因叫作致癌基因。大部分致癌基因是"原癌基因"（在细胞中有正常作用的基因，往往调控细胞分裂和生长中的基础过程）的突变形式。这种突变会影响原癌基因蛋白质产物的氨基酸序列，使它更有活性或更不易降解；移动 DNA，将原癌基因放入基因组中不同的位置（例如，可能和启动子更接近）；或者重复原癌基因，由此产生更多蛋白质。肿瘤细胞往往含有染色体移位和其他失常。破坏 DNA 修复机制的突变，会导致未来突变的存活率增加。

大约 15% 的人类癌症由病毒引入的基因造成，往往是反转录病毒——利用反转录酶将其 RNA 转为 DNA，并插入宿主细胞的遗传物质中；更常见的是离子辐射或致癌化学物质将细胞的原癌基因转为致癌基因。癌症往往需要好些原癌基因的突变，以引发肿瘤发育。这是为什么癌症主要发生在老年时期。

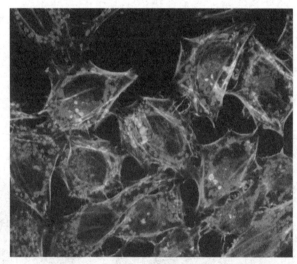

海拉癌细胞由于在实验室中生长良好，且几乎无限制地分裂，因此被用于细胞分裂和病毒的研究。激光激发了该样本中的荧光染料，细胞核用深蓝色表示，线粒体用粉红色，细胞骨架的蛋白质结构用绿色。

光学纤维探针正在用激光束分析组织。探针能在数秒内区分健康的前癌细胞和癌变细胞，以及鉴定致癌微生物。大部分光线的反射和起初的激光相似，但有些以不同波长反射，给出了不同微生物组织类型的光谱特征。

遗传学药物

导致遗传疾病的突变通过基因产物蛋白质起作用。它们能阻止蛋白质产生，使得产生的蛋白质太多或太少，或者导致缺陷蛋白质。这些蛋白质所参与的代谢过程从而被破坏，有时导致一连串后续影响。这在癌症中最为剧烈，其中，细胞分裂不受控制地进行，突变细胞在全身自行蔓延。这些症状性变化就是疾病的表现型。

当前大部分医学治疗直接试图纠正表现型，而非存在于其下的错误基因。例如，患有苯丙酮尿症（PKU）的人——由单个碱基代换（点突变）造成——缺乏苯丙氨酸羟化酶，不能分解食物中的苯丙氨酸。这种蛋白质在身体内合成，导致严重的智力发育迟缓。通过从出生起就采用低苯丙氨酸的饮食，患者可以正常生活。在某些蛋白质缺乏的时候，如血友病中不能产生凝血因子，就要提供蛋白质。这些蛋白质往往通过遗传工程微生物、动植物来商业化生产。或者，药物能作用于代

用极细的吸管将产生关键酶（腺苷脱氨酶）的基因注入来自免疫系统缺陷病人的 T 细胞。这些细胞将被培养，然后再注射给病人。这种酶控制 T 细胞的成熟，对身体免疫系统至关重要。该治疗有很高的成功率。

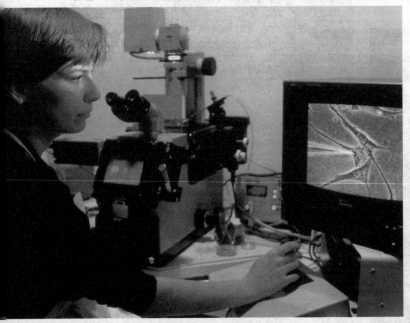

干细胞，存在于骨髓和胚胎等组织中，保留了分裂和分化以形成不同细胞类型的能力。它们能用于培养替代组织和器官，甚至用于克隆人类。

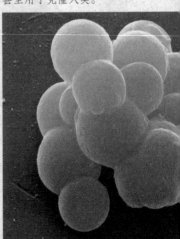

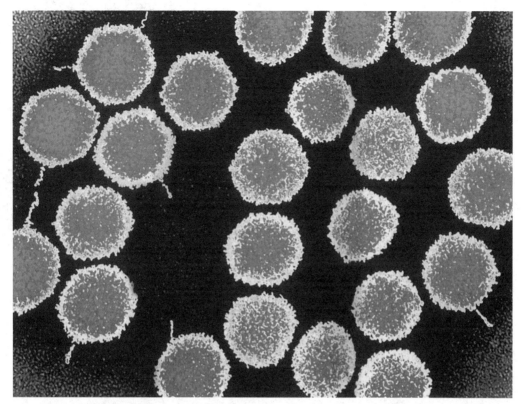

一片腺病毒的电子显微镜图像，人工上色以显示包在蛋白质衣壳中的遗传物质（红色）。它们 DNA 的一部分已经被替换成人类基因 CFTR。用这些病毒感染能助于治疗囊肿性纤维化，这种病是由于 CFTR 基因的错误版本导致。

谢的其他部分，减轻症状。家族性高胆固醇血中，缺少一种关键的膜蛋白，造成细胞无法吸收胆固醇，胆固醇于是就在血液中积累起来。可使用药物莫维诺林阻止胆固醇合成。

一些癌症通过免疫疗法来治疗。免疫系统中的某些细胞——T 细胞——被癌细胞等外来细胞激活后产生白细胞介素 –2（IL–2）。IL–2 促使攻击癌细胞的免疫系统细胞增殖。从癌症病人体内除去含有淋巴细胞（免疫系统细胞）的血液，刺激其产生 IL–2。IL–2 细胞在细胞培养下增殖，然后注射入病人体内。

微生物和植物能被遗传改造产生疫苗，即无害版本的病原体（致病微生物）或其蛋白质，刺激免疫系统对抗病原体。

遗传学的发展提供了纠正基因而非蛋白质的可能性。这种处理叫作基因疗法，已经在治疗某些免疫缺陷疾病中发挥了作用，例如腺苷脱氢酶（ADA）的缺乏，这种酶控制 T 细胞的成熟。从病人体内移出的淋巴细胞被基因改造，以纠正缺陷基因，然后被培养并重新注射到病人体内。通过基因替换疗法治疗囊肿性纤维化的尝试，采用了遗传工程腺病毒，尚未得到成功。基因疗法并不限于遗传疾病的治疗，例如，

枯草杆菌的电子显微镜图像，该细菌被遗传改造以生产蛋白质疫苗。图像被人工上色，以显示蛋白质（细菌顶端的红色和紫色区域）。

患有动脉栓塞的人能通过基因刺激栓塞周围新血管的生长来治疗。这已经在猪身上尝试过——使用修饰过的病毒来转移基因。该手段有危险——置于新环境中的基因可能有不可预料的影响，和其他基因互相作用，或以不同方式被读取而产生不同的基因产物。

要使基因疗法成功，基因必须插入能在病人整个生命周期中持续分裂的细胞——保持"全能性"的细胞——以保留分化为其他细胞类型的能力。例如骨髓中的干细胞，它能产生血细胞和免疫系统细胞。胚胎细胞也是全能性的，在子宫内或更早的时候通过将基因转入移卵细胞治疗遗传疾病的可能性提高。干细胞能在实验室中培养，并被遗传改造。通过用合适的生长因子处理，它们能够被引导生长为新组织，如软骨或肝脏。病人的干细胞（不会被病人的免疫系统排斥）能在体外生长，产生急需的组织，如受损膝盖的软骨，然后放回病人体内。皮肤培养被用于提供烧伤和皮肤癌患者的皮肤移植。科学家已经成功地在老鼠身上生长出人类的身体部位，如耳朵。这些治疗方法，如果成熟，终有一天将给因神经系统损害而陷入瘫痪的病人带来希望，或者那些因大脑组织损坏而受帕金森病或阿尔茨海默病所苦的患者。

药物能被靶向到特定细胞，如肿瘤细胞，通过将其连接抗体，设计为只结合肿瘤细胞。这避免了这些药物在正常细胞上的活动带去的影响。对一些常见病的易感性，如心脏病或中风，取决于很多不同的基因。遗传构成也影响个体对药物的反应。在未来，有可能利用病人的遗传学概况来决定什么药物最适于治疗，甚或为特定病人量身定制，这将大大降低副作用，也省下了在无效治疗上浪费的钱。

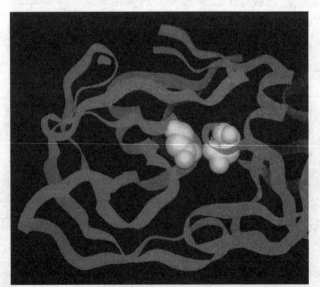

蛋白酶是一种将蛋白质分子切成较小单元的酶。它们的活动对病毒的繁殖过程很重要。这幅电脑绘图显示了一个蛋白酶抑制药物（黄色）结合到蛋白酶（红色和蓝色）的活性位点上。

新疾病的进化

抗生素时代结束了吗？是微生物战胜了科学家，还是科学家们处于由萌芽中的学科蛋白质组学催生的药物设计新时代的开端？伴随快速的无性生殖，细菌能迅速进化，对抗药物和其他选择压力，这往往就发生在单个宿主内。甚至在低突变速率下，伴随大量的细胞分裂，它们仍然能变化得相当快。

除了快速的繁殖，细菌还能在细胞间传递 DNA——可以通过转化或接合直接传递，或者依靠噬菌体传递（感染细菌的病毒）——一种被称为转导的过程。这种细菌细胞之间的基因交换叫作水平进化，涉及遗传突变的传承。例如，在人类肠道中，通过传递相关基因，细菌的一个抗药种可以赋予其他物种抗药性。这种适应性也意味着一般只感染如猪或黑猩猩等特定物种的致病细菌（及病毒），能改变为感染其他物种，如人类；HIV（人类免疫缺陷病毒）就是这种疾病的一个例子。1998年在香港出现的致死型流感，就是一种跨越了物种的禽流感。它不能由人传给人，但如果没有被迅速抑制，它很可能已经进化出这种能力。约有 75% 的新的人类疾病被认为是源自其他动物。这也是对从猪或其他哺乳动物移植器官给人类（该技术被称为异种移植）的最大担心之一。

无一例外，威胁人类最甚的疾病，如 HIV、埃博拉及汉他病毒，都是由病毒引起的。病毒有已知的最快进化速率，使它们极端难以战胜。这些

1 个 HIV 病毒的 RNA 两分子，与反转录酶联系起来，都包含在病毒粒子内的一个蛋白质"衣壳"中。蛋白质"突起"覆盖在粒子的外表面。

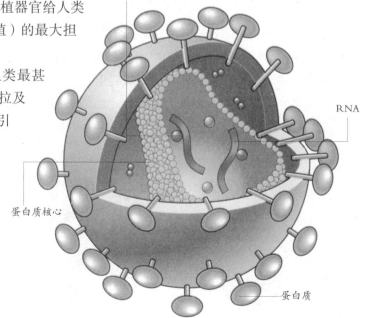

反转录酶

RNA

蛋白质核心

蛋白质

例子都是 RNA 病毒，或称反转录病毒：遗传物质是 RNA，且用反转录酶产生互补 DNA，整合入宿主基因组。HIV 是已知的进化最快的生物，它能在其 DNA 每次复制中得到至少 1 次突变（碱基改变）。因此，每年有 1% 的 HIV 基因组发生改变（或者得到进化）。

相比较而言，细菌等细胞微生物中，酶对复制的控制有显著的精确性，错误相对少见。复制最快的细菌每 20 分钟左右复制一次，但它的人类宿主体内如果有 HIV 病毒，能每天产生数十亿的新病毒。事实上，如果不损害其自身的完整和存活的话，很难说 HIV 会不会有更高的突变速率。感染后的数天内，人类宿主就包含了 HIV 的诸多不同变种。已感染的宿主体内，反转录病毒的种群表现得如同单个生物单元，响应来自环境的威胁而改变其遗传构成。

HIV 是一种特殊的破坏性病毒，因为它攻击免疫系统的细胞——身体抵御感染的主要防御。它感染巨噬细胞和 T 细胞，中断免疫系统有效运作所需的错综复杂的通讯模式，并将关键组分转变为"病毒工厂"。以现在的检测手段，人类对 HIV 感染的免疫响应需数月之久才能大到足以探测，并且疾病发展为完全成熟的 AIDS 并显出症状之前，HIV 可达 12 年之久。这期间内病毒已经增殖为"豪华阵容"，并且有已经传给其他宿主的高度危险，这可通过性接触、共用针头、吸毒或输血传染。抗病毒药物的联合治疗是最有效的——很少有变种能发展出同时对数种药物的抗性。

基因组测序（被称为基因组学）的现代技术，利用超级电脑分析数据，已提供了 HIV 及其他微生物的进化线索。HIV 有两种主要类型：HIV-1（最普遍且最致命的）和 HIV-2（主要发现于西非）。HIV 和西非黑猩猩的猿（猴）免疫缺陷病毒（SIV）亲缘相近，这可能是从其他灵长类向人类传染第一次发生的地方，可能是在人类杀死并吃掉已感染 SIV 的猴子时发生。通过对此数据的推断，一些科学家提出，这可能早在 1800 年就发生了。另一些科学家提出，这发生于 20 世纪 30 年代，此时疾病已开始地理扩散，比最早已知的 HIV-1 阳性血样还要早上约 30 年。HIV-2，西非主

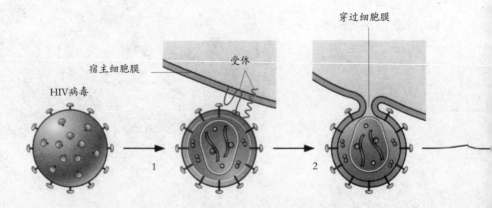

这种 T 淋巴血细胞（绿色）已经被 HIV（AIDs）病毒（红色）感染。较小的球形结构是从表面新出芽脱离的 HIV 粒子——通过图示的机制。

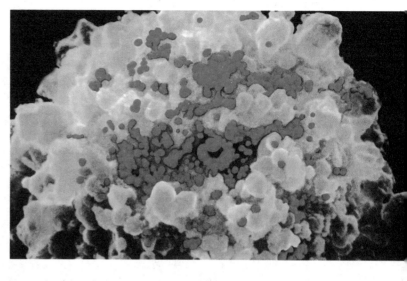

要的 AIDS 致病类型，被认为是起源于 30 ～ 40 年前，通过相似的猴子到人类的传播。森林的破坏和其他环境扰乱，将人类带入和野生动物更近的接触。现代环球旅行起来越频繁，限制在某些地理区域内鲜为人知的疾病正日益变得常见。

识别变化模式和地理扩散对设计切断这类疾病未来蔓延的方法而言很重要。科学家试图预言未来的进化改变，如微生物对新发明抗生素产生抗性的可能途径，他们能由此在当前药物失效时设计使用新药。流感的流行是由于病毒已经变得和数年前的大大不同，人类对它们几乎没有免疫力。遗传学辅助药物学年复一年地决定要预防哪一系流感。蛋白质组学给出了病毒蛋白质结构的数据，不仅对药物设计有贡献，也对疫苗的发明——少量无感染性的病毒蛋白片段产品，能刺激免疫中枢抵抗病毒有贡献。

宿主DNA

核膜

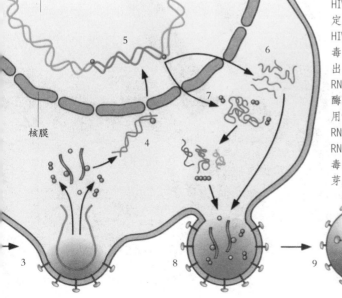

HIV 侵染人类巨噬细胞的事件次序。1.特定衣壳蛋白，连接到嵌在宿主细胞膜内的 HIV 受体上。2.病毒膜和细胞膜融合，病毒的内容物进入细胞。3.衣壳分解，释放出病毒 RNA 和酶。4.HIV 反转录酶将病毒 RNA 复制为 DNA，进入细胞核。5.HIV 整合酶将病毒 DNA 剪接入宿主细胞的 DNA。6.利用病毒 DNA 片段，细胞产生更多 HIV 的 RNA，进入细胞质。7.细胞质中，HIV 的 RNA 编码病毒蛋白在核糖体中制造。8.病毒基因指导新病毒的组装，从细胞膜上出芽脱落。9.新病毒离开，感染更多的细胞。

新HIV病毒

临床及法医遗传学

人类基因组可能拥有的变化，大大超过现在活着的人数。聚合酶链式反应使放大微量 DNA 以产生足够的量供遗传分析成为可能。单个细胞的 DNA 能被增殖产生 1 微克——足够遗传分析了——仅仅在数小时内。血液、精液、头发和其他组织的微小痕迹就已足够。DNA 检测已经广泛用于鉴别和预见遗传疾病，亲子鉴定，以及提供犯罪调查中清白与否的证据。

为了比较不同个体的 DNA 序列，用上了 RFLP（限制性片段长度多态性）分析：用限制性内切酶在特定碱基序列上切割 DNA。产生的片段用电泳分离，并用 DNA 探针（连接了荧光染料等标记的匹配 DNA 片段）鉴定。甚至是微小的遗传差异也能产生不同大

遗传指纹技术寻找特定碱基系列的重复序列，这是一种非功能性 DNA。毛发、皮肤、血液或其他体液的微小样本都能被使用。

人类 DNA 的一些序列极为不同，以至于两个人（同卵双胞胎除外）有相同模式的概率极低。遗传或分子"指纹"提供了几乎是万无一失的鉴定证据，并被用作失踪人员、强奸、谋杀和生父鉴定等案例的证据。

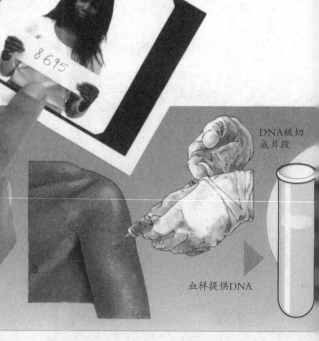

DNA 被切成片段

血样提供 DNA

小的片段，电泳后产生条带图案（见右下图）。限制性酶切割发生在缺陷基因内部或附近，有着特殊片段长度分布的个体，可能携带了这种基因。

人类基因组中的一些部分高度变化，有很多短的、遗传的、重复的DNA序列挨着处在染色体中——短串联重复序列（STR）。重复的次数在不同个体之间差异巨大，产生不同长度的RFLP，使遗传学家得以追踪家族关系并鉴定个体。除了同卵双胞胎之外，两个人有完全相同序列的概率在十万分之一到十亿分之一之间。

遗传指纹能将罪犯绳之以法，尤其是强奸犯；它更常用于还清白，包括很多已经被判死刑的案例。它也被用于确立家族关系，如生父鉴定。自然资源保护者用它确保控制性交配（例如加利福尼亚秃鹫）发生在无亲缘关系的个体之间。

本图中，伯克利的加利福尼亚大学的一个研究人员正在取样DNA，该样品来自2000年前的埃及木乃伊足部。它将被和取自现代埃及人以及该地区内其他人的DNA相比对，以了解该地区基因池发生了怎样的变化。

遗传疾病往往由基因中一个或两个等位基因（基因的变种）有缺陷导致。显性遗传缺陷在后代中的表现多于隐性缺陷，因为这种等位基因只要存在，就常会表达。隐性等位基因带来的疾病如要表达，只有从父母双方都继承了缺陷等位基因的时候才可以。只有一个缺陷等位基因的个体可能不显示症状，但可能将该等位基因传给他的孩子。通过建立家族树（家谱），能够预

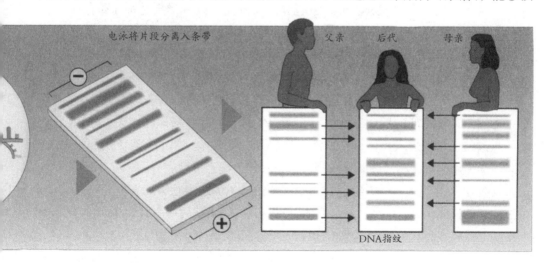

电泳将片段分离入条带　　父亲　　后代　　母亲

DNA指纹

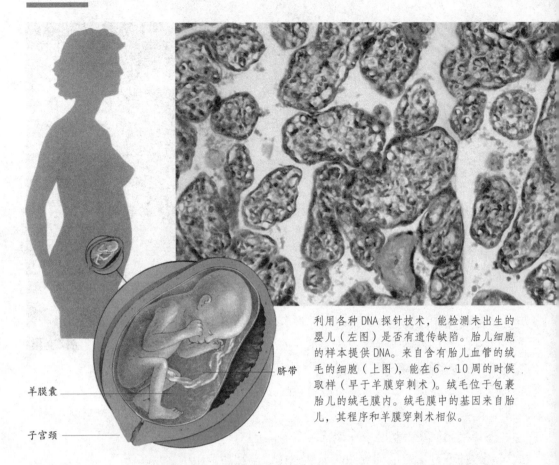

利用各种 DNA 探针技术，能检测未出生的婴儿（左图）是否有遗传缺陷。胎儿细胞的样本提供 DNA。来自含有胎儿血管的绒毛的细胞（上图），能在 6～10 周的时候取样（早于羊膜穿刺术）。绒毛位于包裹胎儿的绒毛膜内。绒毛膜中的基因来自胎儿，其程序和羊膜穿刺术相似。

脐带

羊膜囊

子宫颈

言一个危险个体,他就能得到对遗传缺陷的检测。这对亨廷顿舞蹈病等疾病尤其重要，因为这类疾病的可见症状出现在患者达到生育年龄之后。

遗传疾病也可能来自大规模的染色体异常，如大块基因的缺失、添加或移位，甚至是染色体的多余或缺失。如果染色体用特殊染料处理形成特征条带图带的话，这种异常能在显微镜下被观察到，但更多的需要 DNA 分析。

很多检测手段能用于检查发育中的胎儿是否有遗传疾患。较无害的超声波扫描能探测出严重畸形，有时候早在怀孕 10 周时就可检测得出。子宫内包围胎儿的液体（羊膜穿刺术）、胎盘（绒毛膜绒毛取样）或流过胎盘的胎儿血（子宫内脐带穿刺术）都是可用于遗传诊断的胎儿细胞或胎儿蛋白资源，但这些取样确实会引起危险。安全的检测技术，从进入母体自身血液中的胎儿细胞取样。严重的遗传疾病的风险较高时，会采用试管授精，胚胎移植到女性子宫之前先经过彻底检测。

DNA 分析也能在血液或组织样本中探测出微量的感染物，如人类免疫缺陷病毒（HIV）。利用聚合酶链式反应，与病原体（致病有机体）匹配的一股 DNA 被加入样本中。如果病原体存在，它的 DNA 会作为引物，将这种 DNA 放大。

免疫系统

　　人类免疫系统是遗传多样性和适应性的杰作。它基于一系列特化的白细胞（淋巴细胞），响应外来生物体和外来物质（抗原）的存在。该反应涉及不同种类的淋巴细胞。T 细胞带有识别特定抗原的受体，并摧毁携带它们的任何细胞，包括表面带有外来抗原的受感染细胞——如表面带有侵入染病毒所丢弃的蛋白质衣壳。另一种 T 细胞——T 抑制细胞——协助调控响应；协助细胞刺激其他 T 细胞来攻击。要使 T 细胞识别一种抗原，该抗原必须由主要组织相容性复合体（MHC）"呈现"，这种蛋白质识别"自我"和"非我"。这些蛋白质参与器官移植后，组织排斥导致的反应。

　　另一系列的淋巴细胞——B 细胞，探测外来抗原并产生抗体（被称为免疫球蛋

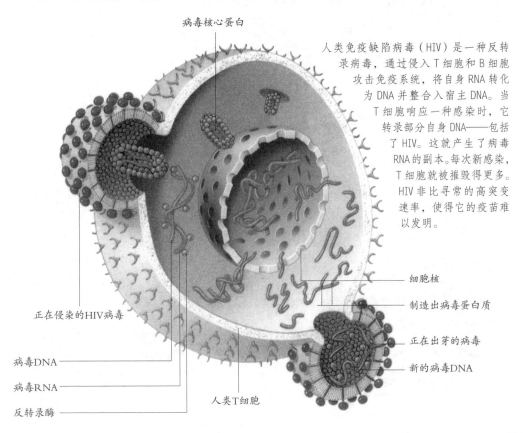

病毒核心蛋白

人类免疫缺陷病毒（HIV）是一种反转录病毒，通过侵入 T 细胞和 B 细胞攻击免疫系统，将自身 RNA 转化为 DNA 并整合入宿主 DNA。当 T 细胞响应一种感染时，它转录部分自身 DNA——包括了 HIV。这就产生了病毒 RNA 的副本。每次新感染，T 细胞就被摧毁得更多。HIV 非比寻常的高突变速率，使得它的疫苗难以发明。

细胞核

制造出病毒蛋白质

正在出芽的病毒

新的病毒DNA

正在侵染的HIV病毒

病毒DNA

病毒RNA

反转录酶

人类T细胞

花粉会在花粉症患者中引起过敏反应，患者的免疫系统产生抗体，响应正常的无害物质。一些人有遗传性的过敏倾向；另一些人在被感染或有压力的情况下过敏。严重的过敏很少见，但可能致命。

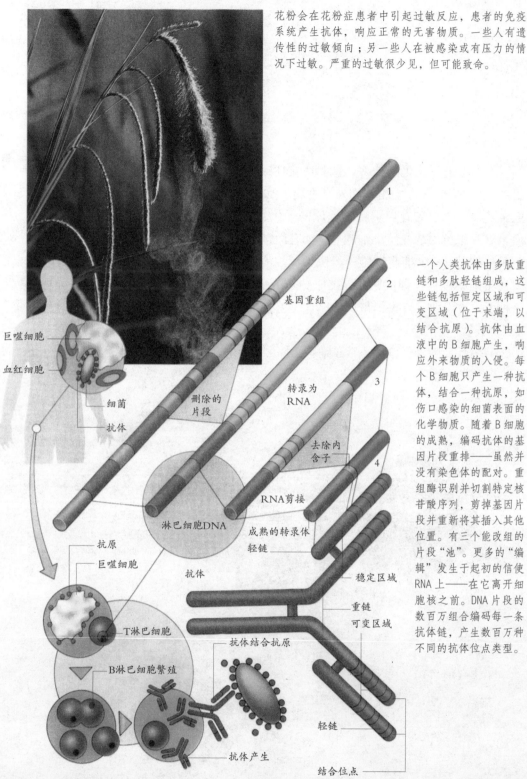

一个人类抗体由多肽重链和多肽轻链组成，这些链包括恒定区域和可变区域（位于末端，以结合抗原）。抗体由血液中的 B 细胞产生，响应外来物质的入侵。每个 B 细胞只产生一种抗体，结合一种抗原，如伤口感染的细菌表面的化学物质。随着 B 细胞的成熟，编码抗体的基因片段重排——虽然并没有染色体的配对。重组酶识别并切割特定核苷酸序列，剪掉基因片段并重新将其插入其他位置。有三个能改组的片段"池"。更多的"编辑"发生于起初的信使 RNA 上——在它离开细胞核之前。DNA 片段的数百万组合编码每一条抗体链，产生数百万种不同的抗体位点类型。

基因重组
删除的片段
转录为RNA
去除内含子
淋巴细胞DNA
RNA剪接
成熟的转录体
轻链
稳定区域
重链可变区域
轻链
结合位点

巨噬细胞
血红细胞
细菌
抗体

抗原
巨噬细胞
T淋巴细胞
B淋巴细胞繁殖
抗体产生
抗体结合抗原
抗体

白的蛋白质），每种特定地针对某个抗原，和抗原结合并标记之，使巨噬细胞（吞噬病原体的大型白细胞）和补体（一系列蛋白质，通过蛋白质消化酶反应摧毁抗体）可以识别它。

抗原有数百万种，需要数百万种不同的抗体和 T 细胞受体；人类只有 3000 万个基因，因此无法给每个都配一个基因。抗体、T 细胞受体和 MHC 蛋白分别由一个基因大家族编码。抗体和 T 细胞的多样性进一步增加，这通过一种被称为体细胞重组的 DNA 重排过程，发生于淋巴细胞成熟时。结果产生大量不同的淋巴细胞（106 ~ 108 种未成熟细胞及 1012 种成熟细胞）；每个 B 细胞只产生一种抗体，只能识别一种抗原，并且每个 T 细胞只产生一种特定 T 细胞受体。

当 B 细胞或 T 细胞遇上其抗体或受体能识别的抗原并连接上去，淋巴细胞就会扩大并重复分裂，产生抗体或受体的克隆体。这是初次免疫反应。感染被处理掉之后，一些这种特定 B 细胞和 T 细胞保持在半成熟状态。这些长期存活的细胞仍然时刻准备着，如果身体遇上相同抗原，就产生更快的反应——二次免疫反应。

身体能够产生 106 ~ 108 种不同的抗体。抗体是一种 Y 型的分子，由 4 条相连的多肽链组成。有两条一致的约具有 200 个氨基酸的轻（L）链，以及两条一致的长为 300 ~ 400 氨基酸的重（H）链。两种链都含有可变（V）区域和恒定（C）区域。抗原的受体存在于可变区域。不同的 DNA 片段编码免疫球蛋白分子的特定区域。V 片段编码 V 区域，C 片段编码 C 区域。重链有第三种可变片段——D（多样性）片段；它们甚至比轻链更加可变。要产生一条链，V 片段连接上 C（以及 D）片段，这 2 条（3 条）基因片段形成一个"活性"基因，编码一条肽链。单为重链，这就能产生 1 万种以上可能的 DNA 排列。免疫球蛋白产生细胞中的基因的突变速率也大大高于普通细胞。

抗体在生物技术中有很多用途。体外培养的普通 B 细胞要么死亡，要么立刻停止产生抗体。但如果 B 细胞和某些癌细胞融合形成杂合细胞，癌细胞就使新细胞在发酵槽中长期增殖和生长，而 B 细胞使它产生抗体。这些抗体和初始 B 细胞产生的完全相同，被称为单克隆抗体。来自感染了某种疾病的人或动物血液中的抗体能被克隆生产疫苗。

单克隆抗体被用于从遗传工程生物的培养物中提取特殊蛋白质产物，如干扰素。它们也能被用于诊断测试，并被遗传改造带上放射性、荧光性或其他标记。抗体结合致病生物表面上的抗原上。这种物质能在显微镜下查验标记。某些疾患会向血液或尿液中释放特殊蛋白质，这能被适当的单克隆抗体识别。金属化合物或放射性化合物标记的抗体注射给病人，能"瞄准"特殊抗原（如癌症细胞中的），因此医生能用 X 光探测并测量肿瘤。单克隆抗体也被用于引导毒性过强而不能释放入血液的药物。抗体也会结合其他抗体。对 HIV 的检测中，使用抗体探测 HIV 抗体或病毒产生的蛋白质。

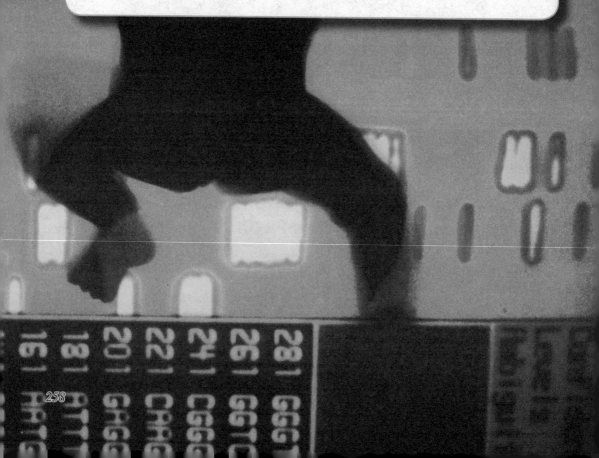

停下来，想一想

　　人类基因组——每个人所携带的整套遗传信息——是动物界中规模最大者之一，包括约 30 亿个核苷酸。第一个 DNA 测序草图由人类基因组计划在 2000 年 6 月公布。它构成了正在增加的国际基因数据库的基础，是研究人类生理学和疾病，以及遗传工程的关键资源。

　　很多人类疾病是由于继承了遗传缺陷，而重组 DNA 技术提供了改进的诊断方法。它们有助于确定哪些基因造成这些缺陷，并可能最终改正它们。遗传工程微生物和转基因动物已被用于产出有基因缺陷的人所缺乏的代谢蛋白，例如胰岛素、凝血因子和人类生长激素。单克隆抗体被用于将药物带到特定细胞，如癌细胞。分析人类 DNA 片段给出"遗传指纹"，是一个强有力的法医学工具。其他的非医学应用包括选择孩子的性别、培养替代组织和器官的生长，甚至是人类胚胎的克隆，这种可能性激发了在伦理议题上世界范围的辩论。

16

关于进化

我所知道的进化

宇宙初期，仅存在氢和氦两种元素，它们平均分布于空间中。当时没有任何恒星或星系存在。而今天，宇宙中却含有 90 多种元素，以及数以亿计的恒星和星系。重力使得氢气聚集成为恒星，而核聚变则解释了这些恒星如何产生更大元素。

同样地，我们居住的行星也经历了不小的变化。地球起源于简单分子，远比今天的分子简单得多。当时的小分子有水分子、二氧化碳分子、甲烷分子和氨气分子。现在，地球上却还存在着像蛋白质和 DNA 这样的巨大分子。更令人震惊的是，这些分子只是我们所说的细菌、果蝇、红杉树、海龟以及人类等的一部分。

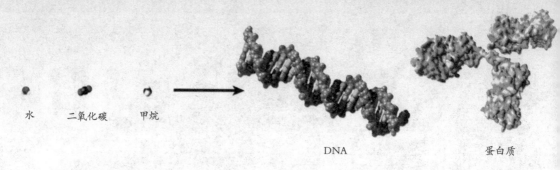

水　　二氧化碳　　甲烷　　　　　　　　　　　　　　　DNA　　　　　　　　蛋白质

科学家们使用"进化"这个词来描述上述这些变化。宇宙和生物都在进化。宇宙在起源时只有氢和氦，现在却到处都分布着复杂的分子，其中的原因可由星球内部的核聚变解释。同样，生物进化也阐释了地球如何从只有极其简单的单细胞有机体发展到如今具有复杂生物体的整个过程。

许多人难以接受地球生命是生物进化的产物这一事实，即使是意识到存在生物进化的那些人们，往往对此也持有错误的观念。在本课及下一课内容中，我们将揭示进化过程的奥秘，以更好地理解其作用，并巩固我们从中学到的知识。

进化对你意味着什么？在进一步阅读本课之前，请花点儿时间回答下面几个问题：

你对进化有什么了解？

你对进化有什么看法？

你认为本课将教给你哪些有关进化的知识？

结识夏威夷的食肉毛虫

生命体是如何达到其目前状态的？进化解释了地球生命的历史。它告诉我们数以百万计的不同物种是如何出现的，生物体又是如何获得使本物种繁荣的神奇特征的。

人们之所以不理解进化，理由之一是人类社会已经如此远离自然世界。我们主要生活在充斥着房屋、汽车、办公室、火车、超市、电灯、停车场和电视机的世界里，购买的食物都是用塑料袋包装起来的，和我们打交道的都是机器、人类以及很少一些宠物和害虫。

为什么地球上存在这么多不同的生物体？为什么它们只生活在某些特定区域？居住于大自然附近的人们面对着这些难以置信的多样性以及令人惊奇的适应力。

如果你想亲身体验自然世界的奇妙，那么离开城市来到夏威夷的野外旅行吧。夏威夷群岛是接触自然世界和寻找生命多样性最好的地方之一。在这些分散的群岛上，科学家们发现了其他任何地方从未见过的生物体，其中包含罕见的蟋蟀、会捕捉苍蝇的毛虫以及 600 多种不同的果蝇种类（全球总计有 1500 种）。

比方说，这里的毛虫也被人们称作尺蠖。地球上其他任何地方的毛虫都只吃植物，而不同的是，夏威夷至少生活着 18 种食肉毛虫。史蒂芬·李·蒙哥马利博士是这样描述他第一次发现这些食肉生物的：

当我看到尺蠖正在吞下一只和它自己一样大的苍蝇时，我感到怀疑。一只行动迟缓的毛虫怎么能抓住苍蝇呢？这是

人类社会已经远离了自然世界。

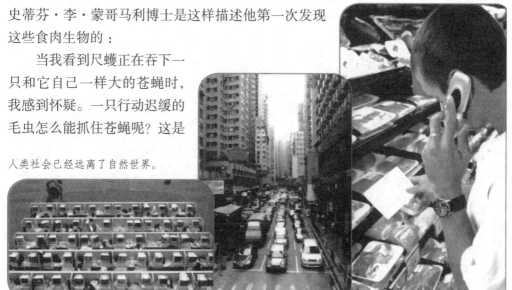

免费机票直达夏威夷，可乘任何航空公司的飞机（只要你保证在当地研究生物多样性）。

怎样一种昆虫版本的电影怪物呢？我原以为所有尺蠖都是素食主义者。我抓住这只毛虫，钻出夏威夷岛的火山堆，回到我在火奴鲁鲁夏威夷大学的实验室里。在那里，我期待着新发现的毛虫会恢复其通常的素食行为。两天后，瓶子里的那片树叶毫发未伤，于是我又塞入了一只苍蝇，把它放在尺蠖附近。尺蠖轻轻地抬高自己的身体，引诱苍蝇走近，使它掸拭起自己。突然，尺蠖一个侧滚翻，将苍蝇擒于自己的魔爪之中，并把它吞下去，就只剩下一些翅膀和腿尖，就像盘子中吃剩的骨头。[1]

进化向我们解释了夏威夷拥有如此众多其他地方不存在的生物体的原因及过程。夏威夷群岛中每个岛屿都起源于一座火山，慢慢从大洋底部隆起。从最初又红又烫的熔岩开始，这些岛屿出现在距大陆千里以外的地方。起初，岛上没有任何生物。

随着时间的推移，这些岛屿冷却下来并逐渐成为生命繁衍的圣地。来到荒凉岛屿上的任何生命物种都有机会以崭新且令人艳羡的方式获得进化。这里有新的生活方式，原先大陆上的天敌不见了。如果你是生活在洞穴里的蟋蟀，就可以不需要视觉；如果你是最原始的果蝇，那么你的种群就可以进化成依靠新食物过活的新物种，但仍可遵循大陆上其他飞蝇的生活方式；在这里，即使是毛毛虫，也能进化出捕捉苍蝇并以苍蝇为食的能力。

它不会伤害苍蝇吗？

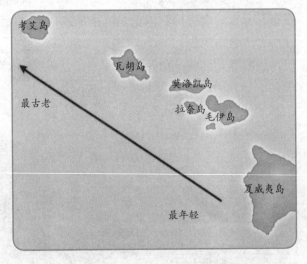

考艾岛
瓦胡岛
莫洛凯岛
拉奈岛
毛伊岛
最古老
夏威夷岛
最年轻

① 摘自史蒂芬·李·蒙哥马利所著《杀手毛虫的案例》，《国家地理》1983年8月号第219~225页。夏威夷区域以外，大约有1%的毛虫能吃慢速蠕动的软体昆虫。

远古生物所告诉我们的

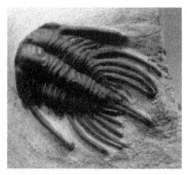

三叶虫化石

进化不仅解释了地球上目前动植物的分布，还阐释了人类发现化石的原因和地点。现在我们知道，化石是曾经生活在地球上的生物体的遗迹，但原先我们却并不知道这一点。

自然学家最早发现的化石大都是小型生物体。有人认为它们是已知物种细微变化后的样本，也有人认为它们是存在于尚未开垦地区的物种。然而，随着大型骨架的发掘，以上看法都发生了改变。

猛犸化石首次向西方文明提供了有力的证据，证明化石实际上代表了曾经存在过但现已在地球上消失的物种。当埋葬于冰雪中的猛犸尸体被发现时，我们毫不怀疑地认同曾经有不同的物种在地球上生活过；当恐龙化石被发现时，我们则意识到爬行动物曾经是地球上的主宰。

为了更好地理解化石的含义，让我们想象一下城市的消亡，并假设城市每隔20年就进行一次更替。新城建在老城的顶部，而当新城消亡时，就又有一座更新的城市在其顶部诞生。大家可以想象自己能够穿越各个年代城市遗迹的横截面，并从底部最古老的城市向上直到顶部的新城进行观察。

你们会发现，底部的城市根本没有电子通信工具或娱乐设施，而第二古老的城

进化阐释了曾经生存过的物种以及现在仍存在的物种。

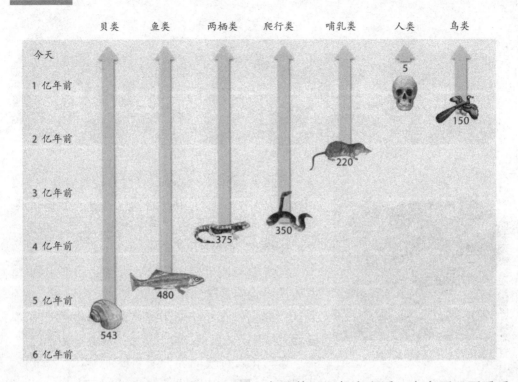

贝类 鱼类 两栖类 爬行类 哺乳类 人类 鸟类

今天
1 亿年前
2 亿年前
3 亿年前
4 亿年前
5 亿年前
6 亿年前

5
150
220
350
375
480
543

市及其以上都有电话。大家可以再看看哪些城市拥有手机、收音机、家庭电脑或电视机。你们可以基于自己的观察将这些设备按照发明年代的先后顺序列出一张表来。

化石为研究地球生命历史的科学家们提供了现实依据。当河流侵蚀岩石形成峡谷时，在峡谷岩壁不同高度就出现了不同种类的化石。通常，最古老的岩石位于峡谷底部，而最年轻的岩石则处于顶部。

通过研究峡谷不同高度上的化石，科学家们可以逆溯上亿年间生命变化的轨迹。通过观察上半页中的图表，我们可以知道不同种类的生物体化石是何时在化石纪年表中首次出现的。这张图的纵轴代表时间，单位为百万年。比如，鸟类化石最早出现于 1.5 亿年前，那么就不会存在于比这更早的岩石中。因此，我们知道鸟类最早出现在地球上的年代约为 1.5 亿年前，比鱼类、爬行类和哺乳类动物晚了很多年。

活着的生物所告诉我们的

进化不仅解释了今天哪些生物生活在哪里以及它们之间如何联系的问题，还解释了造成不同生物体奇特身体特征的缘由。你们或许会问进化能解释什么样的身体特征，下面就给出了一些例子。

我们知道，有些蛇身上长着用于行走的骨头；只有雌性蜜蜂身上才带刺；有些没有视觉的动物虽长着眼睛，包括晶状体、视网膜，但却完全被皮肤所覆盖；人类胚胎的初期是有尾巴的，但只有极少刚出生的婴儿体外长有尾巴。

有些蛇，比如蟒和巨蚺，都长有简单的完全被隐藏在身体内部的骨盆和后腿骨。由于蟒和巨蚺不用行走，它们无须使用这些腿骨。进化向我们解释了这些骨头是蛇的先祖身体结构的一部分，即蟒和巨蚺是由利用骨盆和腿骨行走的四足爬行动物进化而来。

蟒和巨蚺并不需要腿来行走，但为何却长有隐藏在身体内部的骨盆和腿骨呢？

雄性蜜蜂的身体上为什么没有刺呢？若有了能够针刺敌人的雄性守护者，蜂巢应该会受益不少啊？这是因为刺是由雌性蜜蜂身体产卵的那部分器官进化而来的，这一身体器官作为通道将产下的卵存放到蜂巢内部。但在这些群居的昆虫当中，唯一产卵的雌性只有蜂王。所以，其他雌性蜜蜂体内用于输送卵的

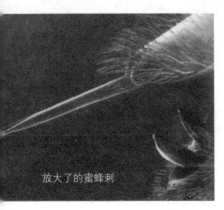

放大了的蜜蜂刺

那部分器官都丧失了原有功能。随着时间的推移，这一身体器官就进化成为尖锐的刺。而雄性蜜蜂体内并没有输送卵的器官，因此它们也就不会长刺。

当人类受精卵在母体内发育时，成长过程中的胚胎有许多特征可以为我们提供祖先的有力依据。比如说，当胚胎五周大时，刚长成的尾巴占据了整个胚胎约十分之一的长度，这部分结构内排列着最初的骨头、脊髓和神经。随着胚胎进一步长大，尾巴中的细胞会逐渐死去，免疫系统也会丢弃这些细胞，所以正常婴

儿体外并没有尾巴。但是，人体内却存在着一块很小的骨头，叫作尾骨。

只有极少数情况下的婴儿体外长有尾巴。所有报道初生婴儿长有尾巴的案例中大约有30%不是真的，而其他70%都是真正的尾巴，大约有12.7厘米长。真正的尾巴是可以摆动并伸缩的，它的外表是普通皮肤，内部有神经、血管和肌肉。由于人类是物种进化的结果，我们的DNA中都包含有长尾巴的信息，而较新

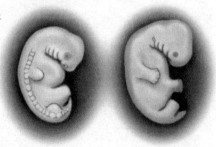

人是没有尾巴的，但人类胚胎五周大时，刚长成的尾巴却占据了整个胚胎约十分之一的长度。

的DNA排序则制止了尾巴的生长，于是几乎所有人在降生时体外不会再长有尾巴。

作为对奇特身体部分说明的补充，进化还解释了标准身体部分按照现有方式生长的原因。《不列颠百科全书》中有关进化的文课是这样陈述的：

尽管彼此生活方式不尽相同，生活环境也大相径庭，但海龟、马、人、鸟和蝙蝠的骨架却惊人地相似。通过一块块骨头的比较，其中的相关性，最明显地体现在了四肢上，当然身体其他部分也都有所体现。从完全实际的角度出发，令人无法理解的是海龟能够游泳，马能够跑，人能够写字，鸟或蝙蝠能够飞行，而它们使用的却都是由同样的骨头组合起来的身体结构。

海龟

马

人

鸟

蝙蝠

那么，从理论上来说，工程师可以设计出更具功能性的四肢。但只要认同以下观点，即所有这些骨架都是共同祖先遗传下来的身体结构，只是在适应不同生活方式时被加以修正了，我们就能够理解这些动物身体结构的相同性是有意义的。

换句话说，以上这些动物都拥有相同的祖先，其祖先的四肢是由骨头组成的。对于海龟而言，这些骨头随时间的变化使其游泳能力得到加强。对于马而言，骨头随时间的变化使其奔跑能力得到加强。对于鸟而言，同样的骨头却随时间的变化使其飞行能力得到加强。对于人类而言，这些最初相同的骨头随着时间的推移使得我们具备了制作并使用长矛、水罐或钢笔等工具的能力。当我们今天再来研究这些骨头时，我们看到这些不同的物种都具有相同的祖先，这是生命经历了上百万年进化的印证。

分子所告诉我们的

我们在前面的课节中学习了蛋白质和DNA。我们知道，所有地球生物体都利用蛋白质实现生命功能，并利用核酸存储信息。我们还获得了把DNA复制成蛋白质的遗传密码。其实，所有生命体在本质上都使用同一套遗传密码。基于我们拥有共同祖先这一科学事实，以上反映出的生命统一性正是我们所期待的。最初的单细胞生物逐渐形成了遗传密码，而后为所有生命体所使用。

大家可以利用这些大分子来进行研究进化的实验。科学家们通过研究化石和当今生物的身体结构画出了"生命树"。因此，他们在学会如何分析蛋白质和DNA之后，就开始将不同生物体内相应分子进行对比，接着又将大分子中的信息与之前从化石和骨头中获得的信息进行比较。如果进化之说确有其事，那么相比较果蝇或是向日葵而言，人类蛋白质、DNA应该与老鼠的蛋白质、DNA更为类似。

所有生物体内都有一种叫作细胞色素C的蛋白质，它在细胞对能量的存储和使用中起着关键的作用，且包含有约100个以特定序列相互联系的氨基酸。通过比较不同生物体内的细胞色素C，我们就可获知它们是否具有相同序列的同样氨基酸。若答案为否，我们还可以确定差异度究竟有多大。

本页下面的图中记录了人类与其他6种生物体内的细胞色素C对比后的结果。举例来说，猴子的细胞色素C与人类的大体相同，仅有1个氨基酸发生变化（氨基酸差异的数目以红色显示）。向日葵与人类的比则有41处变化。因此，与人类亲缘关系越远的生物体，其细胞色素C的差异也就越多。

这种DNA与蛋白质的比较方法已经普遍应用于多种不同生物体之间。比起亲缘关系不太近的生物体，那些拥有更近共同祖先的生物体在DNA与蛋白质层面上更具有相似性。正如通过比较化石与身体结构所能得出的结论一样，对大分子的分析也从本质上揭示了生物进化的生命史。我们通过分子分析所得出的证据是对生命进化树非常有力的肯定。

向日葵	果蝇	金枪鱼	鸽子	老鼠	猴子	人类
41	27	21	13	9	1	

生命树

我们还可以用"生命树"来展示地球上生命的历史。树的底部代表几十亿年前的早期生命阶段，越往树的上部就越接近现在。

树枝最外部代表现今的生物体，树的根部及基底则代表最初的单细胞生物体。现今，所有的地球生命都可以把这些显微镜下才可以看见的有机体作为其共同祖先。

图的右半部分以脊椎动物为主，即有脊骨的动物。注意，此图中的脊椎动物占了多数，而实际上有脊骨的动物还不到地球已知所有物种的5%。

在A点，即大约5亿年前，最早的脊椎动物出现在地球上，最终演变成今天的鱼类、爬行类、两栖类、鸟类以及哺乳类。这些脊椎动物的最初表现形式就是大海里的鱼。而始终生活在陆地上的爬行类脊椎动物则最早出现在2.8亿年前。

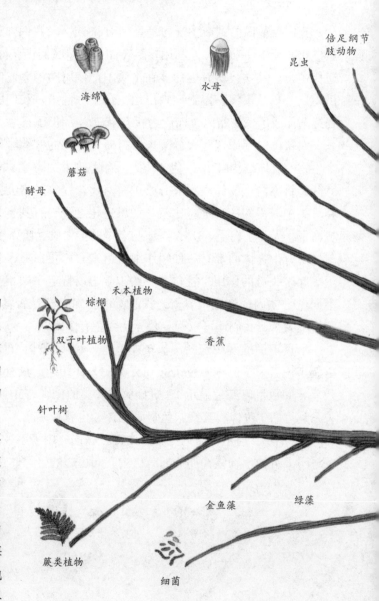

海绵

水母

昆虫

倍足纲节肢动物

蘑菇

酵母

禾本植物

棕榈

双子叶植物

香蕉

针叶树

金鱼藻

绿藻

蕨类植物

细菌

哺乳动物最早出现在 B 点，即 2.1 亿年以前。现今所有哺乳动物和爬行动物的最近共同祖先就存在于 B 点。自从那时起，爬行动物和哺乳动物一直都经历着进化。今天的蛇、老鼠、鸽子及人类距离 B 点的共同祖先在时间上是差不多一样久远的。

鸟类和爬行类最近的共同祖先在 C 点。相比而言，鸟类和哺乳类最近的共同祖先要追溯到更久远的 B 点。因此，比起哺乳动物类，鸟类与爬行类更具亲缘关系。

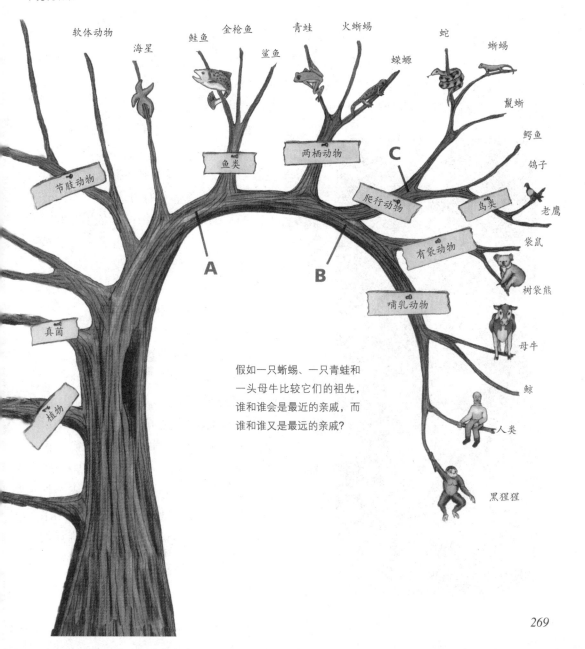

假如一只蜥蜴、一只青蛙和一头母牛比较它们的祖先，谁和谁会是最近的亲戚，而谁和谁又是最远的亲戚？

进化是怎样发生的?

地球生命是如何从较简单的生物体发展并最终进化为多种复杂生物体的呢?查尔斯·达尔文是揭开这个谜团的科学家。他知道自己的进化理论必将会引起轩然大波,于是在踌躇多年之后,最终于1858年公布了问题的答案。

达尔文提出了两个相互联系的理论。首先,他认为生命体是在物种随时间变化的过程中逐渐进化的。这也就是说,今天的物种都是早期生物体经历漫长历史演变的结果。所有物种都有亲缘关系,并共同拥有可逆溯到上亿年前的祖先。

达尔文的第二个理论则阐述了进化是如何发生的,即我们所熟知的自然选择学说。自然选择学说表明,既定环境中那些拥有改进自身生存及繁衍能力的生物体都有可能会大量增长。很多种不同的特征都可以让物种具备生存的优势,其中包括有助于获取食物、躲避敌人、抵御疾病、吸引异性以及繁衍后代的能力。

现实中自然选择的例子有:
竹节虫与居住环境融为一体
猎豹快速奔跑并逮住羚羊
向日葵转动枝叶以获得更多阳光
孔雀开屏来吸引异性
部落合作猎捕野牛
桃树把自己的种子包裹在甜蜜的假种皮中
通常,跑得较快的猎豹在生存和繁殖方面拥有更强的优势;与无法吸引异性的同类相比,能够凭借开屏来吸引更多异性的雄性孔雀会拥有更多的后代;那些能吸引更多动物来食用果实的苹果树更有可能把自己的种子传播到其他

雄孔雀会开屏以吸引雌孔雀,桃树则把自己的种子包裹在甜蜜的假种皮中。

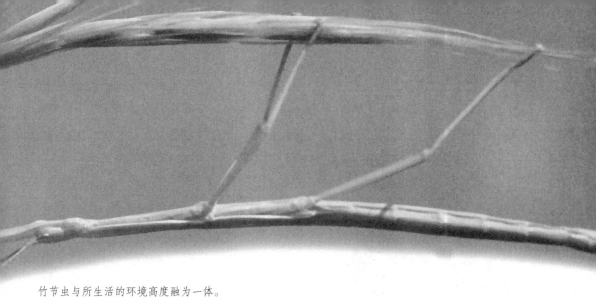
竹节虫与所生活的环境高度融为一体。

地方并长成新树苗。

其实，我们还能很容易地观察到自然选择现象。比如，目前我们仍未彻底解决的能抵抗多种抗生素的有害细菌问题。由于生产了大量抗生素并使用不当，人类为那些抵御抗生素的微生物体创造了生存环境。由于抗生素的存在，能够抵御抗生素的肺结核病菌获得更强的生存和繁殖能力，这是原先对抗生素过敏的肺结核病菌所无法做到的。正是自然选择的影响，世界上可抵抗多种抗生素的致病细菌的比例大大提高了。

另外，在不涉及人类的场合，自然选择的例子也屡见不鲜。比如说，美国西南地区存在着大量沙砾颜色的岩囊鼠，在觅食过程中，它们能与周围环境自然地融为一体。它们身体的保护色降低了来自食肉动物的威胁。

而少数区域由于古代的熔岩流使得其自然背景颜色变黑，这些地区的岩囊鼠的体表颜色也相应地变黑，而不再是沙砾色。利用相同的伪装策略，自然选择导致了这一区域的岩囊鼠具有黑色体表，而其他区域的则清一色都是沙砾色体表。

至此我们已经着重讲述了最后两个条件：生物竞争以及能增加繁衍机会的特征。我们假设环境无法承受繁殖出的所有生物体(条件2)，而通常这一假设总是成立的。一般

岩囊鼠的体色会变得与其栖息地自然背景的颜色相近。

作为进化机理,达尔文关于自然选择的理论实际上涉及四个条件:

❶ 生物体种群中个体继承的特征各不相同。

❷ 生物体繁衍后代的数目多于环境可以承受的数目。

❸ 个体为获得生存以及繁衍的成功而相互竞争。

❹ 能够在当前环境下增强自身生存及繁衍能力的变异生物体更有可能将这些变异传递给后代。

来说,生物体繁殖的后代数目远远大于能存活下来的数目。比方说兔子,如果所有兔宝宝都能活下来并继续生产下一代,整个地球都将会被它们淹没。

自然选择也假设第一个条件成立,即种群中每个个体都不尽相同,这些差异是遗传的。如果没有变异,种群中所有的成员都一模一样,那么个体成活和繁衍的概率也都相同。这样就不会有自然选择,也就没有了进化。

自然选择也依赖于这些被遗传下来的差异。如果有差异但不被遗传,自然选择下的进化也就不会发生。没有了遗传,跑得较快的猎豹产下的幼豹奔跑速度就不会快过跑得慢的猎豹所产下的幼豹,速度增长便无法通过一代代的选择而得到加强。

达尔文当时不知道生命是如何将信息传递给后代的,当然也不知道个体特征是如何发生变异,以及遗传是如何起作用的。今天的科学家们就知道其中的奥秘,当然在读过下一部分之后你们也会知道。

被继承的变化

光是看看人类自己，我们就知道种群中个体间的特征是有差别的。只要有变化的可能，任何事物都会发生变化。我们人类有不同的身高、皮肤（颜色、肤质等）、艺术感、头发（颜色、发质等）、健康、情绪敏感度，等等。

自然选择和进化的关键点就在于这些变异是随机发生的。在任何情况下，某种特征只要有变化的可能，变化就一定会发生。并且，所有可能的变化种类由体内DNA和蛋白质共同决定。因此，我们可以说，任何两性生物群体都是由在某一方面与其他个体有差异的许多个体组成的（孪生双胞胎除外）。

很多变异都是显性的。生物体种群中任一个体在很多方面与平均状态都有所不同。当环境青睐某个特殊变异时，这种变异就能够随着时间的推移逐渐演变成为种群中占据主导地位的特征。

那么，是什么引起这些变异的？大家都知道 DNA 内含有指示蛋白质进行合成的指令。若 DNA 发生变化，那么蛋白质也可能会发生变化。若蛋白质变化了，那整个有机体的特征也可能会变化。换句话说，不同有机体内 DNA 的差异导致了有机体特征的变化。这种改变可能会牵扯到为数众多的个体特征，例如身高、肤色、智力、过敏症或是血型。

但又是什么使得 DNA 发生了变化呢？细胞中的 DNA 经常会暴露于化学物质及电磁辐射的环境中，而这些因素能够导致碱基发生变化（还记得 4 种碱基是 DNA 语言的组

人类个体间的特征差异有时十分巨大。

正常的DNA

某个碱基发生特别变化后的DNA

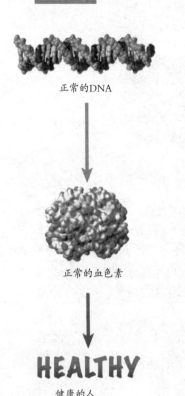

正常的血色素

变化后的血色素

HEALTHY

健康的人

患有镰状细胞贫血症的人

成字母吗）。这样，差错就发生了。

错误就发生在 DNA 的复制过程中。每个人体细胞内都含有 DNA，其中包含了 60 亿个在双链中按照特定顺序排列的碱基。DNA 的复制会经历数小时，速度为每秒 50 万个碱基。在狂热的复制过程中，类似一些在不适当位置安放一到两个碱基，甚至是遗失或自行加入 DNA 序列段这样的错误，都有可能发生。

我们把这些 DNA 碱基序列的变化叫作突变。DNA 的变化会导致蛋白质的改变，进而也就导致了生物体特征的变异。这些变异是可遗传的，因为它们发生在细胞的信息系统中，即 DNA 内。

由此可见，改变 DNA 众多碱基中的一个就会导致该生物体蛋白质的变异，从而使得该个体获得可能有别于种群内其他成员的不同特征。绝大多数突变不是有害的就是中性的，因此不会通过自然选择获得传递。不过，也有相当偶然的突变有助于生物体的生存和繁殖。在这种情况下，出生的后代也带有相同的 DNA 变异，进而生成变异的蛋白质，使得此物种在周围环境中获得成功。

生物学告诉我们，生命会自然而然地产生大量可遗传的变异。生物的多样性就存在于这一生命本质之中。达尔文当时并不知道如此庞大的多样性是如何形成的，而你们现在却知道了其中的缘由。若你们能穿越时空，就回到过去告诉他吧。

多样性存在于生命本质之中。

选择随机的变化

生物体内的各种 DNA 变异提供了潜在特征的所有可能选择，而周围环境则决定了进化的方向。举例来说，由于 DNA 变异，蟋蟀的视力可能会加强，但也有可能会下降。于是，生活在草地上的蟋蟀选择了"更佳视力的变异"，而终生居住在夏威夷岛洞穴中的蟋蟀则选择了"别在视力上浪费精力"。因此，进化就是利用随机的 DNA 变异选择出有助于生物体在当前环境下生存及繁殖的特征。

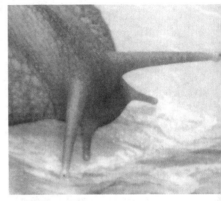

蜗牛原始的眼睛

比起浅色囊鼠，黑色囊鼠在黑色岩石地面上的生存概率更大，这点大家应该比较容易理解。类似地，在存在抗生素的情况下，能够抵抗该药物的细菌将会替代那些被抗生素杀死的同类，这同样也是好理解的。科学家表示仅一两个蛋白质的变化就可以改变一只老鼠的体毛颜色或是细菌对抗生素的敏感度，然后这些变化再根据不同的环境被选择出来。

人类高度发达的眼睛

那么像诸如速度、捕猎能力、视力或智力这样复杂的特征又是怎样选择的呢？科学家认为这些特征是多种蛋白质共同作用的结果。这样，进化其实经历了无数微小的阶段性变化。

能够在很小程度上增强生物体生存能力的变异，比方说增强 1%，会在相对较短的时间内广泛普及到种群内部的各个个体。在现实生活中我们可能无法察觉到这 1% 的增强，但进化却能够准确地追踪并积累这些微小的变异。

设想有一群鹿居住在仅能容纳 100 头鹿的森林里。突然，某种提高奔跑速度的突变发生了，它能够为鹿的生存与繁殖能力带来 1% 的提升。在不到 300 年的时间里，这种突变就会在所有鹿的身上得到体现。对我们而言，这也许是很长一段时间，但在地球历史长河中，这连一眨眼的工夫都不到。

那些无法接受进化理论的人常挂在嘴边的一句话是，自然选择无法带来类似于视觉或飞行的能力。而事实上，科学家已为此类特征的进化提供了理由充分的解释。

以视觉为例，任何能朦胧感觉到光线的生物相对于完全看不见光的近亲总有着巨大的优势。因此，即使是很微小的进步也会逐渐累积，不断通过自然选择得到加强，从而使得视力越来越好。

由于视觉提供了如此巨大的生存优势，单是眼睛就经历了数次进化。本页的图示展现了进化过程中相对较小的几个阶段，使得生物从完全无视觉发展到具备清晰视力的状态。这张图是从《翻越不可逾越的山脉》（诺顿出版公司 1996 年出版）中获得灵感绘制而成的。理查德·道金斯所著的这本书的第 5 课提供了非常详尽的相

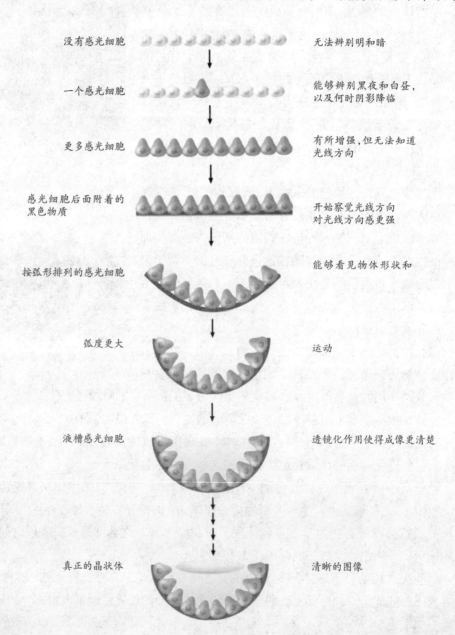

没有感光细胞　无法辨别明和暗

一个感光细胞　能够辨别黑夜和白昼，以及何时阴影降临

更多感光细胞　有所增强，但无法知道光线方向

感光细胞后面附着的黑色物质　开始察觉光线方向对光线方向感更强

按弧形排列的感光细胞　能够看见物体形状和

弧度更大　运动

液槽感光细胞　透镜化作用使得成像更清楚

真正的晶状体　清晰的图像

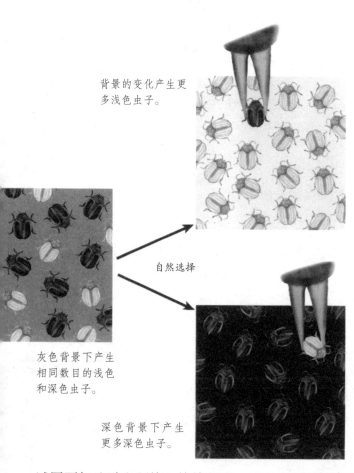

背景的变化产生更多浅色虫子。

自然选择

灰色背景下产生相同数目的浅色和深色虫子。

深色背景下产生更多深色虫子。

关分析。

有人认为变异的随机性会给进化带来麻烦。他们质疑，如果变异是随机发生的，怎么会出现像眼睛这么复杂的器官？问题的关键在于，虽然变异是随机的，但自然选择却不是。自然选择总是驱使生物种群向着能在环境中更好地生存的方向发展。如果环境始终倾向于视力良好的生物体，那么自然选择便会稳定地引导进化直至更优秀的视力出现。但如果环境始终倾向于无须在视觉上消耗能量的生物体，那么自然选择便会稳定地引导进化直至失明。

人们往往错误地以为，生物体变异的发生是因为它们试图更好地融入环境。恰恰相反，变异是随机出现的，不经计划且毫无意图。细菌不是遇到抗生素之后才决定是否应该变得有抵抗力，昆虫也不是在发觉环境变得黑暗以后才试图换上黑色外壳。同样，居住在洞穴中的蟋蟀也不是自己想要失明的。

反过来说，生物种群内部永远存在变异，例如长颈鹿的脖子有不同长度，昆虫外壳上有不同颜色的花纹。随机变异为自然选择的形成提供了原始材料。根据不同环境的要求，会有不同的变异被选择出来，最终形成更适应于当前环境的种群。

本课向大家介绍了令人惊叹的进化思想。简言之，今天所有生物体都有共同的祖先。目前居住在地球上的物种在历史长河中经历了不计其数的变化，自然选择在促成这些变化中起到了重要作用。

在下一课中，我们将对某种统治了地球几百万年的生物群体身上发生的事情进行探索。这种生物的身体特征允许它们能够在地球除南极洲以外的任何陆地上、任何环境中进行繁衍并不断壮大。不过，这种情况在 12 月 26 日午夜突然发生了翻天覆地的变化。

停下来,想一想

在本课开头,曾要求你们写下以下三个问题的答案:

你对进化有什么了解?

你对进化有什么看法?

你认为本课会告诉你哪些有关进化的内容?

现在看看自己先前所写的答案,比较一下你们当时所了解的和现在所知道的有什么不同。对待进化问题,你们是否仍持相同观点? 本书在前面讲述的内容是否正是你们想知道的?

我们将在下一课更加深入地讨论有关进化和地球生命的历史。请大家首先填写好下面的表格,并在下一课内容结束之后再回过头来看看。如果对于以下观点,你还有更多的想法,也可以写下来。写作不仅有助于大家更深刻地了解自己正在思考的内容,还会给你们带来新的观点。在人们重新阅读自己曾经所写的材料时,往往会感到惊讶,这就是很多人之所以喜爱写作的理由之一。

有关进化论的观点	同意	不同意	不确定
进化论解释了动植物是如何在地球上发展起来的			
我个人并不认为人类是从简单的生命形式进化而来的			
由于进化,生物体变得越来越优秀			
进化论告诉我们上帝并不存在			
我能理解10亿年有多长			
进化的目的是使人类得到发展			
使我能够开车、接种流感疫苗或使用电脑的科学与教授进化论的科学截然不同			

17
第十七课

地球生命史

地球的起源

地球的生命进化史

大家都知道地球形成于45.5亿年前，但我们是如何得知的呢？在本课的后半部分，将会解释岩石、化石或植物等物体的年龄是如何计算的。

在数亿年的时间里，地球上的生命在各个方面都发生了改变。我们可以通过把地球的整个历史压缩成一年来阐释这些变化。这样，1月1日就代表40多亿年前地球诞生之时，而12月31日的午夜则代表今天。

最初出现的地球生命迹象可以追溯到38.5亿年前，那个时候我们的地球已经存在了7亿年。如果换算成年历，那可能是在2月26日。单细胞细菌是我们所知道的最早的生命形式。

在20亿年前，这些简单的微生物是地球上唯一的生命体。在这期间，它们做出了一些意义非凡的创举。它们可以从一个地方运动到另一个地方，可以利用太阳能制造食物，还可以通过自我复制达到数量的逐倍增加。

生物从单细胞进化到多细胞所花的时间比生命在地球上从无到有所花的时间还要长。单细胞生物的出现花了7亿年，但在它们诞生27亿年后才出现多细胞生物。这些多细胞生物就是海藻，和其他生物一样生活在海洋里。如果换算成年历，海藻出现于9月18日。

在多细胞生物中，不同的细胞负责不同的工作：有的负责运动，有的负责消化食物，有的则负责视觉。最早的多细胞动物是带有柔软身体的类蠕虫生物，出现在

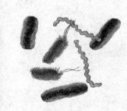

2月26日单细胞细菌

仍然只有单细胞生物……

1月

2月

3月

4月　　　5月　　　6月

10月22日；最早的硬壳动物则出现在11月18日，至此已度过了地球历史90%的岁月。

当植物开始于11月27日出现在陆地上的时候，多细胞生物已开始走出海洋。紧接着"第二天"，节肢动物（如蜘蛛、蜈蚣）也离开了海洋，开始它们的陆地生活。不过，请记住，我们日历上的一天代表了地球历史上的1200万年。

在地球历史的最后一个月（大约有近3.85亿年），发生了很多有趣的事情。12月1日，两栖动物离开海洋，从而成为陆地上最早的四脚动物；12月3日，爬行动物开始进化；12月13日，哺乳动物出现在地球上。

鸟类于12月19日开始进化。最早的有花类植物出现在12月21日。灵长类动物（包括猴子、类人猿和人类）在12月27日开始进化。最早的原始人类（即类似人的灵长类）出现于12月31日。而现代人直到12月31日午夜23时48分才出现，正好可以参加即将举行的地球历史新年晚会。

仍然只有单细胞生物……

今天

12月31日（午夜23时48分）现代人进化

12月27日灵长类动物进化

12月21日最早的有花类植物

12月19日鸟类出现

12月13日最早的哺乳动物出现

12月3日爬行动物进化

12月1日最早的四脚陆地动物

11月27日最早植物出现在陆地上

11月18日最早的硬壳动物出现

10月22日多细胞动物出现

9月18日最早的多细胞生物出现

12月

11月

10月

7月   8月   9月

281

放射性测定年代

那我们是怎么知道化石、岩石以及地球的年龄的呢？地球历史的时间周期是通过一种被称为放射性测定年代的方法来测定的。这一方法利用了地球物质中所存在的内在自然时钟。

为了研究这些自然时钟，我们不得不追溯到过去，但却没有必要追溯到百万年前。我们只需要简单地回忆出前几课学过的元素和原子的相关知识就可以了。

简单地说，我们的行星由 92 种自然元素组成，每种元素都由含有质子、中子和电子的原子构成。下面给出了一个表格，描述各个亚原子微粒的作用。

亚原子微粒是这样描述各自角色的：

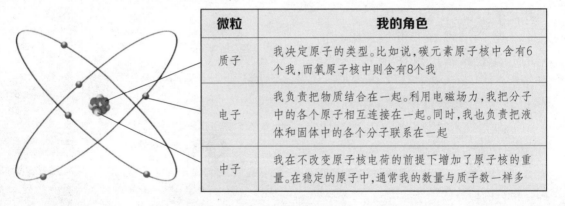

微粒	我的角色
质子	我决定原子的类型。比如说，碳元素原子核中含有6个我，而氧原子核中则含有8个我
电子	我负责把物质结合在一起。利用电磁场力，我把分子中的各个原子相互连接在一起。同时，我也负责把液体和固体中的各个分子联系在一起
中子	我在不改变原子核电荷的前提下增加了原子核的重量。在稳定的原子中，通常我的数量与质子数一样多

在这儿，我们将以钾和氩两种元素为例做出说明。钾是一种含有 19 个质子的柔软银白色金属；氩是一种含有 18 个质子的稳定的气体，类似于氦气。在这种情况下，仅仅一个质子的增减就造成了金属与气体两种截然不同物质之间的本质区别。

为了能够理解放射性元素测定年代的方法，我们不得不更详细地研究中子。与质子和电子的区别在于，中子不带电荷。中子与质子大小近似相等，且都处于原子核内部。

增加或减少一个中子不会改变元素的种类。例如，元素钾实际上有三种存在形式，每种形式都包含有 19 个质子和 19 个电子，唯一的区别在于中子数量不等。大部分钾原子都含有 20 个中子，其余的大都含有 22 个中子，还有非常少的一部分含有 21 个中子。不同形式的钾元素其化学性质是完全一样的，也就是说，它们和其他原子相结合会产生同种分子。

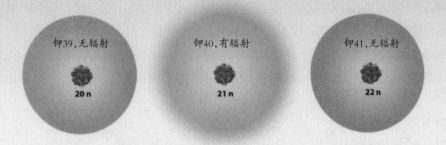

钾39,无辐射   钾40,有辐射   钾41,无辐射

20 n   21 n   22 n

科学家一般使用"同位素"这个词来描述相同元素的不同形式。同一种元素的同位素就只是原子核内中子的数目不等，它们的化学性质是一样的，只有物理性质稍有差别，即同位素重量不等。

但是，对于元素的重要特征——稳定性而言，同位素之间的差别就很大了。如果原子核不是很稳定，同位素的这种差别就会表现出来，质子和中子的结合体也会分开。这种不稳定的同位素会随着时间的流逝而不断地分解，并产生辐射，我们把这种过程称为放射性衰变。

以钾元素为例，带有 21 个中子的同位素会发生辐射，我们把这种同位素称为钾 40（19 个质子加上 21 个中子）。当钾 40 产生衰变时，会释放出放射物，并转化成另一种元素——氩。实际上，衰变也就是一个质子转化为中子的过程。结果，带

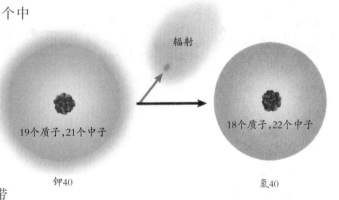

辐射

19个质子,21个中子

18个质子,22个中子

钾40   氩40

有 19 个质子和 21 个中子的钾元素就变成了带有 18 个质子和 22 个中子的氩元素。

氩的这种同位素是非常稳定的，并且它是地球上氩气存在的主要形式。氩元素在地球上的含量极其丰富，约占大气的 1%。大家没有注意到氩气，是因为它不会和其他元素发生反应，但每一次呼吸的气体中都包含有它。

氩气是从哪儿来的呢？回到第 6 课，我们发现地球上的元素都是通过核聚变在恒星中产生的。但是，这个过程产生的氩元素远远少于我们今天在地球上发现的量。

其实，大气中绝大多数的氩气是通过钾的放射性衰变产生的，而钾在地球地壳中的含量相当丰富。当钾的不稳定同位素发生衰变时，就会产生氩气，并逃逸到大气中去。

至此，你们可能会纳闷，以上所讲的这些深奥的知识怎么会和岩石的年龄联系在一起。其实，它们的联系就在于任何同位素的放射性衰变都是以一定频率进行的。只要知道元素的衰变频率，科学家就可以测量出任何一种物体的年龄了。

钾 40 的半衰期是 12.5 亿年，这就意味着每隔 12.5 亿年，就会有一半的钾 40 发生衰变并变成氩元素。如果我们以 1 克钾 40 作为起点，那么过 12.5 亿年后，我们将只得到 0.5 克的钾 40。如果有耐心再等 12.5 亿年，就又会有一半发生衰变，最终只剩下 0.25 克。

这里是一个告诉大家怎样利用钾和氩的放射性来测定年代的例子。在岩石材料熔化时，里面所有的氩气都会被释放出来。因此，把这些岩石材料重新冷却固化之后，新的固体岩石中就不再含有氩气。而随着时间的推

1克钾40　　　　　　0.5克钾40　　　　　　0.25克钾40

移，岩石中的钾 40 发生衰变，并释放出氩气。这时，氩气因不能逃离而留在了岩石当中。于是，科学家可通过精确测量岩石中氩气和钾 40 的含量来测定岩石的年龄。

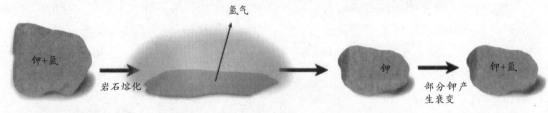

图表中比较了 4 个岩石样本[①]。岩石 A 是最近才喷发冷却的火山岩，不含氩气。岩石 B 中钾 40 和氩气的含量相等，这就意味着自岩石 B 固化以后，已经历了一个半衰期。因此，岩石 B 的年龄是 12.5 亿岁。而岩石 C 中，钾 40 占总量的 1/4，说明它已经历了两个半衰期（即 $1/2 \times 1/2 = 1/4$）。因此，岩石 C 已有 25 亿岁了。那么，岩石 D 的年龄是多少？

在本节开始部分，我就提到地球物质内部都存在自然时钟。其实，这些时钟就是放射性元素（如钾 40）和衰变产物（如氩）。科学家就是利各种放射性元素来测定年龄的。不同的放射性元素会衰变成一种或多种不同的元素，但每种衰变都有其固定的衰变速度，而且，利用不同种的衰变进行的测量结果都是一致的。因此，放射性元素的衰变给我们提供了一种非常精确的测定年代的方法。

4种不同岩石的年龄		
微粒岩石样本	钾40的含量	氩的含量
A(不久前刚冷却的火山岩)	1.00mg	0.00mg
B(一个半衰期)	0.50mg	0.50mg
C(两个半衰期)	0.25mg	0.75mg
D(三个半衰期)	0.125mg	0.875mg

[①] 我们把这张表简化了，以便于向大家清楚地解释年代测定方法。其实，钾有两种不同的衰变过程，其中一种的衰变产物是钙而不是氩。

深邃的时间

吉尼斯世界纪录中最近提到一个叫珍妮·路易丝·卡尔梅特的法国妇女，她是人类有史以来寿命最长的"完全真实年龄"的纪录保持者。她死于1997年，享年122岁零164天。另一个叫伊丽莎白·以色列的多米尼加妇女死于2003年，她可能活到了128岁。

由于人类的寿命都不会超过130年，所以我们无法真正理解100万年或40亿年这样的时间长度。假设你们以每秒数一个数的速度一直向上数（1，2，3，4……），并且连续数（不睡也不吃），那要一刻不停地数上144年才能数到45.5亿，即我们地球的年龄。

我们曾用10的乘方来描述宇宙中超乎想象的巨大尺寸和极其细小的尺寸。同样，它也可以用来描述了极短或极长的时间段，比如100万分之一秒到数十亿年。

写出或读出"数十亿年"很简单，同时我们也很容易自认为理解了这个词的含义。科学家经常使用术语"深邃的时间"来提醒自己，数十亿年的概念与数百年或数千年是不一样的。

人们很难理解生物进化的一个原因在于，我们无法亲身经历漫长的时间内所发生的变化。基于我们对时间的理解，人类可能始终无法理解像眼睛那样复杂的事物也会发生进化。值得庆幸的是，我们可以通过计算机编程将这种需要经历长时间的进化模型化。计算机程序证实，经过100多万年的自然选择可以很容易地产生类似于视觉这样复杂的事物。生物令人惊叹的多样性就是在这数十亿年的漫长时间内逐渐产生的。

我们人类无法真正理解诸如40亿年或100万分之一秒这样的时间长度。

大规模的物种灭绝

我们用"生物多样性"一词来描述地球上生物的种类繁多。下一页插图中的黄色区域表示的正是地球生物的多样性，并描述了多样性在过去6亿年间经历的变化。正如我们所料，曲线图从左到右呈逐渐上升趋势，这表示今天存在的生物种类远比多细胞动物最初出现时多得多。

注意，生物多样性在历史长河中曾遭受了几次严重的倒退。在过去的5亿年间，物种种类数量就至少经历了五次（由红箭头表示）大幅度的减少。

我们一般使用术语"大规模的物种灭绝"来形容生物多样性急剧下降的时期。最严重的一次物种灭绝发生在2.4亿年前，大约95%的海洋生物都消失了。在我们地球年历上，那次灾难发生在12月11日。

每次物种灭绝发生后，地球上的物种多样性都可以从灾难中恢复过来。但是，这一过程需要持续上百万年的时间，而且那些已经灭绝的生物再也回不来了。因此，恢复意味着新物种进化并取代已灭绝的物种。灭绝是永恒的，曾经存在的物种中至少有99%现在都已经不复存在了。

所有这些物种在6500万年前就灭绝了。

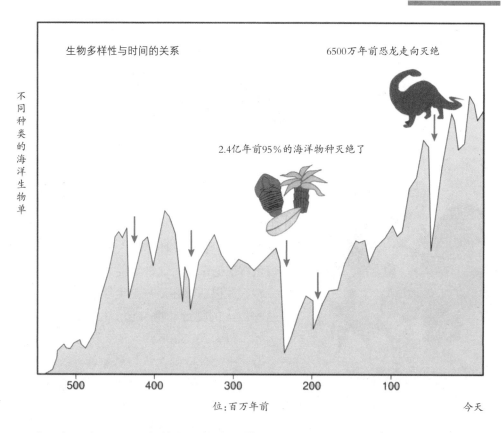

生物多样性与时间的关系

6500万年前恐龙走向灭绝

不同种类的海洋生物单

2.4亿年前95%的海洋物种灭绝了

500　　400　　300　　200　　100　　今天

位:百万年前

对于发生在 6500 万年前的那次大规模物种灭绝的情况，我们知道得最为详细。这次大规模灭绝的重要特征是恐龙的灭绝，当然也包括其他许多物种的消失。6500万年前存在的物种有 75% 都在那个时候完全消失了。

想象一下大规模的物种灭绝到底意味着什么。一个物种的灭绝，意味着这个物种的所有成员都死了且没有留下后代。而大规模的物种灭绝则意味着这种现象发生在整个地球的各个角落。在包括海洋、非洲、澳大利亚、美洲和亚洲在内的各个地方，成千上万的物种都消失了。即使幸存下来的物种也可能因为大量群体的死亡而没有留下后代。

在谈论导致几千人死亡的事件，或者重要的森林资源遭到破坏时，我们一般会使用"悲剧""灾难"等词，但我们的语言中却没有一个词能充分地形容出当时地球上物种灭绝的惨况。

因人为因素而遭灭绝的渡渡鸟的标本

12月26日午夜

在 6500 万年前，恐龙一度是地球的霸主。

今天的孩子都知道恐龙这种动物。你们也许会感到奇怪，因为直到 19 世纪我们的祖先都还不知道这些令人惊异的动物。"恐龙"这个词的出现要追溯到 1842 年，那时候，人们搜集了足够多的化石证据来证明这种"巨大无比的可怕蜥蜴"在很久以前曾在地球上生活过。

这些巨大的爬行动物引起了人们的兴趣：它们长什么样？行为方式如何？为什么会灭绝？

有一种观点错误地认为恐龙曾经统治地球太长时间（大约一亿年），以至于最终因为所谓的物种晚年而全部死去了。但这个观点不可能成立。

在恐龙灭绝期间，大约还有 1000 种这样的爬行类主宰着陆地。它们有的像蓝鲸那么大，有的却只有老鼠一般大小。恐龙用两条腿走路，以植物为食，或猎取动物，喜欢群居，有的甚至还会飞。

在我们的年历中，6500 万年前可能是一年里第 360 天的结束，我们把它称之为 12 月 26 日午夜。到底是什么原因引起了大规模物种灭绝而导致恐龙以及其他 75% 的物种消失呢？

关于 6500 万年前大灭绝的原因，争论持续了几十年。我们现在知道了，是因为那时有一个直径为 10 千米的小行星坠落与地球发生了碰撞。当时，这个太空天体的速度可能高达 10 万千米每小时。因此，地球所承受的撞击力比地球上所有的核武器爆炸还要大几千倍。

那时，地球上所有的森林和植物可能都被烧成了废墟，并且这种影响大大改变了地球一年或多年的气候。天空中弥漫的尘埃和烟雾阻挡了太阳光的照射，中断了食物的生产，而爆炸所产生的酸性气体则让雨雪变得像电池酸液一样。地球上的火灾、阳光的缺乏、植被的破坏、气候的变化、有毒气体以及酸雨的产生，共同导致了大规模物种灭绝的发生。

铱

小行星撞击理论是路易斯·阿尔瓦雷斯在20世纪70年代后期通过实验创立的新理论，他是一位曾获诺贝尔奖的物理学家，而他的儿子沃尔特·阿尔瓦雷斯是一位地质学家，他们一起测量了稀有金属铱的含量。铱通常和铁元素一起出现，地球上大部分的铱都位于深埋在地核中的熔铁内。

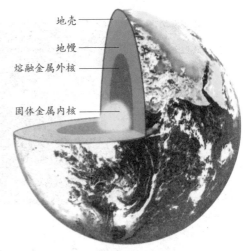

地壳

地幔

熔融金属外核

固体金属内核

在地球历史早期，地球上的温度特别高，以致地球完全处于熔融状态。因此，类似于铁和铱的稠密元素沉降到了地球内部，最终形成了地核。所以，地壳表面铱的含量相当低。

地壳表面铱的含量相当低。

阿尔瓦雷斯一行人以测量地球表层铱含量为研究项目的一部分，来研究恐龙灭绝之前、灭绝期间以及灭绝之后的地球状况。在测量6500万年前之前和之后不同的岩石材料时，他们发现岩石中铱含量稳定在一百亿分之三左右。但是，在6500万年前的一个地质薄层中，却发现铱含量一下子上升了20倍，高达十亿分之六。

这一现象是在意大利中部发现的，后来阿尔瓦雷斯一行人又在丹麦和新西兰得到了几乎完全相同的测量结果。同时，其他科学家在很多地方也发现了同样的现象。对应于恐龙灭绝时期的地球地壳薄层，其中的铱含量是其紧挨着的上下地层的10到100倍。

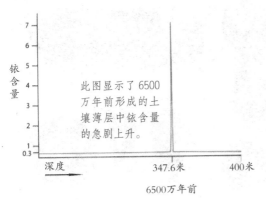

铱含量

此图显示了6500万年前形成的土壤薄层中铱含量的急剧上升。

深度

347.6米   400米

6500万年前

这突然增多的铱元素是从哪儿来的？通常，小行星中的铱含量是地球表层的上百倍。对于阿尔瓦雷斯的发现，最简单的解释就是地球与小行星曾经发生过碰撞。撞击所产生的大量烟雾云上升到大气平流层中，围绕着我们的星球，并最终沉淀在地球表面，形成了我们6500万年之后所研究的地壳薄层。

找到"冒烟的手枪"

小行星撞击地球示意图

对恐龙灭绝进行理论研究的大部分科学家都反对阿尔瓦雷斯的小行星撞击理论。其实，科学之所以会变得强大，是因为科学家一般会通过讨论不同解决方案来解释科学现象，又或者会提出一些与竞争理论相比更符合自己理论的证据。在正确的理论公布之前，大部分科学家都会努力地考虑别人可能提出的各种反对意见，并在其他人提出这些意见之前就通过实验去解决那些问题。

对于小行星撞击理论而言，科学家找到了更多强有力的证据来证明其正确性。他们检测了地球表面非常稀有但在太空小行星中却大量存在的元素，从而发现 6500 万年前的地壳中这些元素的含量都高得出奇。

有些科学家猜想小行星的巨大影响力也会产生一些其他现象。一般来说，地壳中含有大量可用于制造玻璃的石英材料，而对应于恐龙灭绝时期的土壤层中，则含有像玻璃珠子一样的玻陨石。这些玻璃珠子是石英在高温高压下蒸发后冷凝形成的。而出现在恐龙灭绝时期土壤层中的玻陨石符合小行星撞击理论所预期的效果。同时，这一地球表层中也蕴藏有大量的石英，而石英通常出现在陨石撞击过的地方。

以上这些证据激起了科学家的好奇心，他们想在地球上寻找一个大小和年龄都合适的撞击坑。但海洋覆盖了地球表面的大部分区域，而撞击坑很有可能就

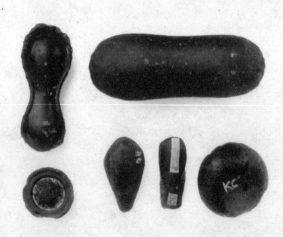

被称为玻陨石的玻璃状物体产生于小行星与岩石行星或卫星的碰撞过程中。

被深埋于水下。即使当时小行星确实坠落在陆地上，但由于受到板块运动和腐蚀的作用，地球表面发生了剧烈形变，这也会使得撞击坑难以被人们所发现。

发生于 2004 年 12 月的惨痛悲剧让人们深刻地意识到，海洋水面上的扰动会引起灾难性的可怕海啸。地质学家在 6500 万年前发生的一次大规模海啸遗留下来的遗迹中找到了线索。这个遗迹的位置指出，墨西哥湾极有可能是小行星撞击的影响区域。

正如一次成功的犯罪调查，侦探们最终找到了所谓

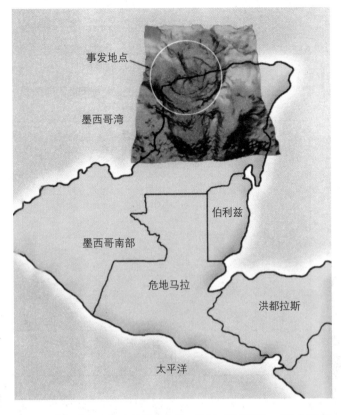

的"冒烟的手枪"。撞击坑位于墨西哥尤卡坦地区的海面下。阿尔瓦雷斯一行人根据铱元素的含量预言小行星撞击坑的直径将达 150 千米到 200 千米，而尤卡坦地区撞击坑直径为 180 千米，并且已有 6500 万年的历史了。

很多地质学证据证明，尤卡坦半岛确实是导致恐龙灭绝的小行星撞击地球的位置。在 20 世纪 50 年代，墨西哥的国家石油公司（Pemex）在尤卡坦半岛开采石油时，没有发现石油，却发现了一个被掩埋的圆形结构，他们认为这是一座古代火山。但在 1978 年，即阿尔瓦雷斯一行人公布铱测量结果的两年前，一个地质学家重新检查了有关磁场引力的数据，并向 Pemex 建议说尤卡坦半岛下有可能埋藏着撞击坑。虽然他的结论并没有得到广泛关注，但却最终帮助科学家确定了小行星撞击的地点。

多种不同线索表明，6500 万年前曾有一颗大型小行星坠落于墨西哥的沿海地区。这一事件彻底改变了地球的历史，所有的恐龙和半数的哺乳动物物种都消失了。随着地球的逐渐恢复，哺乳动物获得了成功的繁衍，进化成为占据大量栖息地的不同物种。对应于每种哺乳动物，都有一门科学逐渐诞生，其主要目的在于研究这些哺乳动物是如何从 6500 万年前的灾难中存活下来的。

停下来,想一想

不要急着查看你们在前一课末尾所填写的内容,请首先填写下面的表格。

有关进化论的观点	同意	不同意	不确定
进化论解释了动植物是如何在地球上发展起来的			
我个人并不认为人类是从简单的生命形式进化而来的			
由于进化,生物体变得越来越优秀			
进化论告诉我们上帝并不存在			
我能理解10亿年有多长			
进化论的目的使人类得到发展			
使我能够开车、接种流感疫苗或使用电脑的科学与教授进化论的科学截然不同			

现在,把刚填写的表格与大家在第16课末尾所填写的内容做一个比较。其中是否有一些观点发生了改变? 是哪一个? 为什么?

如果你们的观点没有任何改变,那又是为什么?

请保护面临危险的蟋螂。

18
第十八课

我们的未来

科学与迷信

不知道你们曾否去过跳过数字 13 的高楼大厦，例如宾馆。一些现代宾馆，在那儿 12 层之上就是 14 层。电梯按钮往上依次为 10，11，12，14，15，16……为什么会这样呢？这是因为 13 是一个不吉利的数字，宾馆经理害怕迷信的客人不肯住在第 13 层。

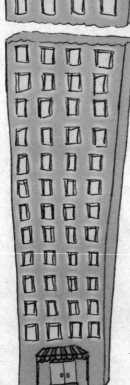

本课将会描述科学所预见的宇宙、太阳系以及地球的未来。

无论是科学还是迷信都要观察世界，并对所发生的现象做出解释。如果你是一个迷信的人，并在宾馆第 13 层的房间过了一夜，那么你就会把第二天的一切不顺利归咎于自己所住的那个不吉利的房间。例如，若你把果汁洒在了衣服上或蹭破了脚趾，你就会认为是数字 13 给你带来了不幸。但实际上，只是一个数字的 13 怎么会让果汁洒出来呢？

学是一种允许自我证伪的动态开放的可靠方法（科学不是任何科学理论），讲究的是形式逻辑和证据。而迷信是无条件接受，不允许质疑，没有形式逻辑，不需要可靠证据，是盲目相信。

科学与迷信相比，有几个非常重要的区别。首先，我们通常通过实验来验证科学观点。其次，科学结果是可以精确复制的。也就是说，你或其他任何人只要严格按照相同的流程就会得到完全相同的结果。第三，科学对于事物如何发生具有合理的解释，例如，地震如何引起海啸。最后，任何科学观点最终会和科学中的其他事实相吻合。

而迷信则不同，它是不可预测的。在迷信中，同样的情况不会重复发生两次。另外，迷信的原因与结果之间、一个迷信与另一个迷信或与世界上其他事物之间并没有逻辑联系（如"把盐洒出来会带来厄运"）。

太阳的运行

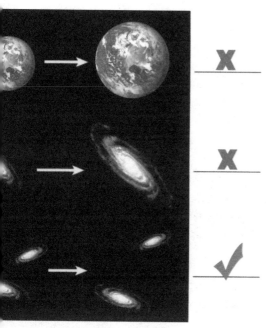

什么会随着宇宙体积的增大而变大呢？

我们在前一课中学习了在过去发生的事情。同样，科学也能帮助我们预测未来。因此，本课的学习就从宇宙的未来开始。

我们的宇宙自从大爆炸发生后变得越来越大。过去，科学家认为宇宙的体积将会最终达到一个极限值，然后再慢慢变小。但是，种种证据表明，宇宙将会一直不断地扩大下去。

那么，什么会随着宇宙体积的增大而变大呢？地球、太阳或银河系会变大吗？不会。数十亿年来，地球、太阳和银河系的大小都没有改变。变大的只是星系之间的距离，空间的扩张使得它们之间离得越来越远。

随着星系向远处漂流，它们变得越来越暗。恒星最终将会耗尽其核燃料，停止发光。因此，在无数年后宇宙将会变得无限广阔而黑暗。

但是，远在宇宙变成一片黑暗之前，我们还会遇到其他严肃的问题。例如，大约在仅仅 50 亿年后，太阳将用尽其氢燃料，从而发生一些重要变化。

在这之后，太阳就会萎缩。最终，地球和其他行星将会向远处冰冷、黑暗的空间漂移。

太阳的这些剧烈变化将会给数十亿年后的世人带来巨大的问题，从而成为全球的挑战。但是，在这里并不是很担心 50 亿年后将会发生什么，却正在担心一些我们即将面临的全球性挑战。

我们的地球将会面临怎样的未来？

拯救地球

你们可能已经听说过"拯救地球"这句话，而本书的建议是不要为地球的生存操心。

我们的地球已经存在了 40 多亿年，并从难以想象的灾难中生存了下来。即使经历过与小行星的相撞，生命也存活了下来。因此，我们不可能摧毁地球或摧毁地球上的生命。

但这是不是就意味着我们没有必要为我们的行为对环境所造成的影响担心？当然不是。即使我们没有能力摧毁地球上的生命，但我们所引起的全球性变化也会对地球上现存的物种包括人类自己，产生不利的影响。

人类造成的环境问题

每天，报纸、电视和电台都在讨论一个又一个的环境问题。大致来说，环境问题可以分为两种：本地的和全球的。本地的环境问题关系到人类居住地附近的区域，并且环境中的事物每天都对我们造成影响（例如水、空气、食物以及垃圾）。相反，全球性环境问题则关系到整个行星的状况。

要憧憬未来，我们首先要研究 3 个会对当前状况产生全球性影响的问题，如下所示：

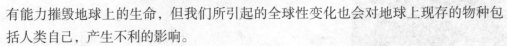

臭氧 ——对位于大气上层、保护生命体不受太阳紫外线辐射的臭氧层的破坏

气候 ——大气中温室气体的增多，导致全球气候的改变

灭绝 ——物种灭绝速度的加快，对生态系统造成了破坏

地球的臭氧层

全球性气候问题包括位于大气上层很薄但又至关重要的臭氧层。臭氧能保护地球上的生命体不受太阳紫外线的照射。而人类制造出的化学物质却正在破坏臭氧层，导致大量紫外线辐射到地球表面。

臭氧是氧原子的另一种形式。我们呼吸的氧气由两个氧原子结合而成，

在澳大利亚发起了"3S"(SLIP, SLAP, SLOP)运动，鼓励人们穿衬衫、戴帽子和涂抹防晒霜，以防止太阳光中紫外线的伤害。

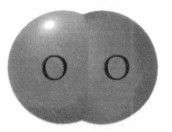

而臭氧分子则由三个氧原子结合而成。这一化学结构的改变使得氧原子的组合具有了不同属性：双原子形式是我们用于呼吸的气体，而三原子形式对于我们

却是有毒气体。

值得庆幸的是，地球上大多数臭氧都位于大气的上层，即我们头顶 15 ~ 50 千米的地方。在那里，臭氧吸收太阳光中的紫外线，保护我们不受其影响。同时，也有一些臭氧存在于我们呼吸的低空大气中，它们是污染所引起的城市烟雾的一部分。这是一个人为的环境问题，因为这部分臭氧危害了我们人类的肺部。因此，有人把这两种臭氧分别称为"好"臭氧和"坏"臭氧。

我们关心大气上层的臭氧是因为它保护生命不受紫外线的侵害。即使紫外线浓度稍有增加，也会引起人类多种疾病，例如皮肤癌。同时，紫外线辐射的增多也会破坏地球上许多其他的生命体和生态系统。

臭氧的作用和危害			
臭氧的类型	位置	形成方式	作用
"好"臭氧	大气的上层	氧原子和紫外线反应的自然产物	保护生物不受太阳紫外线的影响
"坏"臭氧	城市烟雾	污染气体(如汽车尾气)和太阳光反应的产物	引起健康问题,尤其在呼吸方面

在 20 世纪初期,工业社会开始利用大量被称为氯氟化碳的化学物质（简称 CFC）。这种物质拥有众多不同的用途,尤其是在冰箱业和空调业。最关键的一点在于它既不会危害人类,也不会和其他化学物质发生反应,因此人们一直都认为它是安全的。

正是由于氯氟化碳具有稳定性,不轻易和其他物质发生反应,它开始在大气上层大量累积。同时,高空中高能量的紫外线分解了氯氟化碳分子,释放出氯气,而每一个氯原子则会破坏 10 万个臭氧分子。

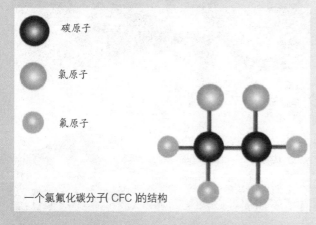

碳原子

氯原子

氟原子

一个氯氟化碳分子(CFC)的结构

刚开始,我们并不知道所发生的这些反应。因此,当发现大气中的臭氧急剧减少,尤其是南半球的现象更为严重时,科学家们感到非常吃惊。全世界各个国家都做出了反应,采取措施,统一取代并逐步停用了氯氟化碳。这一措施正在慢慢取得成效。我们现在感觉到臭氧层正在慢慢地恢复,预计将在 2050 年到 2100 年间恢复到工业社会前的水平。

臭氧的历史告诉我们：如果忽视地球上的物质循环,就会有意想不到的不愉快的事情发生。我们人类大量生产了一种新的化学物质氯氟化碳,但由于它不能在自然界中循环使用,因此在大气中逐渐累积,并最终危害了整个臭氧层。同时,我们也开始意识到人造化学物质能够戏剧性地改变地球系统的重要属性。幸运的是,我们在这个问题变成一个全球性的灾难之前就解决了它。

关于臭氧空洞的宣传图

今天的碳循环

第二大全球性环境问题是气候变化，它同时也涉及了地球上的物质循环。由于人类工业活动和农业活动的影响，那些被称为温室气体的物质增多了，增强了温室效应，正改变着全球气候。

二氧化碳是一种最重要的温室气体。由于人类活动的影响，导致其在大气中的成分大大增加。同时，二氧化碳也是我们在本书前面所研究的地球上碳循环的一部分。大量的碳原子在碳循环过程中于大气、海洋和生命体之间快速流动。

化石燃料（石油、煤炭和天然气）是碳的一种重要储藏形式，其中的碳含量是大气中碳的 8 倍。如果没有人类，深埋在地下化石燃料中的碳绝不会参与到今天的碳循环中去。然而，人类把这种地下的碳带出了地面，并把它用于运输、供暖、烹饪、电力及制造所需的燃料。

二氧化碳

燃烧化石燃料时，我们把地下的碳转变成了大气中的二氧化碳。

目前，化石燃料的燃烧几乎释放了 70 亿吨的碳到大气中去。同时，我们也燃烧了大量森林，这样大气中的碳含量就又增加了几十亿吨。所以，全球性的碳循环目前处于失衡状态。

早在 20 世纪 50 年代，科学家以及政府官员就意识到，我们需要精确测量大气中二氧化碳的含量，从而发现碳含量是否发生了变化或变化了多少。建在夏威夷岛最高峰上的著名测量站自 1958 年开始就一直记录着这一信息。

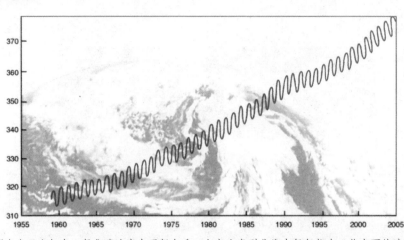

提示：答案涉及呼吸作用和光合作用。

这个图表表示大气中二氧化碳浓度在不断上升。大家注意到曲线中每年都有一些上下的波动，是什么原因导致了这些变化呢？

图表显示出大气中二氧化碳含量从 1959 年的 316ppm（即每 100 万个分子中的含量）增加到了 2005 年的 378ppm。即使从 20 世纪 50 年代算起，人类毁坏森林、燃烧化学燃料的历史也已经超过了 100 年。为了确切地了解人类的影响力，我们需要知道工业革命开始之前二氧化碳的含量。

实际上，科学家能测量到上千年以前大气中二氧化碳的浓度。当然，他们不可能穿梭时光回到几千年前进行测量，他们是通过分析地下冰层中的气泡进行测量的。气泡的位置越低，测量值的年代就越久远。

利用这一技术，我们知道 1750 年时大气中二氧化碳的浓度大约为 280ppm，并在过去的一万年中保持着稳定。2005 年 378ppm 的二氧化碳浓度提供了强有力的证据，证明人类的活动使二氧化碳浓度增加了 40%。而大气中二氧化碳浓度最后一次达到这个值大约是在 2000 万年前。

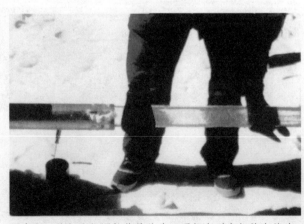

图中所示的部分长圆柱体是从冰河顶部直到底部钻出的冰。随后把它切成含有上千年前气泡的薄片。越是底部的地方，空气的年份就越久远。

其实我们释放到大气中的二氧化碳只有燃烧燃料放出二氧化碳的一半，海洋和森林吸收了另一半的二氧化碳。以现在化石燃料的燃烧速度计算，大约到 2050 年，大气中二氧化碳的浓度可能会增加一倍。如果不是海洋和森林一直吸收着另一半多余的碳，大气中二氧化碳的含量会增加得更快！

地球气候的变化趋势

我们关心大气中二氧化碳的含量是因为二氧化碳及其他温室气体的增加会引起气候的变化。气候不同于天气。当我们讨论天气时，我们关心的是今天或下礼拜某一区域是下雨、晴天、炎热或是寒冷。而说到气候，我们关心的则是很长一段时间内较广区域中天气的形式。因此，全球气候指的是整个地球的温度和降水形式。

温暖时期——没有冰川的覆盖

今天——10% 的冰川覆盖

2 万年前——30% 的冰川覆盖

全世界各国政府都在讨论正在发生的、未来可能更加严重的全球气候变化。全球环境问题比纯粹臭氧层的破坏更具影响力，且其形成原因更加复杂。

长期以来，地球气候已经改变了很多次。例如，在过去的 25 亿年间，温暖的时期占了 75%，寒冷的时期占了 25%。处于温暖期时，地球表面没有或几乎没有永久冰层的覆盖。这可能会令大多数认为地球两极长期存在永久性冰层的人十分惊讶。而寒冷期时，地球上大部分陆地全年都覆盖着冰层。今天，大约有 10% 的地球陆地表面覆盖着冰层，而 2 万年以前，30% 的地球陆地表面都覆盖着冰。

影响全球气候的因素有很多，温室效应就是其中一个

重要因素。大气中的温室气体，尤其是水蒸气和二氧化碳，在地球系统中能起到保温的作用。如果没有温室效应，地球将会变成一个冰冷的废墟。

温室效应对地球上的生物起着积极的作用，但看起来这种"积极作用"似乎太大了。目前，由于人类活动所导致的大气温室气体增加，已使得全球气温大约上升了 0.5℃。

我们想知道气候会变化多少，其变化速度有多块，还想知道气候的变化会产生什么影响。但是，地球系统太复杂了，我们得不到准确的答案。但我们可以肯定的是人类活动正使得温室气体不断地增加，并已经大大改变了地球气候，而且全球变暖会越来越严重。

政府间气候变化专业委员会（IPCC）这个国际组织分析并研究了这一问题，预测全球温度会在一二十年内增加 1 ～ 5 摄氏度。这一变化量看起来并不算大，但在过去几百万年的时间里最热和最冷的时期，温差也就只有 5 ～ 10 摄氏度。更严重的是，这些变化正在以极快的速度发生着。以前全球变暖速度为每一千年上升 1 摄氏度，而现在由于人类活动的影响，变暖的速度增加了 10 ～ 40 倍。

气候变化会对人类的生活产生巨大的影响。温度和降水量会影响全球范围内的农业生产，继而影响当地和全球的食物供应。我们还可以预测到，暴风雪和夏日高温的程度会增强。温度的升高会引起海平面上升，从而影响沿海国家和洪水易泛滥的岛国。同时，像疟疾这样的热带疾病也会向新的区域蔓延。

我们也关心气候变化对其他生物的影响。气候出现变化可能会加剧我们的第三次全球性挑战，导致生物多样性的丧失。

没有温室效应

生命的简单形式

工业革命前的温室效应

健壮的生命网

日益增强的温室效应

对地球上生物的影响

地球生物网的危局

从我们的鼻祖开始，人类就一直影响着生物网。由于万物都是相互关联的，其他所有生物都和人类一样对整个生物网产生着影响。区别只在于，我们的人数众多并且具有强大的科学技术。科学家估计人类目前已利用了植物光合作用所储存能量的三分之一。

我们人类对本地以及全球生态系统的危害至少可以分成下面的六个方面。其实，人类同时对许多生态系统都有影响。当人类搬进了新区域或大力发展新区域经济时，他们新建了切断动植物栖息地的马路，砍伐了森林，在地面上、河流中泼洒化学物质，饲养家畜，甚至破坏了当地的植物，猎杀了当地的动物。

切断了动植物的栖息地

1. 切断了动植物的栖息地
隔绝了一块块的自然栖息地。

2. 破坏了动植物的栖息地
人类活动毁坏了自然栖息地。

3. 污染
把化学物质释放到自然栖息地中去。

4. 过度开垦
以比自然更新更快的速度进行伐木、渔业、狩猎等。

破坏了动植物的栖息地

污染

过度获取

气候改变

由于人类活动的影响，大约有24%的哺乳类和12%的鸟类都面临着严重的灭绝问题。

5．外来物种

引入新的植物和动物到新的生态系统中，以致其失去控制。

6．改变了气候

大气中温室气体的增加导致了全球气候的变化。

现在，我们也威胁着全球气候。由于栖息地的缺失以及环境的污染，数量在不断减少的动植物物种越来越难以适应气候的变化。就算现存居住群体对新型气候不适应，它们也不能简单地打包，搬到气候宜人的地方去。这是因为，首先，高速公路、郊区以及城市隔断了道路；其次，各种物种是相互依存的。即使一个地方的气候宜人，非常适合生存，生物体也会因为那个地方没有与之息息相关的动植物而不能生存。

今天的生物网正在遭遇着什么呢？许多生物学家都认为我们已经进入到像过去一样严重的物种灭绝阶段。正常的物种灭绝速率为每年10～25个物种，而现在的速率则至少为每年几千个物种。

我们怎么会继续着正常生活而没有意识到物种的灭绝呢？这是因为大多数人都居住在城市或郊区，远离地球上物种多样性存在的区域。我们的居住地远离那些经受严重破坏的动植物栖息地，而栖息地的毁坏是当今导致物种灭绝的主要原因。

那么，人类应该关注这些正在消失的物种吗，即使大多数灭绝的物种都是昆虫，甚至是我们都不曾留意过的小生物？

有的人想要保护物种，防止灭绝，是因为他们认为破坏生态系统从而导致其他物种的永远消失是不道德的。而有的人则简单地因为自然世界的美丽而要保护自然

野葛是一种来自亚洲的蔓生植物，已经几乎覆盖了整个美国的东南部地区。

许多药品的成分首次发现于植物体内。

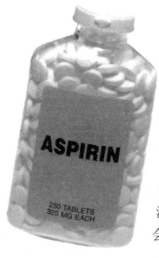

环境。尽管这两种观点出于不同的实际或经济的角度，但它们都赞成保护生态系统。

还有另一种论点认为地球上的生物多样性具有大量的经济以及实用价值，我们破坏的是不可再生的财富。美国大约有四分之一的药品的成分都首次发现于植物体内，最广泛使用的一种药——阿司匹林，就是一个很好的例子。一种只生长在马达加斯加的粉红色玉黍螺则赐予了我们一种能治愈儿童白血病的药物，而以前几乎所有得了这种病的人都会死亡。

在过去的千百万年间，植物自身生成了大量的化学物质。当有新的疾病或是害虫危害庄稼时，科学家就在自然世界中寻找能够抵抗那种疾病或害虫的野生物种。通过培育这些野生物种中的抗体，就能保护重要的庄稼——如稻子或小麦——不受害虫或疾病的危害。因此，当有一种植物灭绝时，我们就可能永远失去了治疗艾滋病、癌症或危害庄稼的病虫害的机会。

同时，自然世界也无偿提供了我们认为理所当然的免费服务，包括洁净的空气、干净的水源和食物。生命体在地球物质循环中起着重要的作用，例如碳循环、氮循环或硫循环。

我们不知道现在地球上仍存在多少物种，以后将失去多少物种，或者生物网会产生什么变化。

在保证生物网仍存在的前提下，至多有多少种物种可以消失呢？答案就是——我们不知道。我们不知道大多数生态系统的运行细节，不知道它们如何相互作用，也不知道各个不同的生态系统或生态系统的组合如何支撑整个地球系统，更不知道现在有多少物种，将来会消失多少种，以及如果我们继续

顶部遭破坏但底部仍然完好

破坏底部顶部就会坍塌

今天的行为结果将会如何。我们什么都不知道!

但有一件事我们应该知道。人类想要保护这些惹人怜爱的生物,想要救助那些鲸、猎豹和大熊猫,同时也要保护我们自己。我们人类以及其他的食肉动物都位于生态系统金字塔的顶端,这就导致我们更易于受到生态系统改变的影响。

获取太阳能的生产者以及协助物质循环的分解者,在生态系统中同样也起着关键的作用。地球的生物多样性包括植物(其中包括浮游生物,即一种用显微镜才能看见的维持着海洋生态系统的生命体)、丑陋的生物、肉眼看不见的生物以及有味道的生物。这些物种是我们通常在电视上、冰箱储存柜中、动物园里或报纸的文课中看不到的。

许多科学家以及组织团体正在努力保护整个生态系统,而不是局限于某一个物种。当一个物种受到威胁时,我们把它当作一个警告我们必须要保护生态系统的信号。这样,我们就可以长期保护所有的生物,包括生产者、有味道的物种、肉眼看不见的物种,以及丑陋的物种,甚至也可以保护我们自己。

不是结尾的结尾

本课着重讲述了我们今天所面临的全球环境的挑战。人类科学技术的发展导致了全球环境问题，这些吸引了我们的注意。同时这些科学技术又在解决这些挑战中起了重要的作用。

地球系统科学教给我们三个解释地球运行的元素——地球上的物质循环、流经整个行星的能量流以及生物网，它们把地球上的各种生物以及物质循环和能量循环联系了起来。

这三个地球系统元素帮助我们理解了环境问题。例如全球气候发生变化，是因为我们向大气中释放了大量的温室气体，从而打破了物质循环平衡。同时，这些气体又干扰了能量流。反过来，所导致的气候变化的后果又会摧毁整个生物网。

相信只要尽最大可能去维持地球上的物质循环、能量流以及生物网，我们就有可能为我们自

我们人类的存在可能是宇宙认识自己、娱乐自己的一种方式。

己、后代以及地球上的全部生物创造一个受欢迎的家园。因为我们的日常活动不仅影响着本地的环境，也同时影响着整个行星。

科学为我们提供了一个宇宙的视角，让我们更好地理解并感受整个宇宙。我们人类本质上也是星尘，即在我们的头顶扩张了大量能量以及在我们的脚下集聚了大量能量的宇宙的初始部分。人类的存在甚至可能是宇宙认识自己、娱乐自己的一种方式。